高职高专规划教材

金属学及热处理

主　编　孟延军　关　昕

副主编　任素波　韩雅芹　王巧梭

主　审　张晓力　徐雪霞

北　京

冶金工业出版社

2019

内容提要

本书共分10章，分别讲述了金属材料的性能、金属的晶体结构、金属的结晶、合金的相结构和相图、三元合金相图、铁碳合金、金属的塑性变形与再结晶、钢的热处理、合金钢、铸铁等内容。为便于读者自学，加深理解和学用结合，各章均配有思考题。

本书可作为高职高专相关专业教学用书，也可作为工程技术人员的参考用书。

图书在版编目(CIP)数据

金属学及热处理/孟延军，关昕主编. —北京：冶金工业出版社，2008.3(2019.3 重印)
高职高专规划教材
ISBN 978-7-5024-4464-8

Ⅰ. 金… Ⅱ. ①孟… ②关… Ⅲ. ①金属学—高等学校：技术学校—教材 ②热处理—高等学校：技术学校—教材
Ⅳ. TG1

中国版本图书馆 CIP 数据核字(2008)第 024215 号

出 版 人　谭学余
地　　址　北京市东城区嵩祝院北巷 39 号　邮编　100009　电话　(010)64027926
网　　址　www.cnmip.com.cn　电子信箱　yjcbs@cnmip.com.cn
责任编辑　宋　良　美术编辑　李　新　版式设计　张　青
责任校对　刘　倩　责任印制　李玉山
ISBN 978-7-5024-4464-8
冶金工业出版社出版发行；各地新华书店经销；三河市双峰印刷装订有限公司印刷
2008 年 3 月第 1 版，2019 年 3 月第 7 次印刷
787mm × 1092mm　1/16；12 印张；318 千字；179 页
25.00 元
冶金工业出版社　投稿电话　(010)64027932　投稿信箱　tougao@cnmip.com.cn
冶金工业出版社营销中心　电话　(010)64044283　传真　(010)64027893
冶金工业出版社天猫旗舰店　yjgycbs.tmall.com
(本书如有印装质量问题，本社营销中心负责退换)

前言

本书为高职高专教材，是按照教育部高职高专教育专业人才的培养目标和规格、应具有的知识与能力结构和素质要求，依据冶金行业高等院校“十一五”教材建设规划和“金属学及热处理”课程教学大纲，同时，依据《中华人民共和国职业技能鉴定标准》，借鉴加拿大 CBE 理论和 DACUM 方法，根据钢铁生产现场情况和各岗位群技能要求进行编写的。金属学及热处理是冶金技术、材料工程技术、材料成形与控制技术等专业的一门专业基础课，作为该课程的教材，本书主要阐述金属材料的成分、组织结构与性能之间的关系和变化规律，以及提高金属材料性能、充分发挥材料潜力的途径。本教材供冶金类专业学生使用，是培养冶金企业实用性人才的必备学习用书。

由于冶金技术、材料工程技术等专业对本课程要求和学时数不同，在使用本教材时可根据教学大纲的要求适当调整。

全书共 10 章，参考教学时数 60～80 课时。

第 1 章　主要介绍金属材料的力学性能指标的定义、测量方法及表示方法。

第 2 章　介绍三种常见晶体结构，实际金属的晶体结构：点、线、面缺陷的分类及对性能的影响。

第 3 章　介绍金属结晶的现象、结晶的条件，结晶过程中形核、长大及晶粒大小控制，金属铸锭组织形成、性能特点及产生的缺陷。

第 4 章　介绍合金和相的基本概念：合金、相、组元、固溶体、金属化合物等，二元合金相图建立，典型二元合金相图：匀晶相图、共晶相图、包晶相图等，相图与性能的关系。

第 5 章　介绍三元相图的表示方法、三元合金的定量计算、三元匀晶和共晶相图及应用。

第 6 章　介绍铁碳合金基本相、相图的分析及典型合金的结晶过程分析，碳及常存杂质元素对钢性能的影响，碳素钢的分类、牌号、性能及用途。

第 7 章　介绍金属塑性变形，冷、热变形对钢组织和性能的影响及回复、再结晶过程组织和性能的变化。

第 8 章　介绍钢的热处理原理：加热和冷却时钢的组织和性能变化，钢的常见热处理的定义、目的、工艺特点及形成的组织、性能和用途。

第 9 章　介绍合金钢的分类、编号，合金元素在钢中的作用，合金结构钢和工具钢中各类钢的成分、性能特点、热处理、组织、性能和用途。

第 10 章　介绍铸铁的组织与性能，铸铁的分类，各类铸铁的牌号、成分、性能和用途。

本书由河北工业职业技术学院孟延军、关昕任主编，任素波、韩雅芹及河北建材职业技术学院王巧梭任副主编。参加编写工作的还有：河北工业职业技术学院黄伟青、刘艳霞、李永刚、高云飞、陈敏，邯郸钢铁集团张瑞倩、石少冲，新兴铸管股份有限公司翟义炜，石家庄钢铁股份有限公司李雷、谢文发、杨立科、宋子波。

本书由邯郸钢铁集团公司教授级工程师张晓力和清华大学徐雪霞博士主审，提出了许多宝贵意见，在此表示感谢。

由于学识水平所限，书中若有不妥之处，恳请广大读者批评指正。

编　者

2007 年 11 月

目　录

1 金属材料的性能

金属材料的种类很多，为了正确合理地加工和使用材料，充分发挥其性能潜力，以达到提高产品质量的目的，必须掌握金属材料的性能。金属材料的性能包括使用性能和工艺性能两个方面：

（1）使用性能，指金属材料适应各种使用条件的能力，它包括物理性能、化学性能、力学性能等。金属材料的使用性能决定了其应用范围、安全可靠性和使用寿命等。

（2）工艺性能，指金属材料适应各种冷、热加工工艺的能力，它包括铸造性能、压力加工性能、焊接性能、切削加工性能以及热处理性能等。

1.1 金属材料的力学性能

金属材料抵抗外力的能力，称为金属材料的力学性能。材料的力学性能，不仅是设计零件、选择材料的重要依据，而且也是验收、鉴定材料性能的重要依据之一。对冶金产品的生产来说，金属材料的力学性能还是改进工艺、控制产品质量的重要参数之一。

作用在材料上的外力也叫做载荷。根据载荷的性质可分为静载荷、冲击载荷和交变载荷等。

无论何种固体材料，其内部原子之间都存在相互平衡的原子结合力的相互作用。当工件受外力作用时，材料原来的平衡状态受到破坏，材料中任何一个小单元与其邻近的各小单元之间就诱发了新的力，称为内力。在单位横截面上的内力，称为应力，以 σ 表示。材料在外力作用下引起形状和尺寸改变，称为变形，包括弹性变形和塑性变形。

在这些不同载荷作用下，材料所表现的力学性能又可分为强度、塑性、硬度、韧性、刚度等。

1.1.1 强度

所谓强度是指材料在外力作用下抵抗变形和破坏的能力。由于载荷有拉伸、压缩、弯曲、剪切等形式，所以强度可分为抗拉强度、抗压强度、抗弯强度、抗剪强度等。

1.1.1.1 拉伸

进行拉伸试验时，采用如图 1-1a 所示的拉伸试样。拉伸试验是在常温下给试样缓慢施加轴向载荷，引起试样变形和断裂的试验过程。断裂后的试样，如图 1-1b 所示。

根据拉伸试验时试样的变形量与其所受载荷之间关系，可绘出载荷-伸长量曲线图，即拉伸图。图 1-2 所示是低碳钢的拉伸图。

由图 1-2 可知，试样在载荷作用下发生变形的过程可分为如下三个阶段。

（1）*OPe*——弹性变形阶段：当作用在试样上的载荷不大于 P_p 时，载荷与伸长量成正比例，外力去除后试样恢复原来的形状，符合胡克定律的弹性变形阶段；当载荷大于 P_p 而不大于 P_e 时，试样的伸长量不再与外力成正比关系，但还属于弹性变形阶段，即当外力去除后变形立即消失。

（2）*esb*——弹性-塑性变形阶段：荷载超过 P_e 而小于 P_s 时，试样除产生弹性变形外还发生部分塑性变形；当载荷达到 P_s 时，出现的水平线段表示在载荷不变的情况下试样继续变形，这种

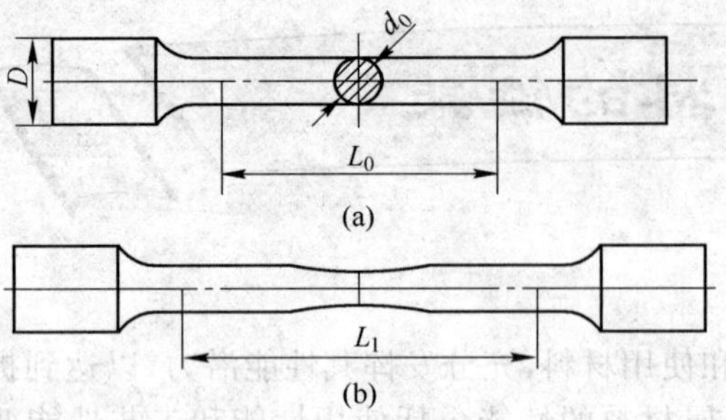

图 1-1　拉伸试样
a—拉伸前；b—拉断后

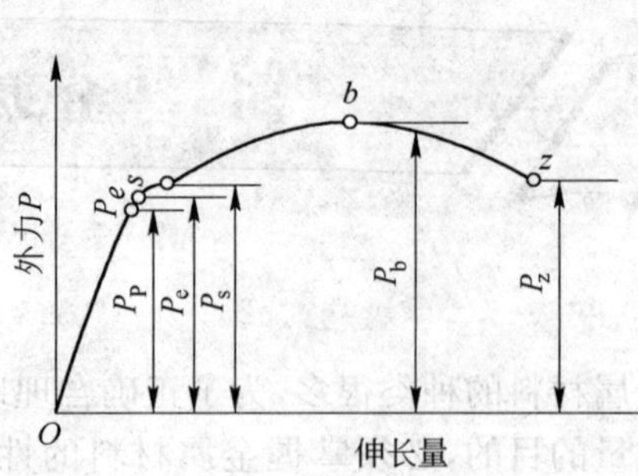

图 1-2　低碳钢的拉伸图

现象叫做屈服，屈服变形达到一定程度后，要使试样继续变形，需再增加载荷，即载荷大于 P_s 而小于 P_b 时，随载荷增加变形也相应地增加。

(3) bz——断裂阶段：载荷达到 P_b 时，试样的某一部分截面开始急剧缩小，出现了“颈缩”。以后的变形主要集中在颈部，由于颈部附近试样的截面积急剧减小，致使载荷下降，当达到 P_z 时试样发生断裂。

1.1.1.2　强度指标

静拉伸试验时可测定的金属材料的强度指标主要有如下几种。

(1) 抗拉强度，是指材料在拉断前所承受的最大应力值，以符号 σ_b 表示，则

$$\sigma_b = \frac{P_b}{F_0}$$

式中　P_b——试样能承受的最大载荷；
　　F_0——试样的原始截面面积。

(2) 屈服极限，是指材料受拉产生屈服时的应力值，以符号 σ_s 表示，则

$$\sigma_s = \frac{P_s}{F_0}$$

式中　P_s——试样屈服时的载荷。

(3) 弹性极限，是指材料产生弹性变形时所受到的最大应力值，以符号 σ_e 表示，则

$$\sigma_e = \frac{P_e}{F_0}$$

式中　P_e——试样产生弹性变形所受到的最大载荷。

(4) 比例极限，是指载荷与伸长量保持正比关系的最大应力值，以符号 σ_p 表示，则

$$\sigma_p = \frac{P_p}{F_0}$$

式中　P_p——载荷与伸长量保持正比关系的最大载荷。

(5) 疲劳强度，是指金属材料在交变载荷作用下，在工作应力小于 σ_s 时，仍然会发生破坏的现象。

金属材料的疲劳破坏过程，首先是在其薄弱部位，如在有应力集中或缺陷处产生微细裂纹。这种裂纹是疲劳源，而且一般出现在零件表面上，形成疲劳扩展区。当此区达到某一临界尺寸时，零件就在甚至低于弹性极限的应力下突然脆断。

材料抵抗疲劳破坏的能力以疲劳强度衡量,它是材料在无限循环的交变载荷下不致破裂的最大应力值,以符号 σ_{-1} 表示。

材料的 σ_{-1} 与 σ_b 是紧密相关的。对钢来说,其关系为 $\sigma_{-1}=0.45\sim0.55\sigma_b$。可见材料的疲劳强度随其抗拉强度增高而增高。

零件的疲劳强度除了决定于材料的成分及其内部组织外,与零件的表面状态及其形状也有很大的影响。表面应力集中会使疲劳寿命大大减小。提高零件疲劳寿命的方法有:(1)设计上减小应力集中,转接处避免锐角连接,使零件具有较小的表面粗糙度;(2)强化表面,如渗碳、喷丸、表面滚压等,在零件表面形成残余压应力,抵消一部分拉应力,降低零件表面实际拉应力峰值,从而提高零件的疲劳强度。

1.1.2 塑性

所谓塑性,是指金属材料在静载荷作用下产生永久性变形而不破坏的能力。材料的塑性好坏是根据材料断裂前所产生的塑性变形的多少来确定。通过拉伸试验测定的塑性指标有伸长率和断面收缩率。

伸长率是指试样被拉断后总伸长量与原始长度之比的百分数,以符号 δ 表示,则

$$\delta=\frac{L_1-L_0}{L_0}\times100\%$$

式中 L_0——试样的原始长度;

L_1——试样拉断后的长度。

断面收缩率是指试样断口面积的收缩量与原始面积之比的百分数,以符号 ψ 表示,则

$$\psi=\frac{F_0-F_1}{F_0}\times100\%$$

式中 F_0——试样的原始截面积;

F_1——试样拉断后的断面面积。

断面收缩率不受试棒标距长度的影响,因此能更可靠地反映材料的塑性。

一般来说,金属的伸长率与断面收缩率越大,其塑性越好。

1.1.3 硬度

硬度是衡量金属材料软硬程度的一个指标,它是指金属材料抵抗硬物体压入其表面的能力。

测定硬度值的基本方法是用一定载荷把一个较硬的标准物体(称压头)压入被测工件表面,然后根据压痕的深度或表面面积确定硬度值。

根据所采用压头和压力的不同,常用硬度测定法可分为布氏硬度法、洛氏硬度法、维氏硬度法和肖氏硬度法等。

1.1.3.1 布氏硬度

布氏硬度法是以一定负荷 P 把直径为 D 的淬火小钢球压入试样表面并保持一定时间,然后卸除负荷,测量试样表面上所形成的压痕直径 d,如图 1-3 所示。用负荷 P 除以压痕表面积 F 所得的压痕单位面积上所受平均压力即为布氏硬度值,以符号 HB 表示。如压痕深度为 h,则压痕表面积为:

$$F=\pi Dh=\pi D\frac{D-\sqrt{D^2-d^2}}{2}$$

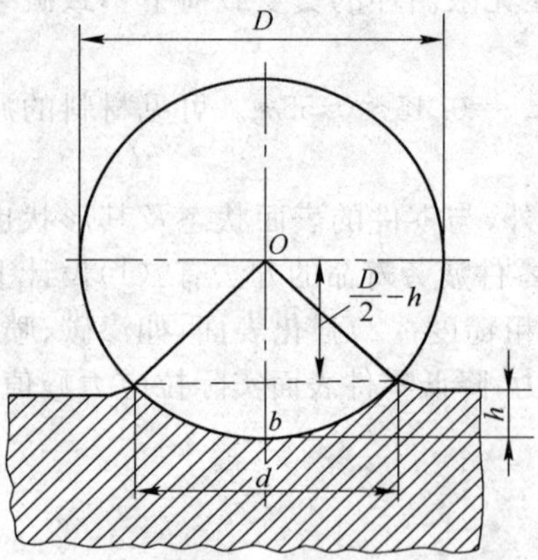

图 1-3　计算布氏硬度压痕面积示意图

试样硬度值为：

$$HB=\frac{P}{F}=\frac{2P}{\pi D(D-\sqrt{D^2-d^2})}$$

在上式中，负荷 P 和钢球直径 D 是一定的，所以测出压痕直径 d 即可求出 HB 值。在实际应用中根据 P、D 与 d 的关系，可直接由硬度表中查得 HB 值。

考虑到各种材料硬度范围相差很大，尺寸不一，所以对于钢铁材料的布氏硬度试验除常采用直径为 10 mm 的压头和 3000 kg 负荷的标准外，还有采用直径为 5 mm 的压头、750 kg 负荷和采用直径为 2.5 mm 的压头、187.5 kg负荷等标准。对于铜、铝等有色金属材料则另有标准。

布氏硬度法的特点是操作方便，准确度高，因此得到广泛应用。但因采用的压头强度低，测定较硬（HB＝450）的材料时会变形，影响试验结果，故只能测量硬度不太高的材料。另外，由于压痕面积较大，故不宜测量薄件和对表面质量要求较高的成品件。布氏硬度法适用于测量没经淬火的碳钢、灰口铸铁、有色金属等硬度不太高的金属材料的硬度。

因为硬度可以反映材料局部的强度，所以拉伸强度与硬度之间有一定的关系，其近似关系为：

$$\sigma_b \approx K\text{HB}$$

式中，K 为常数，低碳钢 $K\approx0.36$；高碳钢 $K\approx0.34$；调质合金钢 $K\approx0.325$；灰口铸铁 $K\approx0.1$。

1.1.3.2　洛氏硬度

洛氏硬度法采用的压头是直径为 1.588 mm(1/16 in)的钢球或顶角为 120°的金刚石圆锥，根据压痕深度确定洛氏硬度值。根据压头和载荷的不同，洛氏硬度标度可分许多种，其中常用三种标度见表 1-1。

表 1-1　洛氏硬度的压头、载荷和适用范围

洛氏硬度符号	压头		载荷/kg		适用范围
	类型	大小	预载荷	主载荷	
HRC	金刚石圆锥体	夹角为 120°，锥顶半径为 0.2 mm	10	140	HRC20～70 的硬金属，如淬火回火处理的钢
HRB	钢　球	直径为 1.59 mm(1/16 in)	10	90	HRB25～100 的软金属，如铜合金、低碳钢、中碳钢
HRA	金刚石圆锥体	夹角为 120°，锥顶半径为 0.2 mm	10	50	HRA 大于 70 的很硬及硬而薄的金属

洛氏硬度法的特点是压痕面积小，对工件表面质量影响很小，对软硬材料均可测定等。但因压痕较小，一次测量数据代表性差，需多次测量取平均值；又因负荷较大，故不宜用来测定极薄的材料或具有表面硬化层的材料的硬度。

1.1.3.3　维氏硬度

维氏硬度法采用压头是一顶角为 136°的金刚石四棱锥，与布氏硬度法一样，以压痕单位表面积上的平均压力作为维氏硬度值，以符号 HV 表示。

维氏硬度法有各种载荷可供选择，所得压痕较浅而大，故准确度较高，可测定具有表面硬化层的材料的表面层硬度。在采用很小载荷时可测定显微硬度，缺点是测验步骤较繁。

1.1.3.4 肖氏硬度

肖氏硬度法是利用弹性回跳测定金属的硬度。基本方法是利用金刚石球或钢球从一定高度上自由降落到试件表面，根据回跳的高度测定硬度值，以符号 HS 表示。

这一方法简便，而且试件表面上不留下痕迹。工厂中多用于测量一些精密量具和大型金属件，如大型曲轴、轧辊等的硬度。肖氏硬度法的缺点是所测得的硬度值不够准确。

1.1.4 韧性

1.1.4.1 冲击韧度

机械零部件在服役过程中不仅受到静载荷或变动载荷作用，而且受到不同程度的冲击载荷作用，如锻锤、冲床、铆钉枪等。在设计和制造受冲击载荷的零件和工具时，必须考虑所用材料的冲击吸收功或冲击韧度。

目前最常用的冲击试验方法是摆锤式一次冲击试验，其试验原理如图 1-4 所示。

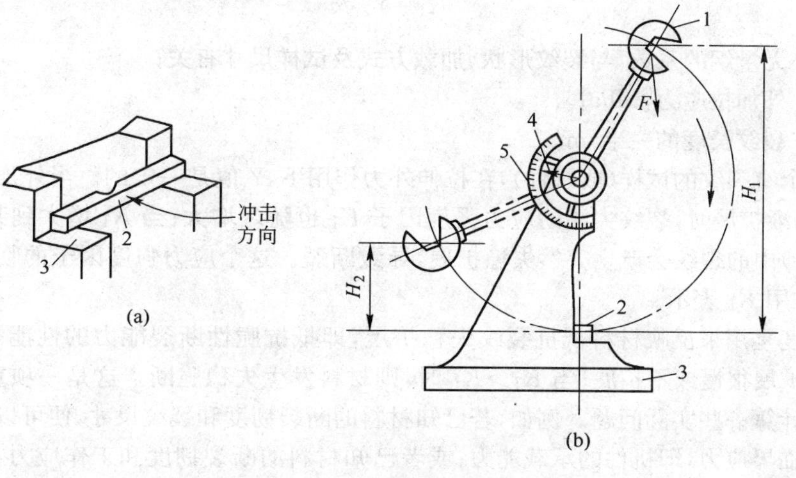

图 1-4 冲击试验原理图

1—摆锤；2—试样；3—机架；4—指针；5—刻度盘

将欲测定的材料先加工成标准试样，然后放在试验机的机架上，试样缺口背向摆锤冲击方向，将具有一定重力 F 的摆锤举至一定高度 H_1；使其具有势能 FH_1，然后摆锤落下冲击试样；试样断裂后摆锤上摆到 H_2 高度，在忽略摩擦和阻尼等条件下，摆锤冲断试样所做的功，称为冲击吸收功，以 A_K 表示，则有 $A_K = FH_1 - FH_2 = F(H_1 - H_2)$。在 GB/T 229—94 中，仅规定了冲击吸收功的概念。若用试样的断口处截面积 S_N 除 A_K 即得到冲击韧度，用 a_K 表示，单位为 J/cm^2。

$$a_K = A_K / S_N$$

对一般常用钢材来说，所测冲击吸收功 A_K 越大，材料的韧性越好。但由于测出的冲击吸收功 A_K 的组成比较复杂，所以有时测得的 A_K 值及计算出来的 a_K 值不能真正反映材料的韧脆性质。

长期生产实践证明，A_K、a_K 值对材料的组织缺陷十分敏感，能灵敏地反映材料品质、宏观缺陷和显微组织方面的微小变化，因而冲击试验是生产上用来检验冶炼和热加工质量的有效办法之一。由于温度对一些材料的韧脆程度影响较大，为了确定出材料由韧性状态向脆性状态转化趋势，可分别在一系列不同温度下进行冲击试验，测定出 A_K 值随试验温度的变化。试验表明，A_K 随温度的降低而减小；在某一温度范围，材料的 A_K 值急剧下降，表明材料由韧性状态向脆性状态转变，此时的温度称为韧脆转变温度。根据不同的钢材及使用条件，其韧脆转变温度的确定有冲击吸收功、脆性断面率、侧膨胀值等不同的评定方法。

1.1.4.2　断裂韧度

前面几节讨论的力学性能，都是假定材料是均匀、连续、各向同性的。以这些假设为依据的设计方法称为常规设计方法。根据常规方法分析认为是安全的设计，有时会发生意外断裂事故。在研究高强度金属材料中发生的低应力脆性断裂的过程中，发现前述假设是不成立的。实际上，材料的组织远非是均匀、各向同性的，组织中有微裂纹，还会有夹杂、气孔等宏观缺陷，这些缺陷可看成是材料中的裂纹。当材料受外力作用时，这些裂纹的尖端附近便出现应力集中，形成一个裂纹尖端的应力场。根据断裂力学对裂纹尖端应力场的分析，裂纹前端附近应力场的强弱主要取决于一个力学参数，即应力强度因子 K_I，单位为 $MN/m^{3/2}$。

$$K_I = Y\sigma\sqrt{a}$$

式中　Y——无量纲的系数，与裂纹形状、加载方式及试样尺寸有关；

σ——外加拉应力，MPa；

a——裂纹长度的一半，m。

对某一个有裂纹的试样(或机件)，在拉伸外力作用下，Y 值是一定的。当外加拉应力逐渐增大，或裂纹逐渐扩展时，裂纹尖端的应力强度因子 K_I 也随之增大；当 K_I 增大到某一临界值时，试样(或机件)中的裂纹会产生突然失稳扩展，导致断裂。这个应力强度因子的临界值称为材料的断裂韧度，用 K_{Ic}表示。

断裂韧度是用来反映材料抵抗裂纹失稳扩展，即抵抗脆性断裂能力的性能指标。当 $K_I < K_{Ic}$时，裂纹扩展很慢或不扩展；当 $K_I > K_{Ic}$时，则材料发生失稳脆断。这是一项重要的判据，可用来分析和计算一些实际问题。例如，若已知材料的断裂韧度和裂纹尺寸，便可以计算裂纹扩展以致断裂的临界应力，即机件的承载能力；或者已知材料的断裂韧度和工作应力，就能确定材料中允许存在的最大裂纹尺寸。

断裂韧度测定是把试验材料制成一定形状和尺寸的试样，在试样上预制出能反映材料实际情况的疲劳裂纹，然后施加载荷。试验中用仪器自动记录并绘出外力与裂纹扩展的关系曲线，经过计算和分析，确定断裂韧度。

断裂韧度是材料固有的力学性能指标，是强度和韧性的综合体现。它与裂纹的大小、形状、外加应力等无关，主要取决于材料的成分、内部组织和结构。

1.1.5　刚度

材料在受力时抵抗弹性变形的能力称为刚度，它表示材料弹性变形的难易程度。材料刚度的大小，通常用弹性模量 E 来评价。

材料在弹性范围内，应力与应变的关系服从胡克定律：$\sigma = E\varepsilon$ 或 $\tau = G\gamma$。式中 σ 和 τ 分别为正应力和切应力，ε 和 γ 分别为正应变和切应变。应变为单位长度的变形量，即 $\varepsilon = \Delta L/L$。

因之 $E = \sigma/\varepsilon$ 或 $G = \tau/\gamma$，相应为弹性模量和切变模量。由图 1-2 可以看出，弹性模量 E 是拉伸曲线上的斜率，即 $\tan\alpha = E$。斜率 $\tan\alpha$ 越大，弹性模量 E 也越大，即是说弹性变形越不容易进行。因此 E、G 是表示材料抵抗弹性变形能力和衡量材料"刚度"的指标。弹性模量越大，材料的刚度越大，即具有特定外形尺寸的零件或构件保持其原有形状与尺寸的能力也越大。

弹性模量的大小主要决定于金属键，与显微组织的关系不大。合金化、热处理、冷变形等对它的影响很小。生产中一般不考虑也不检验它的大小，基体金属一经确定，其弹性模量值也就基本上定了。在材料不变的情况下，只有改变零件的截面尺寸或结构，才能改变它的刚度。

在设计机械零件时，要求刚度大的零件，应选用高弹性模量的材料。钢铁材料的弹性模量较大，所以对要求刚度大的零件，通常选用钢铁材料，例如镗床的镗杆应有足够的刚度，如果刚度不足，当进刀量大时镗杆的弹性变形就会大，镗出的孔就会偏小，因而影响加工精度。

要求在弹性范围内对能量有很大吸收能力的零件（如仪表弹簧），一般使用软弹簧材料铍青铜、磷青铜制造，应具有极高的弹性极限和低的弹性模量。

表 1-2 中列出的是常用金属的弹性模量。

表 1-2　常用金属的弹性模量

金　属	弹性模量 E/MPa	切变模量 G/MPa
铁	214000	84000
镍	210000	84000
钛	118010	44670
铝	72000	27000
铜	132400	49270
镁	45000	18000

1.2　金属材料的物理性能和化学性能

1.2.1　金属材料的物理性能

金属材料的物理性能是指金属材料在重力、温度、电磁等物理作用下表现出的性能，包括密度、熔点、导电性、导热性、热膨胀性和导磁性等。

（1）密度，是物体的质量与其体积之比值。根据密度大小，可将金属分为轻金属和重金属。凡密度低于 5 g/cm^3 的金属叫做轻金属，而把密度高于 5 g/cm^3 的金属叫做重金属。要求自重比较轻的机械设备应采用密度小、强度高的金属材料。例如，钛和钛合金在航空事业中应用很广泛。

（2）熔点，是指金属材料从固态转变为液态的转变温度。熔点低的易熔金属材料可以用来制造铅字、保险丝等；熔点高的难熔金属材料可以用来制造耐高温的零件和结构件，如在冶金加热炉、火箭、导弹等方面的应用。

（3）热膨胀性，是指金属材料的体积受热时增大、冷却时则收缩的性能。在实际工作中应考虑金属材料的热膨胀性的影响。例如，铸件冷却时的体积收缩，量具因温度变化而引起的读数误差，轧钢时轧辊辊形随温度会发生变化等。

（4）导热性，是指金属材料传导热量的能力。金属中铜和银的导热性最好，纯金属的导热性能比合金好，并随合金元素的含量升高，导热性能也越差。如高碳钢、铸铁、高合金钢的导热性能比低碳钢、低合金钢差得多。

（5）导电性，是金属能够传导电流的性能。纯金属具有良好的导电性，一般来说金属纯度越高导电性也越好。合金的导电性能一般比纯金属差，工业上常用导电性强的铜、铝制作导电材料，用电阻很高的合金做电热元件。

（6）导磁性，是材料在磁场中能够磁化或导磁的能力。根据材料的导磁性能可将它们分为：铁磁性材料，即在磁场中能够强烈地磁化的材料，如铁、钴、镍等；顺磁性材料，即在磁场中只微弱地磁化的材料，如锰、铬、钼等；抗磁性材料，即在磁场中不仅不能导磁，并且削弱外磁场的材料，如铜、银、铅等。铁磁性材料能被带磁性的物体磁体吸引，而顺磁性材料和抗磁性材料都不能被磁体吸引。

1.2.2　金属材料的化学性能

金属材料的化学性能是指金属材料抵抗周围介质侵蚀的能力，包括耐腐蚀性和热稳定性等。

(1) 耐腐蚀性，是指金属材料在常温下，抵抗周围介质侵蚀的能力。根据介质侵蚀能力的强弱，对在不同介质中工作的金属材料的耐腐蚀性能的要求也不同。如船舶上所用钢材必须具有抗海水腐蚀能力；贮藏及运输酸类用的容器、管道等应具有较高的耐酸性能。

(2) 热稳定性，是指金属在高温下对氧化的抵抗能力。在高温下工作的锅炉、加热炉、内燃机上的许多零部件都要求具有良好的热稳定性能。

1.3　金属材料的工艺性能

金属材料的工艺性能是指其在各种加工条件下表现出来的适应能力，包括焊接性能、压力加工性能（弯曲、冲压及切削）、热处理性能、铸造性能等。

A　焊接性

钢的焊接性是指钢适应普通焊接方法与工艺的性能。焊接性好的钢，易于用一般的焊接方法与工艺施焊；焊接性差或坏的钢，则需用特定的焊接方法与工艺才能保证焊件的质量。

影响钢焊接性的因素很多，其中影响最大的是钢的化学成分和焊接时的热循环。焊接时的热循环实际上是一个快速炼钢和快速加热冷却的特殊热处理过程。对于一般钢板来说，知道其化学成分和板厚，大致就可判断出焊接性能。

碳素钢和低合金钢的焊接性主要是由含碳量来决定的。由焊接引起的硬化，随着含碳量和碳当量的增加而增加，硬化是引起焊接裂纹和焊接处脆化的原因。为了抑制硬化，可采取焊接预热和硬化后热处理的措施，并把碳含量控制在 $w_C=0.4\%$ 以下。

影响钢板焊接裂纹敏感性的因素，除化学成分以外，还有含氢量和板厚，另外，焊接输入热量、残余应力及应力集中也有很大的关系。

为了提高焊接性能，应当尽量降低碳含量，改善合金的成分，减少磷、硫等不纯成分及非金属夹杂物，采用性能先进的装备生产出性能均匀、预热温度低、热影响区稳定及接合面韧性好的钢板。

B　淬透性

钢奥氏体化后淬火的难易程度，通常以淬火层深度和硬度分布来判定。影响淬透性的因素很多，最主要的是钢的化学成分，其次是奥氏体化温度和晶粒度等。奥氏体向珠光体转变的速度越慢，即等温转变开始曲线越向右移，则钢的淬透性越大。反之，淬透性就越小。

C　加工性

a　热加工性

热加工性是指金属材料在加热状态下受压力加工产生塑性变形的能力。一般普通板带钢热加工应避开 300 ℃左右的蓝脆温度和 900 ℃左右的红脆温度。热加工温度高，变形抗力减小，但氧化铁皮增加，且需注意过热和过烧。

b　冷加工性

冷加工包括有弯曲、深冲及切削等。

(1) 弯曲：是板带钢使用中经常采用的加工方式。以最小的弯曲半径弯曲而不产生裂纹是衡量弯曲加工性的重要指标。最小弯曲半径取决于钢板的材质和弯曲的方法。板带钢的力学性能存在有方向性，一般来说，轧制方向(纵向)的延展性优于垂直轧制方向(横向)的延展性。当横向性能有要求时，往往都牺牲纵向性能。弯曲性能采用不同宽度的试样，在常温情况下以不同的弯心直径(d=0.05h、h、$2h$ 及 $3h$，h 为板厚)及弯心角度(达 180°)加以弯曲变形，检测试样弯曲处表面和侧面有无裂纹、分层和折断。

(2) 深冲加工：主要在加热后进行，但厚度为 25 mm 以下，多用冷加工，且限于低碳钢。冷加工前进行正火热处理细化晶粒，可减少脆性冲裂。为了防止加工应力集中，可在加工过程中进行消除应力退火或正火热处理，分几次加工成形。

(3) 切削加工性：金属材料接受切削加工的难易程度称为切削加工性或可切削性。切削加工性好的金属材料，在切削加工时，切屑易于折断，切削后表面粗糙度低，切削量大，切削刀具磨损小。一般认为含碳量 w_C=0.2%～0.3%的轧态钢板的切削性较佳，如添加 w_S=0.08%～0.33%的硫、w_{Mn}=0.7%～1.7%的锰的硫易切削钢和添加 w_{Nb}=0.2%～0.3%的铌的铌易切削钢，其切削性更佳。如含有镍、铬、钼等合金元素，由于它们固溶于铁素体中，形成了碳化物而提高了韧性，使切削性变坏。

D　铸造性能

铸造性能是指金属能否用铸造方法制成优良铸件的性能，其好坏主要取决于金属的液态流动性，冷却时的收缩率和偏析倾向等。

思考题

1-1　说明以下符号的意义和单位：

σ_e、σ_s、σ_b、E、G、δ、ψ、σ_{-1}、a_K、K_{ICO}。

1-2　在测定强度上 σ_s 和 $\sigma_{0.2}$ 有什么不同？

1-3　在设计机械零件时多用哪两种强度指标，为什么？

1-4　设计刚度好的零件，应根据何种指标选择材料，采用何种材料为宜？材料的 E 值越大，其塑性越差，这种说法是否正确，为什么？

1-5　拉伸试样的原标距长度为 50 mm，直径为 10 mm，拉断后对接试样的标距长度为 79 mm，缩颈区的最小直径为 4.9 mm，求其伸长率和断面收缩率。

1-6　标距不相同的伸长率能否进行比较，为什么？

1-7　常用的硬度试验方法有几种？其应用范围如何，这些方法测出的硬度值能否进行比较？

1-8　根据图 1-5 中 1、2、3、4 四种材料的应力—应变曲线，试比较其抗拉强度、屈服点、刚度和塑性，并找出最佳者。

1-9　反映材料受冲击载荷的性能指标是什么，不同条件下测得的这种指标能否比较，怎样应用这种性能指标？

1-10　疲劳破坏是怎样形成的，提高零件疲劳寿命的方法有哪些，为什么表面粗糙和零件尺寸增大能使材料的疲劳强度减小？

1-11　断裂韧度是表明材料何种性能的指标，为什么要求在设计零件时考虑这种指标？

1-12　图 1-6 所示为五种材料的应力—应变曲线，1 为 45 钢，2 为铝青铜，3 为 35 钢，4 为硬铝，5 为纯铜。试问：

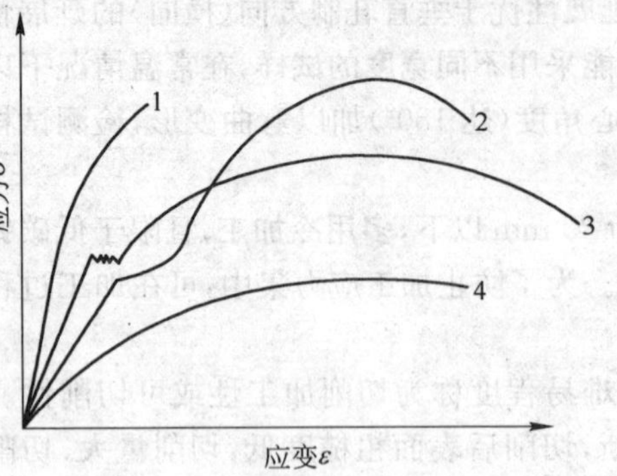

图 1-5

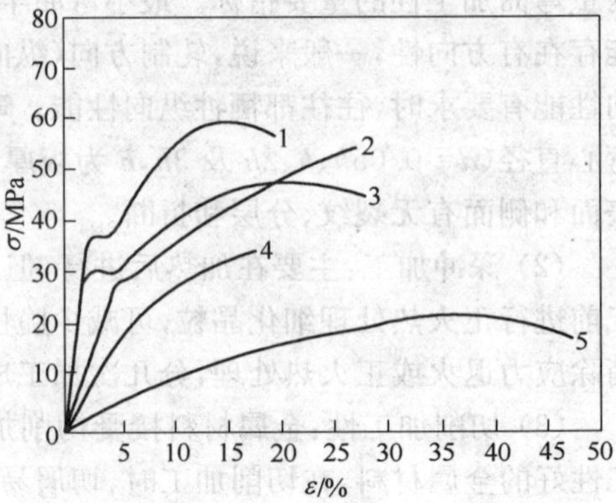

图 1-6

(1) 当应力为 30 MPa 时，各材料处于什么状态？

(2)有一根用 35 钢做的轴，使用中发现弹性弯曲大，如采用 45 钢制作该轴，能否减小弹性变形？

1-13　下列说法是否正确？如不正确请更正：

(1) 机械在运行中各零件都承受外加载荷，材料强度高的不会变形，材料强度低的一定会变形。

(2) 材料的强度高，其硬度就高，所以刚度就大。

(3) 强度高的材料，塑性都低。

(4) 弹性极限高的材料，所产生的弹性变形大。

1-14　下列零件图样标注的硬度是否正确？如有错误，请改正。

(1) HBS600～650；　　　(2) HRC70～75；

(3) HRB90 N/mm^2；　　　(4) HB200～300 MN/m^2

1-15　下列各种工件或钢材可用哪些硬度试验法测定其硬度值？（写出硬度符号）

(1) 钢车刀、锉刀；　　　(2) 材料库中原材料；

(3) 渗碳钢工件；　　　(4) 铝合金半成品

1-16　下列用途的金属材料主要对哪一种物理性能有较高的要求？

散热器、量具、电线、飞机框架、保险丝、变压器铁芯。

1-17　金属的导电性与其纯度有何关系？

1-18　钢材的可焊性和切削加工性与其含碳量大致有何关系？

2 金属的晶体结构

2.1 金属的晶体结构

2.1.1 晶体结构的基本知识

从物理学中知道，固态物质可分为晶体和非晶体，晶体是内部原子呈规则排列的物质。固态金属和合金都属于晶体。研究金属的晶体结构就是讨论金属内部原子排列的规律。

(1) 晶格：实际晶体中的原子都是在不停地运动，但是在讨论晶体结构时，为了简化对问题的分析，把构成晶体的原子看成是一个个固定的小球，也不再把原子细分为离子和电子。在这样假定之后，实际晶体就可用图 2-1a 予以说明。由图 2-1a 可见，晶体是由一个个原子小球按一定的几何规律周期性排列的。为了表示原子在空间排列的规律性，将每个原子视为一个点，这个点表示原子中心，并用一些假想的直线把这些点连接起来，这样就形成一个空间格架。这种用来描述原子在晶体中排列方式的几何空间格子称为晶格，如图 2-1b 所示。

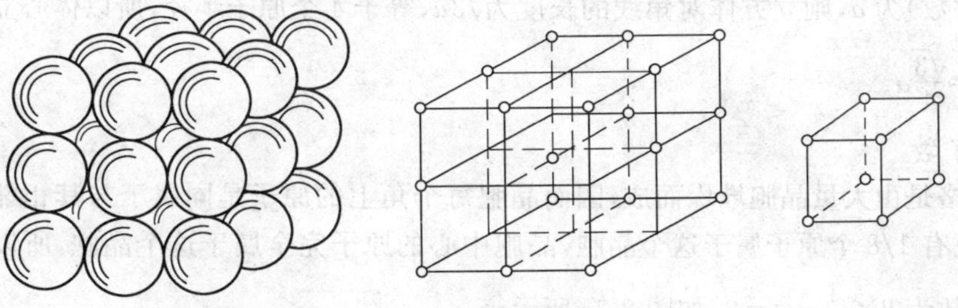

(a) (b) (c)

图 2-1 晶体及晶格示意图

a—晶体中原子排列；b—晶格；c—晶胞

(2) 晶胞：由于晶体中原子排列具有周期性，因此为了简便起见，通常只从晶格中选取一个能够完全反映晶格特征的、最小的几何单元来分析晶体中原子排列的规律，这个最小几何单元称为晶胞，如图 2-1c 所示。不难看出，整个晶格实际上是由许多大小、形状和位向相同的晶胞在空间重复堆砌而成的。

(3) 晶格常数：晶胞的大小和形状用其三棱边长 a、b、c 和各棱边间夹角 α、β、γ 来表示，如图2-2所示。其中各棱边长 a、b、c 称为晶格常数。

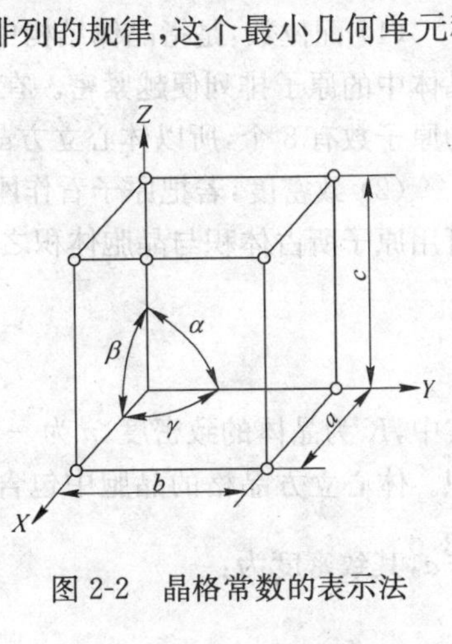

图 2-2 晶格常数的表示法

2.1.2 常见金属的晶体结构

不同的金属具有不同的晶体结构。研究表明，工业上使用的几十种金属元素中，除少数具有复杂的晶体结构外，绝大多数都具有比较简单的晶体结构。其中最常见的晶体结构有三种类型，即体心立方晶格、面心立方晶格、密排六方晶格。

2.1.2.1 体心立方晶格

体心立方晶格的晶胞模型如图 2-3 所示。晶胞的三个棱边长度相等，三棱边间夹角均为 90°，构成立方体。除了在晶胞的八个角上各有一个原子外，在立方体的中心还有一个原子。具有体心立方结构的金属有 α-Fe、Cr、V、Nb、Mo、W 等约 30 多种。

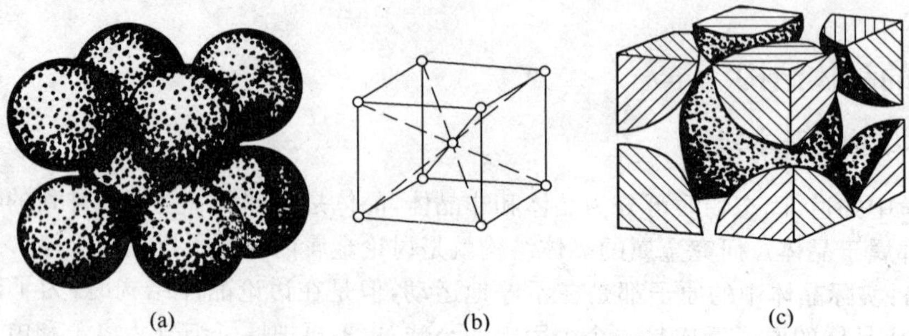

图 2-3 体心立方晶胞

a—刚球模型；b—质点模型；c—晶胞原子数

A 原子半径

在体心立方晶胞中，原子沿立方体对角线紧密地接触着，如图 2-3a 所示。设晶胞的点阵常数(或晶格常数)为 a，则立方体对角线的长度为$\sqrt{3}a$，等于 4 个原子半径，所以体心立方晶胞中的原子半径 $r=\frac{\sqrt{3}}{4}a$。

B 原子数

由于晶格是由大量晶胞堆垛而成，因而晶胞每个角上的原子是同属于与其相邻的八个晶胞所共有，故只有 1/8 个原子属于这个晶胞，晶胞中心的原子完全属于这个晶胞，所以体心立方晶胞中的原子数为 $8\times\frac{1}{8}+1=2$，如图 2-3c 所示。

C 配位数和致密度

晶胞中原子排列的紧密程度也是反映晶体结构特征的一个重要因素，通常用两个参数来表征，一个是配位数，另一个是致密度。

(1) 配位数：是指晶体结构中与任一个原子最近邻、等距离的原子数目。显然，配位数越大，晶体中的原子排列便越紧密。在体心立方晶格中，以立方体中心的原子来看，与其最近邻等距离的原子数有 8 个，所以体心立方晶格的配位数为 8。

(2) 致密度：若把原子看作刚性圆球，那么原子之间必然有空隙存在，原子排列的紧密程度可用原子所占体积与晶胞体积之比表示，称为致密度或密集系数，可用下式表示：

$$K=\frac{nV_1}{V}$$

式中，K 为晶体的致密度，n 为一个晶胞实际包含的原子数，V_1 为一个原子的体积，V 为晶胞的体积。体心立方晶格的晶胞中包含有 2 个原子，晶胞的棱边长度(晶格常数)为 a，原子半径为 $r=\frac{\sqrt{3}}{4}a$，其致密度为：

$$K=\frac{nV_1}{V}=\frac{2\times\frac{4}{3}\pi r^3}{a^3}=\frac{2\times\frac{4}{3}\pi\left(\frac{\sqrt{3}}{4}a\right)^3}{a^3}\approx 0.68$$

2.1.2.2 面心立方晶格

面心立方晶格的晶胞如图 2-4 所示。在晶胞的八个角上各有一个原子，构成立方体，在立方体六个面的中心各有一个原子。γ-Fe、Cu、Ni、Al、Ag 等约 20 种金属具有这种晶体结构。

由图 2-4 c 可以看出，每个角上的原子属于 8 个晶胞所共有，每个晶胞实际占有该原子的 1/8，而位于六个面中心的原子同时属于相邻的两个晶胞所共有，所以每个晶胞只分到面心原子的 1/2，因此面心立方晶胞中的原子数为：$\frac{1}{8}\times 8+\frac{1}{2}\times 6=4$。

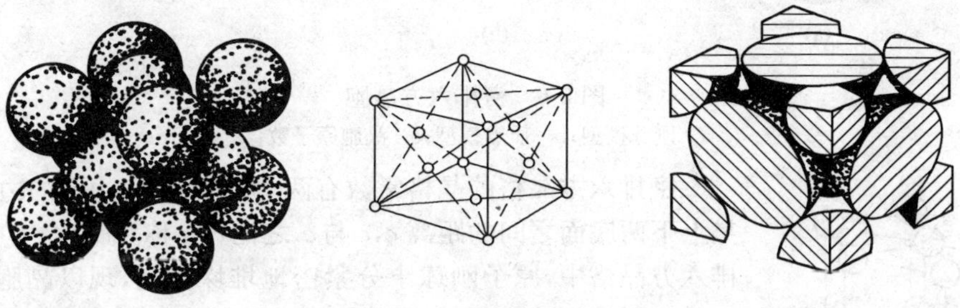

(a) (b) (c)

图 2-4 面心立方晶胞

a—刚球模型；b—质点模型；c—晶胞原子数

在面心立方晶胞中，只有沿着晶胞六个面的对角线方向，原子是互相接触的，面对角线的长度为$\sqrt{2}a$，它与 4 个原子半径的长度相等，所以面心立方晶胞的原子半径 $r=\frac{\sqrt{2}}{4}a$。

从图 2-5 可以看出，以面中心那个原子为例，与之最邻近的是它周围顶角上的四个原子，这五个原子构成了一个平面，这样的平面共有三个，三个面彼此相互垂直，结构形式相同，所以与该原子最近邻等距离的原子共有 4×3 =12 个。因此面心立方晶格的配位数为 12。

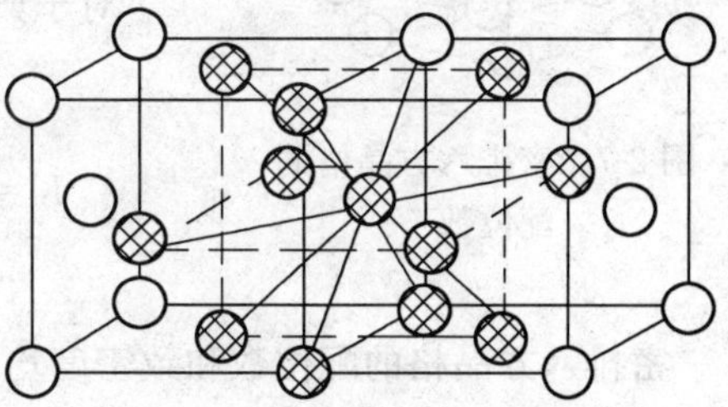

图 2-5 面心立方晶格的配位数

由于已知面心立方晶胞中的原子数和原子半径，因此可以计算出它的致密度：

$$K=\frac{nV_1}{V}=\frac{4\times\frac{4}{3}\pi r^3}{a^3}=\frac{4\times\frac{4}{3}\pi\left(\frac{\sqrt{2}}{4}a\right)^3}{a^3}\approx 0.74$$

此值表明，在面心立方晶格中，有 74％的体积为原子所占据，其余 26％为间隙体积。

2.1.2.3 密排六方晶格

密排六方晶格的晶胞如图 2-6 所示。在晶胞的 12 个角上各有一个原子，构成六方柱体，上底面和下底面的中心各有一个原子，晶胞内还有三个原子。具有密排六方晶格的金属有 Zn、Mg、Be、α-Ti、α-Co、Cd 等。

晶胞中的原子数可参照图 2-6c 计算如下：六方柱每个角上的原子均属六个晶胞所共有，上、下底面中心的原子同时为两个晶胞所共有，再加上晶胞内的三个原子，故晶胞中的原子数为：$\frac{1}{6}\times12+\frac{1}{2}\times2+3=6$ 。

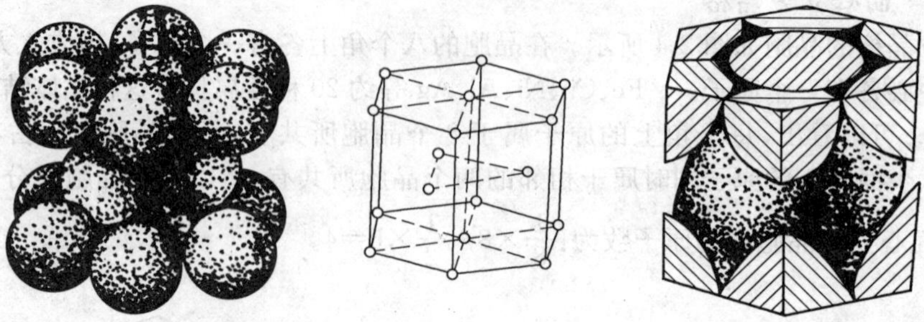

(a)　(b)　(c)

图 2-6　密排六方晶胞

a—刚球模型；b—质点模型；c—晶胞原子数

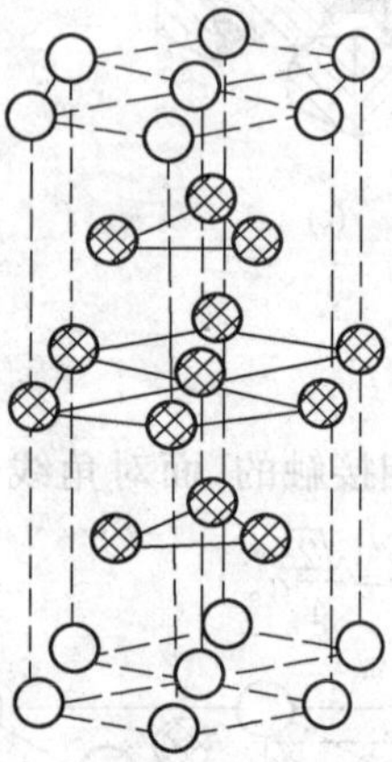

图 2-7　密排六方晶格的配位数

密排六方晶格的晶格常数有两个：一是正六边形的边 a，另一个是上下两底面之间的距离 c，c 与 a 之比 c/a 称为轴比。在典型的密排六方晶格中，原子刚球十分紧密地堆垛排列，现以晶胞上底面中心的原子为例，它不仅与周围六个角上的原子相接触，而且与其下面的三个位于晶胞之内的原子以及与其上面相邻晶胞内的三个原子相接触，如图 2-7 所示，故配位数为 12，此时的轴比 $c/a=\sqrt{\frac{8}{3}}\approx1.633$。但是，实际的密排六方晶格金属，其轴比或大或小地偏离这一数值，大约在 1.57～1.64 之间波动。

对于典型的密排六方晶格金属，其原子半径为$\frac{a}{2}$，致密度为：

$$K=\frac{nV_1}{V}=\frac{6\times\frac{4}{3}\pi r^3}{\frac{3\sqrt{3}}{2}a^2\sqrt{\frac{8}{3}}a}=\frac{6\times\frac{4}{3}\pi\left(\frac{a}{2}\right)^3}{3\sqrt{2}a^3}=\frac{\sqrt{2}}{6}\pi\approx0.74$$

密排六方晶格的配位数和致密度均与面心立方晶格相同，这说明两者晶胞中的原子具有相同的紧密排列程度。

2.1.3　晶面指数和晶向指数

2.1.3.1　晶面指数

所谓晶面，就是晶格中由一系列原子中心所决定的平面，如图 2-8 中影线所示。晶格中凡三个原子中心都可以决定一个晶面，为了便于对各种晶格中原子分布状况及其性质进行分析，有必要采用适当方法确定各晶面在晶格中的位置。用来表明晶面在晶格中的位置的一些数据叫做晶面指数。

现以立方晶格为例，说明确定晶面指数的步骤：

(1) 设坐标：以晶胞的某一顶点作为空间坐标轴的原点 O，以互相垂直的三个棱边为三个坐标轴 X、Y、Z，如图 2-8 所示。

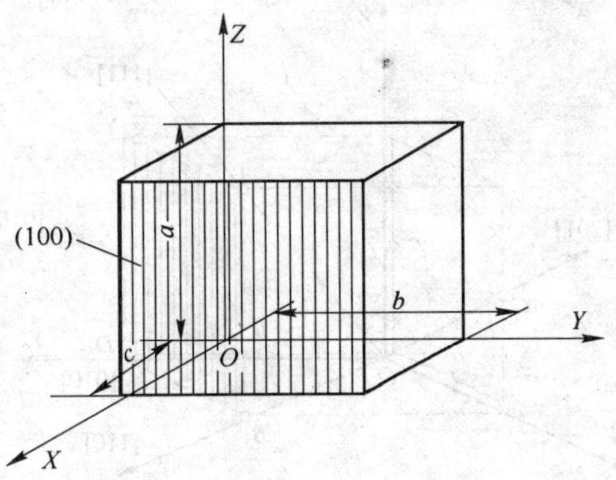

图 2-8 晶面指数求法示意图

(2) 求截距：以晶胞的棱边长度（晶格常数）为度量单位，量取某一晶面在三个轴上的截距，如图 2-8 中影线所示晶面在三个坐标轴上的截距分别为 1、∞、∞。为了避免出现零截距，坐标原点位于待定晶面之外。

(3) 取倒数：求出截距的倒数，在上例中为 1/1，1/∞，1/∞，即 1、0、0。

(4) 化整数，划括号：将三个倒数化成等比例的简单整数，并将所得数依次连写后列入圆括号内。这样，便得到晶面指数，在图 2-8 中影线所示晶面的晶面指数为(100)。

晶面指数的一般表示形式为(hkl)。如果所求晶面在坐标轴上的截距为负值，则在相应的指数上方加一负号，如($\bar{h}kl$)、($h\bar{k}l$)等。图 2-9 所示为立方晶格中的一些晶面及晶面指数。

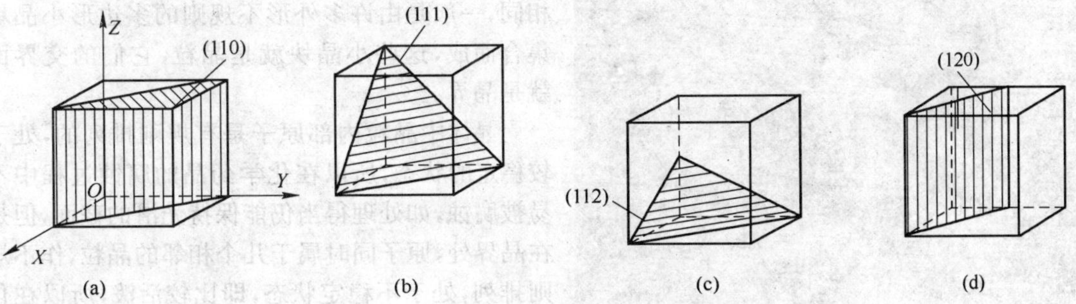

图 2-9 立方晶格中一些晶面及晶面指数

2.1.3.2 晶向指数

所谓晶向是指在晶体中任意两个原子的中心连线所指的方向。确定某一晶向在晶格中的方位的数据就是晶向指数。下面以图 2-10 中 *OA* 晶向为例，介绍立方晶格中晶向指数的确定方法。

(1) 设坐标：把坐标原点放在欲确定晶向的任一原子中心处，此例放在 *O* 原子中心处。

(2) 求坐标值：以晶格常数为度量单位，找出欲确定晶向的另一原子中心在三个坐标轴上的坐标值。取另一原子时为了分析方便，取距坐标原点最近的原子，此例中取 *A* 原子，则 *A* 点的坐标值为：$X=1$、$Y=1$、$Z=1$。

(3) 化整数、划括号。把坐标值化为最小的简单整数，并列在方括号中，此例为[111]、即 *OA* 晶向的晶向指数为[111]。

同理，图 2-10 中 *OB*、*OC*、*OD* 晶向的晶向指数分别为[110]、[201]和[010]。

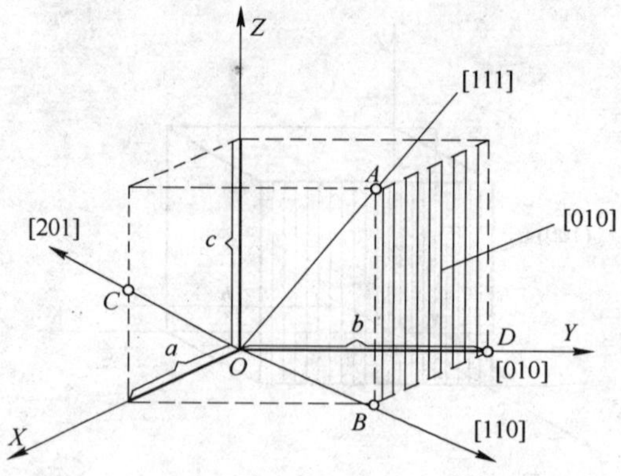

图 2-10　立方晶格中一些晶向及其晶向指数

2.2　实际金属的晶体结构

2.2.1　纯金属的显微组织

如果取一小块纯铁用锯拉开，将其截面经过磨平、抛光，使之亮如镜面，再在酸液等化学药品中浸蚀后，用水洗净吹干，就可以在放大 100～1500 倍的光学显微镜下观察其显微组织。所谓金属的显微组织是指金属或合金在显微镜下所呈现出来的特征和形貌。图 2-11 所示是纯铁在室温时的显微组织。

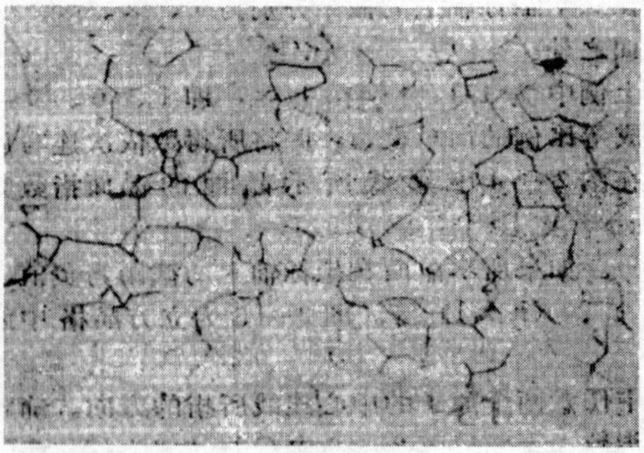

图 2-11　纯铁的显微组织

单一晶体组成的纯金属的显微组织与纯铁相同，一般是由许多外形不规则的多边形小晶块集合而成，这些小晶块就是晶粒，它们的交界面就是晶界。

晶体中晶粒内部原子是有规则排列的，处于较稳定的状态，所以在化学药品的腐蚀过程中不易被腐蚀，如处理得当仍能保持光滑的截面，但是在晶界处，原子同时属于几个相邻的晶粒，作不规则排列，处于不稳定状态，即比较活泼，所以在化学药品的浸蚀下容易被腐蚀。另外，在晶界处各种杂质富集，也是晶界易被腐蚀的重要原因之一。

因此，金属材料的截面经磨光，腐蚀后，在显微镜下出现光亮的晶粒横截面和被腐蚀成微细小沟的晶界。

2.2.2　单晶体和多晶体

如上所述，工业用的金属晶体是由许多晶粒组成的，这种晶体叫做多晶体。如果一整块金属仅包括一个晶粒，则叫做单晶体。单晶体是为了科学试验，用专门的方法制取的，工程上用的不多。

单晶体是理想的晶体，在整块晶体范围内原子排列非常有规则。单晶体由于在不同晶面和晶向上原子排列方式、原子密度和原子间结合力大小不同，所以沿不同晶面和晶向的有些性质也不一样，即表现出“各向异性”，如单晶体 α-Fe 沿(111)晶向，即沿晶胞体对角线方向的弹性模量

$E=2.9\times10^5$ MPa,而沿(100)晶向,即沿晶胞棱边方面的弹性模量 $E=1.35\times10^5$ MPa。

但是对多晶体来说,各个晶粒的取向是任意的,紊乱的。这样,多晶体各晶粒的“各向异性”在不同方向上彼此抵消,而不显示“各向异性”。多晶体的性能大致等于各晶粒不同方向上性能的平均值。例如,多晶体 α-Fe 弹性模数在不同方向上大致等于上述二数的平均值,约 $E=2.1\times10^5$ MPa。

2.3 实际金属的晶体缺陷

在实际应用的金属材料中,总是不可避免地存在着一些原子偏离规则排列的不完整性区域,这就是晶体缺陷。一般来说,金属中这些偏离其规定位置的原子数目很少,即使在最严重的情况下,金属晶体中位置偏离很大的原子数目至多占原子总数的千分之一。因此,从总的来看,其结构还是接近完整的。尽管如此,这些晶体缺陷不但对金属及合金的性能,其中特别是那些对结构敏感的性能,如强度、塑性、电阻等产生很大的影响,而且还在扩散、相变、塑性变形和再结晶等过程中扮演着重要角色。由此可见,研究晶体的缺陷具有重要的实际意义。

根据晶体缺陷的几何形态特征,可以将它们分为以下三类:

(1) 点缺陷:其特征是三个方向上的尺寸都很小,相当于原子的尺寸,例如空位、间隙原子等。

(2) 线缺陷:其特征是在两个方向上的尺寸很小,另一个方向上的尺寸相对很大。属于这一类的主要是位错。

(3) 面缺陷:其特征是在一个方向上的尺寸很小,另外两个方向上的尺寸相对很大,例如晶界、亚晶界等。

2.3.1 点缺陷

常见的点缺陷有三种,即空位、间隙原子和置换原子,如图 2-12 所示。

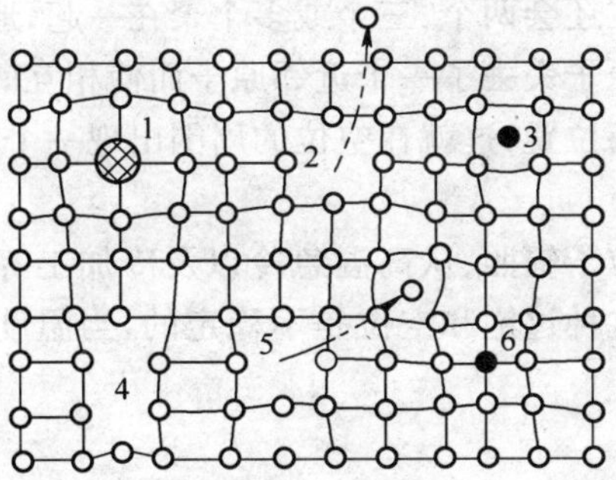

图 2-12 晶体中的各种点缺陷

1—大的置换原子;2—肖脱基空位;3—异类间隙原子;4—复合空位;
5—弗兰克尔空位;6—小的置换原子

2.3.1.1 空位

在任何温度下,金属晶体中的原子都是以其平衡位置为中心,不间断地进行着热振动。原子的振幅大小与温度有关,温度越高,振幅越大。在一定的温度下,每个原子的振动能量并不完全相同。在某一瞬间,某些原子的能量可能高些,其振幅就要大些;而另一些原子的能量可能低些,振幅就要小些。对一个原子来说,这一瞬间能量可能高些,另一瞬间可能反而低些,这种现象叫做能量起伏。根据统计规律,在某一温度下的某一瞬间,总有一些具有足够高的能量,以克服周围原子对它的约束,脱离开原来的平衡位置迁移到别处的原子,其结果,即在原位置上出现了空结点，这就是空位。

空位是一种热平衡缺陷，即在一定温度下，空位有一定的平衡浓度。温度升高，则原子的振动能量提高，振幅增大，从而使脱离其平衡位置往别处迁移的原子数增多，空位浓度提高。温度降低，则空位的浓度随之减小。但是，空位在晶体中的位置不是固定不变的，而是处于运动、消失和形成的不断变化之中，如图 2-13 所示。一方面，周围原子可以与空位换位，使空位移动一个原子间距，如果周围原子不断与空位换位，就造成空位的运动，另一方面，空位迁移至晶体表面或与间隙原子相遇而消失，但在其他地方又会有新的空位形成。

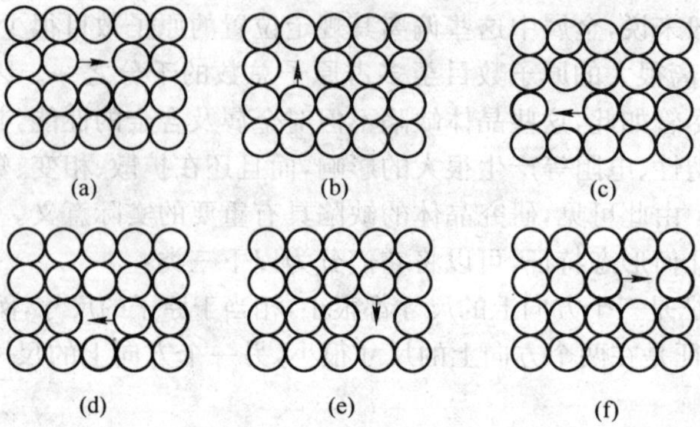

图 2-13　空位的移动

空位的平衡浓度是极小的，例如，当铜的温度接近其熔点时，空位的平衡浓度约为 10^{-5} 数量级，即在十万个原子中才出现一个空位。形成肖脱基空位所需能量比弗兰克尔空位要小得多，所以在固态金属中，主要是形成肖脱基空位。尽管空位的浓度很小，在固态金属的扩散过程中却起着极为重要的作用。此外，空位还会两个、三个或多个聚在一起，形成复合空位。

由于空位的存在，其周围原子失去了一个近邻原子而使相互间的作用失去平衡，因而它们朝空位方向稍有移动，偏离其平衡位置，这就在空位的周围出现一个涉及几个原子间距范围的弹性畸变区，简称为晶格畸变。

通过某些处理，例如高能粒子辐照、从高温急冷以及冷加工等，可使晶体中的空位浓度高于平衡浓度而处于过饱和状态，这种过饱和空位是不稳定的，当温度升高时，原子具有了较高的能量，空位浓度便大大下降。

2.3.1.2　间隙原子

处于晶格间隙中的原子即为间隙原子。在形成空位的同时，也形成一个间隙原子，硬挤入很小的晶格间隙中后，会造成严重的晶格畸变。异类间隙原子大多是原子半径很小的原子，如钢中的氢、氮、碳、硼等，尽管原子半径很小，但仍比晶格中的间隙大得多，所以造成的晶格畸变远较空位严重。

间隙原子也是一种热平衡缺陷，在一定温度下有一平衡浓度，对于异类间隙原子来说，常将这一平衡浓度称为固溶度或溶解度。

2.3.1.3　置换原子

占据在原来基体原子平衡位置上的异类原子称为置换原子。由于置换原子的大小与基体原子不可能完全相同，因此其周围邻近原子也将偏离其平衡位置，造成晶格畸变。置换原子在一定温度下也有一个平衡浓度值，一般称之为固溶度或溶解度，通常它比间隙原子的固溶度要大得多。

综上所述，不管是哪类点缺陷，都会造成晶格畸变，这将对金属的性能产生影响，如使屈服强度升高、电阻增大、体积膨胀等。此外，点缺陷的存在，将加速金属中的扩散过程，因而凡与扩散有关的相变、化学热处理、高温下的塑性变形和断裂等，都与空位和间隙原子的存在和运动有着密切的关系。

2.3.2　线缺陷

晶体中的线缺陷就是各种类型的位错，它是在晶体中某处有一列或若干列原子发生了有规律的错排现象，使长度达几百至几万个原子间距、宽约几个原子间距范围内的原子离开其平衡位置，发生了有规律的错动。虽然位错有多种类型，但其中最简单、最基本的类型有两种：一种是刃型位错，另一种是螺型位错。位错是一种极为重要的晶体缺陷，它对于金属的强度、断裂和塑性变形等起着决定性的作用。

2.3.2.1　刃型位错

刃型位错的模型如图 2-14 所示。设有一简单立方晶体，某一原子面在晶体内部中断，这个原子平面中断处的边缘就是一个刃型位错，犹如用一把锋利的钢刀将晶体上半部分切开，沿切口硬插入一额外半原子面一样，将刃口处的原子列称之为刃型位错线。

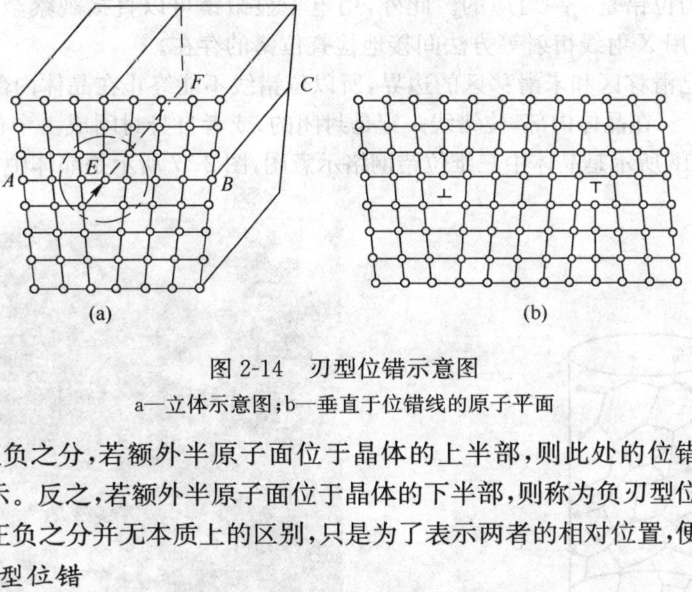

图 2-14　刃型位错示意图
a—立体示意图；b—垂直于位错线的原子平面

刃型位错有正负之分，若额外半原子面位于晶体的上半部，则此处的位错线称为正刃型位错，以符号“⊥”表示。反之，若额外半原子面位于晶体的下半部，则称为负刃型位错，以符号“⊤”表示。实际上，这种正负之分并无本质上的区别，只是为了表示两者的相对位置，便于以后讨论而已。

2.3.2.2　螺型位错

如图 2-15a 所示，设想在立方晶体右端施加一切应力，使右端上下两部分沿滑移面 $ABCD$ 发生了一个原子间距的相对切变，于是就出现了已滑移区和未滑移区的边界 BC，BC 就是螺型位错线。从滑移面上下相邻两层晶面上原子排列的情况可以看出（见图 2-15b），在 aa' 的右侧，晶体的上下两部分相对错动了一个原子间距，但在 aa' 和 BC 之间，则发现上下两层相邻原子发生了错排和不对齐的现象。这一地带称为过渡地带，此过渡地带的原子被扭曲成了螺旋形。如果从 a 开始，按顺时针方向依次连接此过渡地带的各原子，每旋转一周，原子面就沿滑移方向前进一个原子间距，犹如一个右旋螺纹一样（见图 2-15c）。由于位错线附近的原子是螺旋形排列的，所以这种位错叫做螺型位错。

根据位错线附近呈螺旋形排列的原子的旋转方向的不同，螺型位错可分为左螺型位错和右螺型位错两种。通常用拇指代表螺旋的前进方向，而以其余四指代表螺旋的旋转方向。凡符合右手法则的称为右螺型位错，符合左手法则的称为左螺型位错。

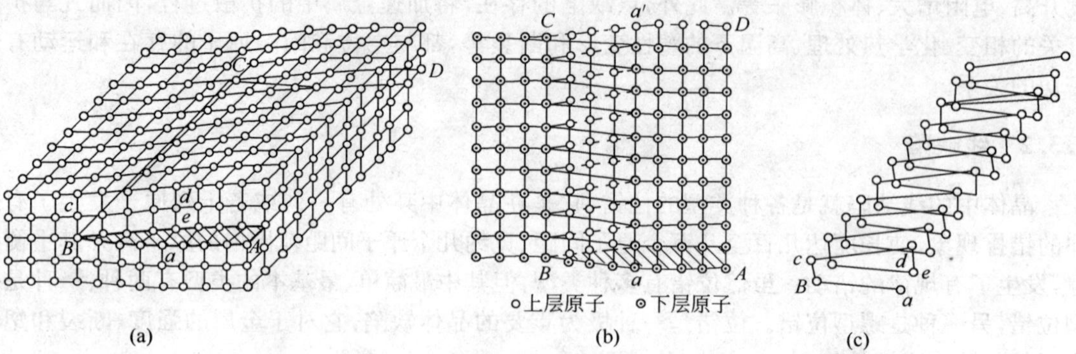

图 2-15　螺型位错示意图

2.3.2.3　位错密度

应用一些物理的和化学的实验方法可以将晶体中的位错显示出来。如用浸蚀法可得到位错腐蚀坑,由于位错附近的能量较高,所以位错在晶体表面露头的地方最容易受到腐蚀,从而产生蚀坑。位错蚀坑与位错是一一对应的。此外,用电子显微镜可以直接观察金属薄膜中的位错组态及分布,还可以用X射线衍射等方法间接地检查位错的存在。

由于位错是已滑移区和未滑移区的边界,所以位错线不能终止在晶体内部,而只能终止在晶体的表面或晶界上。在晶体内部,位错线一定是封闭的,或者自身封闭成一个位错圈,或者构成三维位错网络,图 2-16 所示是晶体中三维位错网络示意图,图 2-17 所示是晶体中位错的实际照相图。

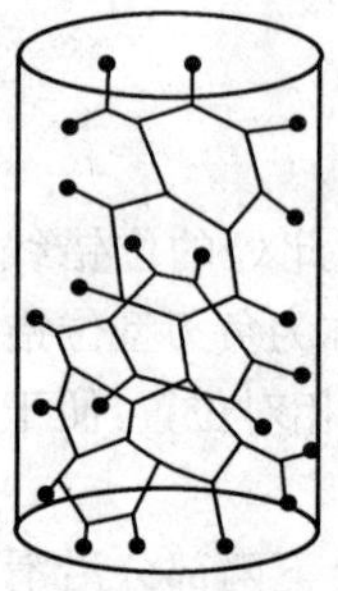

图 2-16　晶体中的位错网络示意图

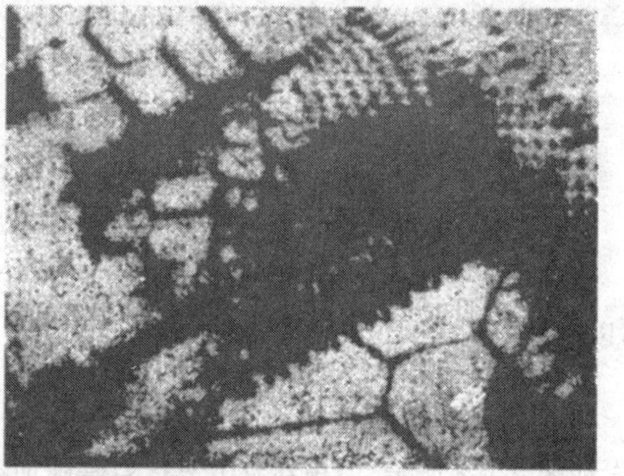

图 2-17　实际晶体中的位错网络 20000×

在实际晶体中,经常含有大量的位错,通常把单位体积中所包含的位错线的总长度称为位错密度,即:

$$\rho=\frac{L}{V}$$

式中,V 是晶体体积,L 为该晶体中位错线的总长度,ρ 的单位为 m^{-2}。位错密度的另一个定义是,穿过单位截面积的位错线数目,单位也是 m^{-2}。一般在经过充分退火的多晶体金属中,位错密度达 $10^{10}\sim10^{12}\ m^{-2}$,而经剧烈冷塑性变形的金属,其位错密度高达 $10^{15}\sim10^{16}\ m^{-2}$,即在 1 cm^3 的金属内,含有千百万公里长的位错线。

位错的存在，对金属材料的力学性能、扩散及相变等过程有着重要的影响。如果金属中不含位错，那么它将有极高的强度。目前采用一些特殊方法已能制造出几乎不含位错的结构完整的小晶体——直径约为0.05～2 μm、长度为2～10 mm的晶须，其变形抗力很高。例如直径1.6 μm的铁晶须，其抗拉强度竟高达13400 MN/m^2，而工业上应用的退火纯铁，抗拉强度则低于300 MN/m^2，两者相差40多倍。不含位错的晶须，不易塑性变形，因而强度很高，而工业纯铁中含有位错，易于塑性变形，所以强度很低，如果采用冷塑性变形等方法使金属中的位错大大提高，则金属的强度也可以随之提高。金属强度与位错密度之间的关系如图2-18所示。图中位错密度 ρ_m 处，晶体的抗拉强度最小，相当于退火状态下的晶体强度，当经过加工变形后，位错密度增加，由于位错之间的相互作用和制约，晶体的强度便又上升。

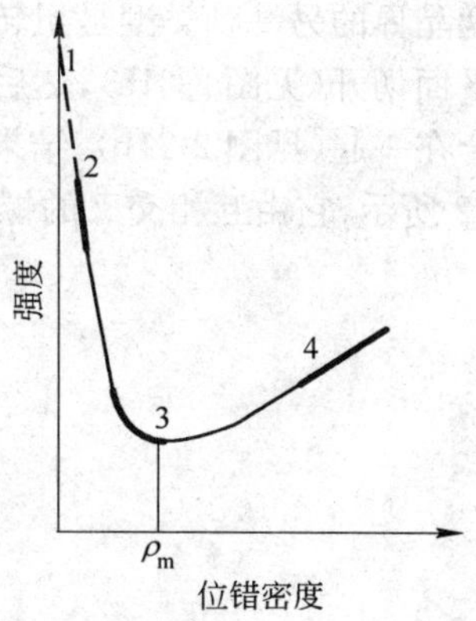

图2-18　晶体的塑性变形抗力与位错密度的关系
1—理论强度；2—晶须强度；3—未强化的纯金属强度；
4—合金化、加工硬化或热处理的合金强度

2.3.3 面缺陷

晶体的面缺陷主要包括晶界、亚晶界和相界等。

2.3.3.1　晶界

晶体结构相同但位向不同的晶粒之间的界面称为晶粒间界，或简称晶界。当相邻晶粒的位向差小于10°时，称为小角度晶界；位向差大于10°时，称为大角度晶界。晶粒的位向差不同，则其晶界的结构和性质也不同。现已查明，小角度晶界基本上由位错构成，大角度晶界的结构却十分复杂，目前尚不十分清楚，而多晶体金属材料中的晶界大都属于大角度晶界。

A　小角度晶界

小角度晶界的一种类型是对称倾侧晶界，如图2-19所示，它是由两个晶粒相互倾斜 $\theta/2$ 角（$\theta<10°$）所构成，如图2-20所示。由图2-19中可以看出，对称倾侧晶界是由一系列相隔一定距离的刃型位错所组成，有时将这一列位错称为“位错墙”。

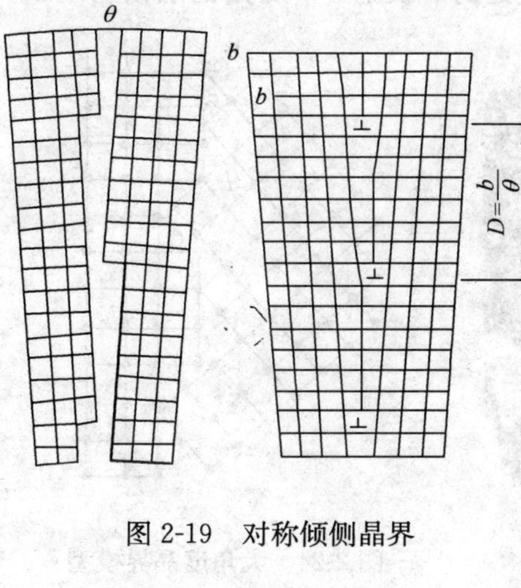

图2-19　对称倾侧晶界

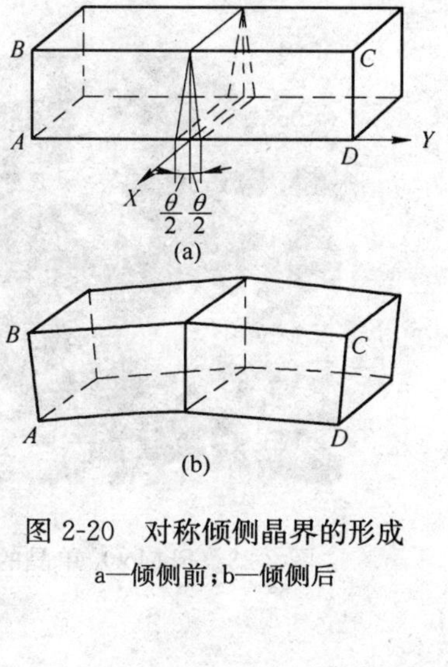

图2-20　对称倾侧晶界的形成
a—倾侧前；b—倾侧后

小角度晶界的另一种类型是扭转晶界，图 2-21 示出了扭转晶界的形成模型，它是将一个晶体沿中间平面切开(见图 2-21a)，然后使右半晶体沿垂直于切面的 Y 轴旋转 θ 角($\theta<10°$)，再与左半晶体会合在一起(见图 2-21b)，结果使晶体的两部分之间形成了扭转晶界。该晶界上的原子排列如图 2-22 所示，它由互相交叉的螺型位错网络所组成。

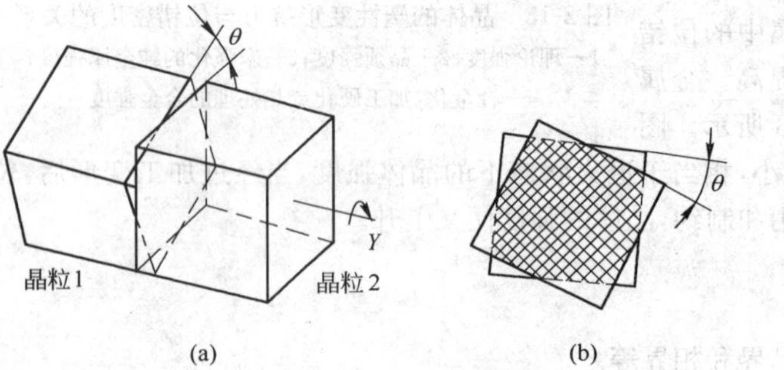

图 2-21　扭转晶界形成模型
a—晶粒 2 相对于晶粒 1 绕 Y 轴旋转 θ 角
b—晶粒较 1、2 之间的螺型位错交叉网络

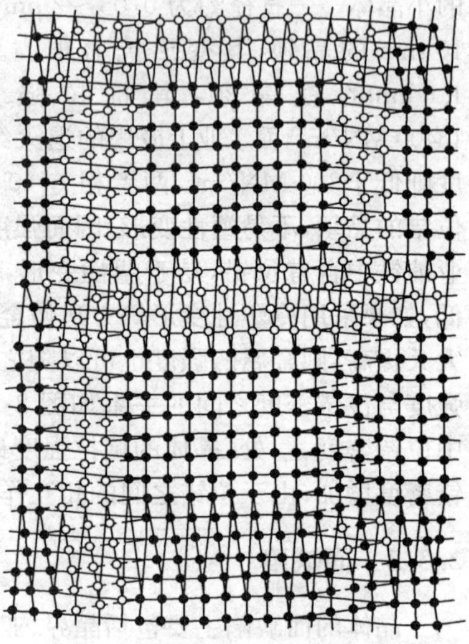

图 2-22　扭转晶界的结构
(小黑点代表晶界下面的原子，
小圆圈代表晶界上面的原子)

小角度晶界的位错结构已经实验证明，图 2-23 所示为 $PbMoO_4$ 单晶亚晶界上腐蚀坑的分布。

对称倾侧晶界和扭转晶界是小角度晶界的两种简单形式，前者的晶界结构由刃型位错组成，后者的晶界结构由螺型位错组成，对于一般的小角度晶界则由刃型位错和螺型位错组合构成。

B　大角度晶界

当相邻晶粒间的位向差大于 10°时，晶粒间的界面属于大角度晶界。一般认为，大角度晶界可能接近于图 2-24 所示的模型，即相邻晶粒在邻接处的形状是由不规则的台阶所组成。界面上

图 2-23　$PbMoO_4$ 单晶的位错蚀坑 100×

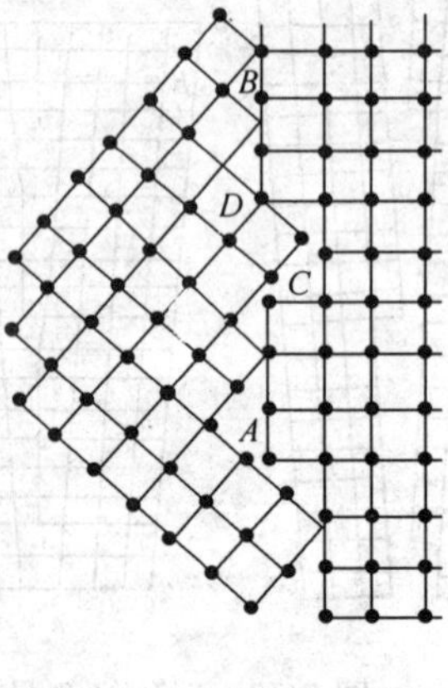

图 2-24　大角度晶界模型

既包含有不属于任一晶粒的原子 A，也含有同时属于两晶粒的原子 D，既包含有压缩区 B，也包含有扩张区 C。总之，大角度晶界中的原子排列比较紊乱，但也存在一些比较整齐的区域。因此可以把晶界看做是原子排列紊乱的区域（简称为坏区）与原子排列较整齐的区域（简称为好区）交替相间而成。晶界很薄，纯金属中大角度晶界的厚度不超过三个原子间距。

2.3.3.2 亚晶界

在多晶体金属中，每个晶粒内的原子排列并不是十分整齐的，其中会出现位向差极小的（通常小于10°）亚结构（或亚组织），在亚结构之间就具有亚晶界，如图 2-25 所示。

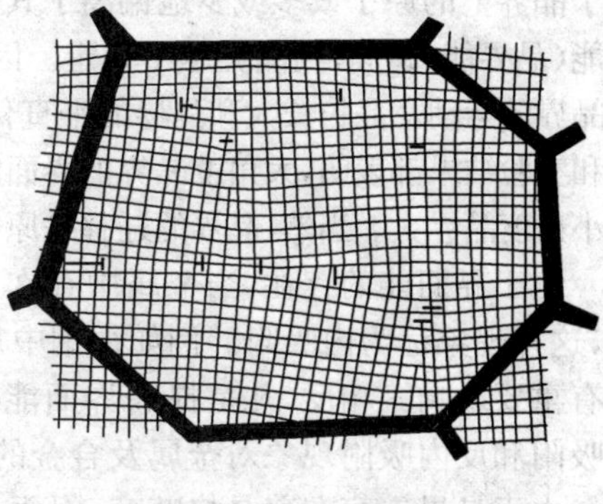

图 2-25 金属晶粒内的结构示意图

亚结构和亚晶界的涵义是广泛的，它们分别泛指尺寸比晶粒更小的所有细微组织和这些细微组织的分界面。它们可在凝固时形成，可在形变时形成，也可在回复再结晶时形成，还可在固态相变时形成，如形变亚结构和形变退火时（多边形化）形成的亚晶和它们之间的界面均属于此类。亚晶界为小角度晶界，这点已被大量实验结果所证明。

2.3.3.3 相界

具有不同晶体结构的两相之间的分界面称为相界。相界的结构有三类，即共格界面、半共格界面和非共格界面。所谓共格界面是指界面上的原子同时位于两相晶格的结点上，为两种晶格所共有。界面上原子的排列规律既符合这个相晶粒内的原子排列规律，又符合另一个相晶粒内原子排列的规律。图 2-26a 所示是一种具有完善共格关系的相界，在相界上，两相原子匹配得很好，几乎没有畸变，虽然，这种相界的能量最低，但这种相界很少。一般两相的晶体结构或多或少地会有所差异，因此在共格界面上，两相晶体的原子间距存在着差异，从而必然或多或少地存在着弹性畸变，即使相界一侧的晶体（原子间距大的）受到压应力，而另一侧（原子间距小的）受到拉应力（见图 2-26b）。界面两边原子排列相差越大，则弹性畸变越大，这时相界的能量提高，当相界的畸变能高至不能维持共格关系时，则共格关系破坏，变成一种非共格相界，如图 2-26d 所示。

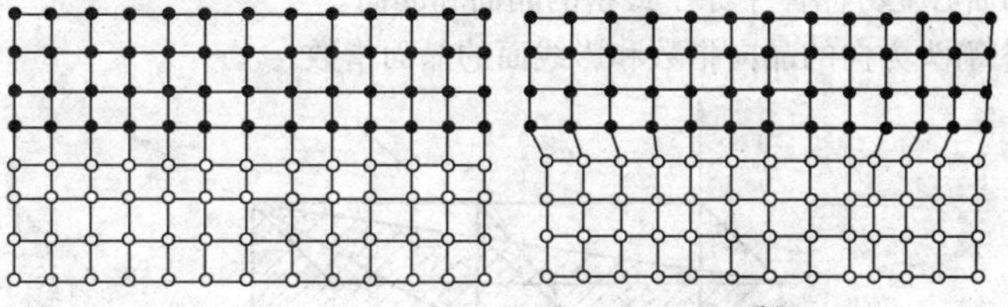

图 2-26 各种相界面结构示意图

a—具有完善共格关系的相界；b—具有弹性畸变的共格相界；
c—半共格相界；d—非共格相界

介于共格与非共格之间的是半共格相界，如图 2-26c 所示，界面上的两相原子部分地保持着对应关系。其特征是沿着相界面每隔一定距离即存在一个刃型位错。非共格界面的界面能高，半共格界面的界面能次之，共格界面的界面能最低。

2.3.3.4　晶界特性

由于晶界的结构与晶粒内部有所不同，就使晶界具有一系列不同于晶粒内部的特性。首先，由于晶界上的原子或多或少地偏离了其平衡位置，因而就会或多或少地具有界面能或晶界能。界面能（晶界能）越高，则晶界越不稳定。因此，高的界面能就具有向低的界面能转化的趋势，这就导致了晶界的运动。晶粒长大和晶界的平直化都可减少晶界的总面积，从而降低晶界的总能量。理论分析和实验结果都表明，大角度晶界的界面能远高于小角度晶界的界面能，所以大角度晶界的迁移速率较小角度晶界大。当然，晶界的迁移是原子的扩散过程，只有在比较高的温度下才有可能进行。

由于界面能的存在，当金属中存在有能降低界面能的异类原子时，这些原子就将向晶界偏聚，这种现象称为内吸附。例如往钢中加入微量的硼（$w_B < 0.005\%$），即向晶界偏聚，这对钢的性能有重要影响。相反，凡是提高界面能的原子，将会在晶粒内部偏聚，这种现象叫做反内吸附。内吸附和反内吸附现象对金属及合金的性能以及相变过程有着重要的影响。

由于晶界上存在着晶格畸变，因而在室温下对金属材料的塑性变形起着阻碍作用，在宏观上表现为使金属材料具有更高的强度和硬度。显然，晶粒越细，金属材料的强度和硬度便越高。因此，对于在较低温度下使用的金属材料，一般总是希望获得较细小的晶粒。

此外，由于界面能的存在，使晶界的熔点低于晶粒内部，且易于腐蚀和氧化。晶界上的空位、位错等缺陷较多，因此原子的扩散速度较快，在发生相变时，新相晶核往往首先在晶界形成。

思考题

2-1　解释下列名词：

结晶、晶格、晶胞、晶体、晶面、晶向、单晶体、多晶体、晶粒、亚晶粒。

2-2　求出面心立方晶格的致密度。

2-3　画出体心立方和面心立方晶体中原子最密的晶面和晶向。

2-4　试确定图 2-27 中箭头方向的晶向指数和影线面的晶面指数。

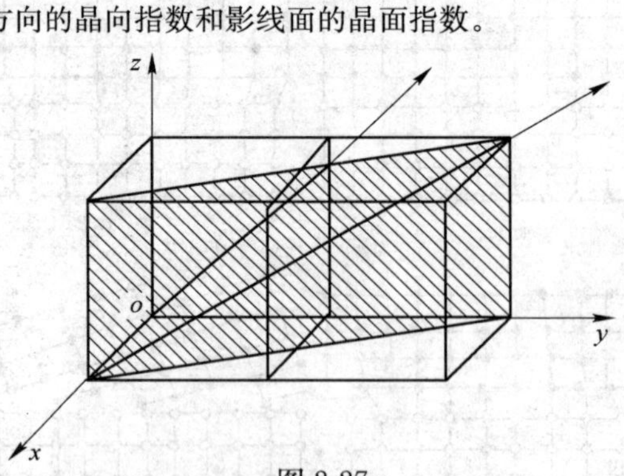

图 2-27

2-5　γ-Fe 在 912℃转变为 α-Fe 时体积膨胀约 1%，而已知 γ-Fe 的晶格常数（$a=0.363$ nm）大于α-Fe的晶格常数（$a=0.293$ nm），为什么体积反而增大？

2-6　实际金属晶体中存在有哪些晶体缺陷，对性能有什么影响？

2-7　{111}和{110}晶面族分别能写出多少个晶面？

3 金属的结晶

金属由液态转变为固态的过程称为凝固，由于凝固后的固态金属通常是晶体，所以又将这一转变过程称之为结晶。一般的金属制品都要经过熔炼和铸造，也就是说都要经历由液态转变为固态的结晶过程。金属在焊接时，焊缝中的金属也要发生结晶。金属结晶后所形成的组织，包括各种相的晶粒形状、大小和分布等，将极大地影响到金属的加工性能和使用性能。对于铸件和焊接件来说，结晶过程就基本上决定了它的使用性能和使用寿命，而对于尚需进一步加工的铸锭来说，结晶过程既直接影响它的轧制和锻压工艺性能，又不同程度地影响其制成品的使用性能。因此，研究和控制金属的结晶过程，已成为提高金属力学性能和工艺性能的一个重要手段。

此外，液相向固相的转变又是一个相变过程。因此，掌握结晶过程的基本规律将为研究其他相变奠定基础。纯金属和合金的结晶，两者既有联系又有区别。显然，合金的结晶比纯金属的结晶要复杂些，为了便于研究问题，这里先介绍纯金属的结晶。

3.1 金属结晶的现象

结晶过程是一个十分复杂的过程，尤其是金属不透明，它的结晶过程不能直接观察，给研究带来了更大困难。为了揭示金属结晶的基本规律，这里先从结晶的宏观现象入手，进而再去研究结晶过程的微观本质。

3.1.1 结晶过程的宏观现象

利用图 3-1 所示的实验装置，先将纯金属放入坩埚中加热熔化成液态，然后插入热电偶以测量温度，让液态金属缓慢而均匀地冷却，并用 X-Y 记录仪将冷却过程中的温度与时间记录下来，便获得了图 3-2 所示的冷却曲线。这一实验方法称为热分析法，冷却曲线又称热分析曲线。从热分析曲线可以看出结晶过程的两个十分重要的宏观特征。

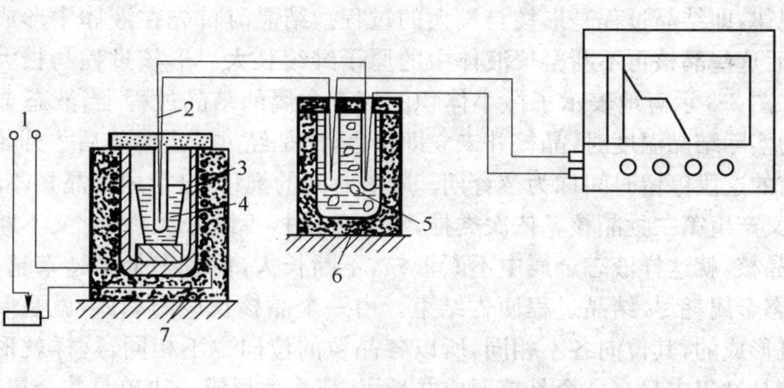

图 3-1　热分析装置示意图

1—电源；2—热电偶；3—坩埚；4—金属；5—冰水（0 ℃）；6—恒温器；7—电炉

3.1.1.1　过冷现象

从图 3-2 可以看出，金属在结晶之前，温度连续下降，当液态金属冷却到理论结晶温度 T_m（熔点）时，并未开始结晶，而是需要继续冷却到 T_m 之下某一温度 T_n，液态金属才开始结晶。金属的实际结晶温度 T_n 与理论结晶温度 T_m 之差，称为过冷度，以 ΔT 表示，$\Delta T = T_m - T_n$。过冷度越大，则实际结晶温度越低。

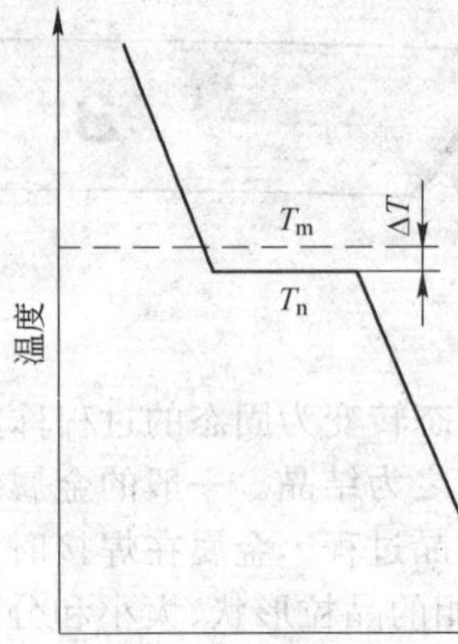

图 3-2　纯金属结晶时的冷却曲线示意图

过冷度随金属的本性和纯度的不同以及冷却速度的差异，可以在很大的范围内变化。金属不同，过冷度的大小也不同；金属的纯度越高，则过冷度越大。当以上两因素确定之后，过冷度的大小主要取决于冷却速度，冷却速度越大，则过冷度越大，即实际结晶温度越低。反之，冷却速度越慢，则过冷度越小，实际结晶温度越接近理论结晶温度。但是，不管冷却速度多么缓慢，也不可能在理论结晶温度进行结晶，即对于一定的金属来说，过冷度有一最小值，若过冷度小于这个值，结晶过程就不能进行。

3.1.1.2　结晶潜热

物质从一个相转变为另一个相时，伴随着放出或吸收的热量称为相变潜热。金属熔化时从固相转变为液相是吸收热量，而结晶时从液相转变为固相则放出热量，前者称为熔化潜热，后者称为结晶潜热，它可以从图 3-2 冷却曲线上反映出来。当液态金属的温度到达结晶温度 T_n 时，由于结晶潜热的释放，补偿了散失到周围环境的热量，所以在冷却曲线上出现了平台，平台延续的时间就是结晶过程所用的时间，结晶过程结束，结晶潜热释放完毕，冷却曲线便又继续下降。冷却曲线上的第一个转折点，对应着结晶过程的开始，第二个转折点则对应着结晶过程的结束。

在结晶过程中，如果释放的结晶潜热大于向周围环境散失的热量，温度将会回升，甚至发生已经结晶的局部区域的重熔现象。因此，结晶潜热的释放和散失，是影响结晶过程的一个重要因素，应当予以重视。

3.1.2　金属结晶的微观过程

结晶过程是怎样进行的？它的微观过程怎样？为了搞清这一问题，20 世纪 20 年代，人们首先研究了透明的易于观察的有机物的结晶过程，结果发现，无论是非金属还是金属，在结晶时均遵循着相同的规律，即结晶过程是形核与长大的过程。结晶时首先在液体中形成具有某一临界尺寸的晶核，然后这些晶核再不断凝聚液体中的原子继续长大。形核过程与长大过程既紧密联系又相互区别。图 3-3 示意地表示了微小体积的液态金属的结晶过程，当液态金属过冷至理论结晶温度以下的实际结晶温度时，晶核并未立即出生，而是经过一定时间后才开始出现第一批晶核。结晶开始前的这段停留时间称为孕育期。随着时间的推移，已形成的晶核不断长大，与此同时，液态金属中又产生第二批晶核。依次类推，原有的晶核不断长大，同时又不断产生新的第三批、第四批……晶核，就这样液态金属中不断形核，不断长大，使液态金属越来越少，直到各个晶体相互接触，液态金属耗尽，结晶过程便告结束。由一个晶核长成的晶体，就是一个晶粒。由于各个晶核是随机形成的，其位向各不相同，所以各晶粒的位向也不相同，这样就形成一块多晶体金属。如果在结晶过程中只有一个晶核形成并长大，那么就形成一块单晶体金属。

总之，结晶过程是由形核和长大两个过程交错重叠在一起的，对一个晶粒来说它严格地区分为形核和长大两个阶段，但从整体上来说，两者互相重叠交织在一起。

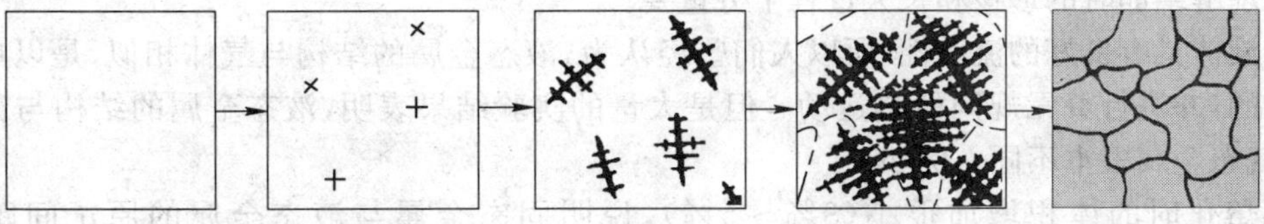

图 3-3 纯金属结晶过程示意图

3.2 金属结晶的条件

3.2.1 金属结晶的热力学条件

为什么液态金属在理论结晶温度不能结晶，而必须在一定的过冷条件下才能进行呢？这是由热力学条件决定的。热力学第二定律指出：在等温等压条件下，物质系统总是自发地从自由能较高的状态向自由能较低的状态转变。这就说明，对于结晶过程而言，结晶能否发生，即看液相和固相的自由能孰高孰低。如果液相的自由能比固相的自由能低，那么金属将自发地从固相转变为液相，即金属发生熔化。如果液相的自由能高于固相的自由能，那么液相将自发地转变为固相，即金属发生结晶，从而使系统的自由能降低，处于更为稳定的状态。液相金属和固相金属的自由能之差，就是促使这种转变的驱动力。

温度升高，原子的活动能力提高，系统的自由能也就随着温度的升高而降低。图 3-4 所示是纯金属液、固两相自由能随温度变化的示意图，由图 3-4 可见，液相和固相的自由能都随着温度的升高而降低。由于液相自由能曲线的斜率较固相的大，所以液相自由能降低得更快。既然两条曲线的斜率不同，因而两条曲线必然在某一温度相交，此时的液、固两相自由能相等，它表示两相可以同时共存，具有同样的稳定性，既不熔化，也不结晶，处于热力学平衡状态，这一温度就是理论结晶温度 T_m。从图 3-4 还可以看出，只有当温度低于 T_m 时，固态金属的自由能才低于液态金属的自由能，液态金属可以自发地转变为固态金属。如果温度高于 T_m，液态金属的自由能低于固态金属的自由能，此时不但液态金属不能转变为固态，相反的固态金属还要熔化成液态，因为只有这样自由能才能降低，过程才可以自动进行。由此可见，液态金属要结晶，其结晶温度一定要低于理论结晶温度 T_m，此时的固态金属的自由能低于液态金属的自由能，两相的自由能之差构成了金属结晶的驱动力。

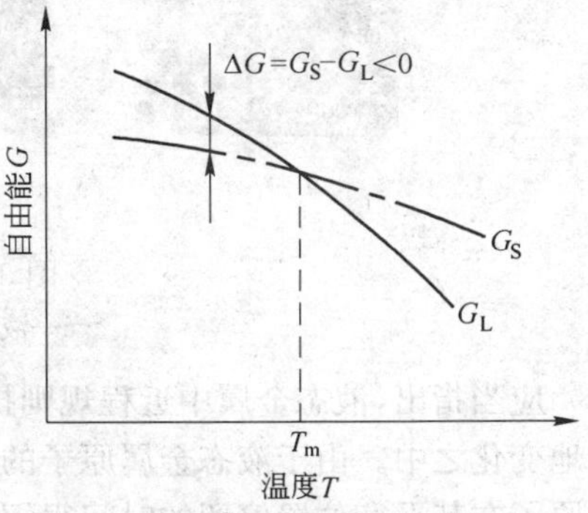

图 3-4 液相和固相自由能随温度变化示意图

要获得结晶过程所必需的驱动力，一定要使实际结晶温度低于理论结晶温度，这样才能满足结晶的热力学条件。过冷度越大，液、固两相自由能的差值越大，即相变驱动力越大，结晶速度便越快。这就说明了金属结晶时为什么必须过冷的根本原因。

3.2.2 金属结晶的结构条件

金属的结晶是晶核的形成和长大的过程，而晶核是由晶胚生成的。那么，晶胚又是什么呢，它是怎样转变成晶核的？这些问题都涉及到液态金属的结构条件。因此，了解液态金属的结构，对于深入理解结晶时的形核和长大过程十分重要。

由于液体具有良好的流动性，所以人们曾经认为，液态金属的结构与气体相似，是以单原子状态存在的，并进行着无规则的热运动。但是大量的实验结果表明，液态金属的结构与固态相似，而与气态金属根本不同。例如：

金属熔化时的体积增加很小（3%～5%），说明固态金属与液态金属的原子间距相差不大；

液态金属的配位数比固态金属的有所降低，但变化不大，而气态金属的配位数却是零；

金属熔化时的熵值较室温时的熵值有显著增加，这意味着其原子排列的有序程度受到很大的破坏；

液态金属结构的 X 射线研究结果表明，在液态金属的近邻原子之间具有某种与晶体结构类似的规律性，这种规律性不像晶体那样延伸至远距离。

根据以上的实验结果，可以勾画出液态金属结构的示意图，如图 3-5 所示。可见，在液体中的微小范围内，存在着紧密接触规则排列的原子集团，称为近程有序。但在大范围内原子是无序分布的，而在晶体中大范围内的原子却是呈有序排列的，称之为远程有序。

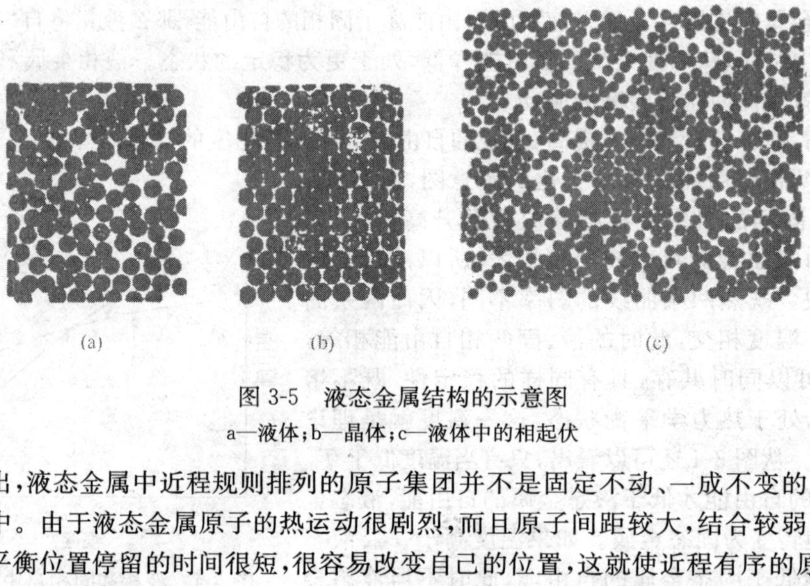

(a)　　　　(b)　　　　(c)

图 3-5　液态金属结构的示意图
a—液体；b—晶体；c—液体中的相起伏

应当指出，液态金属中近程规则排列的原子集团并不是固定不动、一成不变的，而是处于不断地变化之中。由于液态金属原子的热运动很剧烈，而且原子间距较大，结合较弱，所以液态金属原子在其平衡位置停留的时间很短，很容易改变自己的位置，这就使近程有序的原子集团只能维持短暂的时间即被破坏而消失。与此同时，在其他地方又会出现新的近程有序原子集团。前一瞬间属于这个近程有序原子集团的原子，下一瞬间可能属于另一个近程有序的原子集团。液态金属中的这种近程有序的原子集团就是这样处于瞬间出现，瞬间消失，此起彼伏，变化不定的状态之中，仿佛在液态金属中不断涌现出一些极微小的固态结构一样。这种不断变化着的近程有序原子集团称为结构起伏，或称为相起伏。

在液态金属中，每一瞬间都涌现出大量的尺寸不等的相起伏，在一定的温度下，不同尺寸的相起伏出现的几率不同，如图 3-6 所示。尺寸大的和尺寸小的相起伏出现的几率都很小，在每一温度下出现的尺寸最大的相起伏存在着一个极限值 r_{max}。r_{max} 的大小与温度有关，温度越高，则 r_{max} 越小，温度越低，则 r_{max} 越大，如图 3-7 所示，在过冷的液相中，r_{max} 可达几百个原子的范围。根据结晶的热力学条件可以判断，只有在过冷液体中出现的尺寸较大的相起伏才有可能在结晶时转变成为晶核，这些相起伏就是晶核的胚芽，称为晶胚。

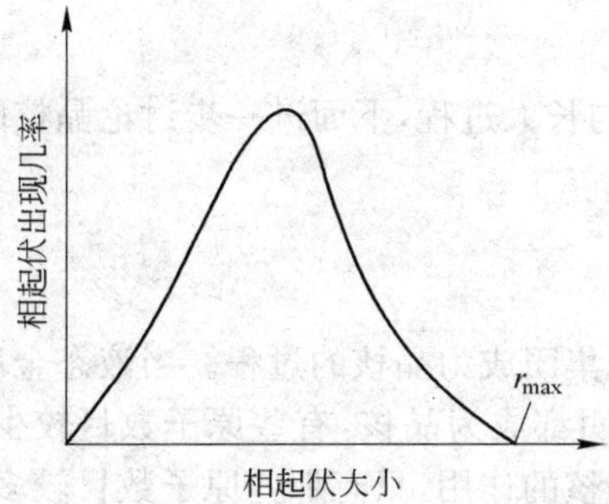

图 3-6　液态金属中不同尺寸的相起伏出现的几率

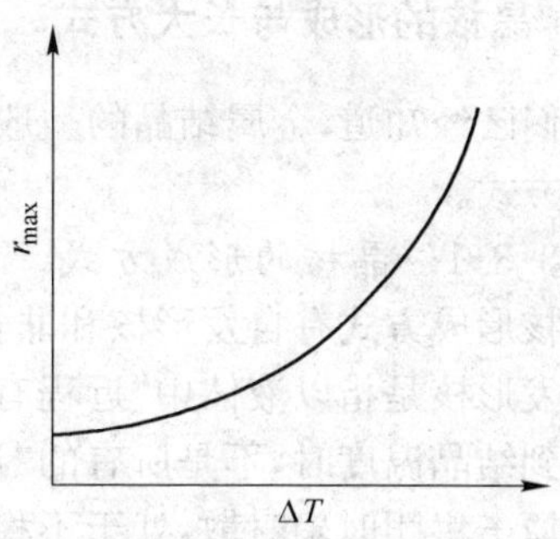

图 3-7　最大相起伏尺寸与过冷度的关系

总之，液态金属的一个重要特点是存在着相起伏，只有在过冷液体中的相起伏才能成为晶胚。但是，并不是所有的晶胚都可以转变成为晶核。要转变成为晶核，必须满足一定的条件，这就是形核规律所要讨论的问题。

3.3　金属结晶的过程

3.3.1　结晶过程

研究表明，液态金属的结晶过程，首先是液体中形成极微小的晶体（称为晶核），然后以它们为核心，吸附周围液体中的原子而不断长大。同时，在液体中又不断地产生出新的晶核并向液体中长大。这样发展下去，直至每个晶核都长大到互相接触并液体全部消失为止。小体积并且内部温度均匀的液体金属，其结晶时的形核和长大过程，如图 3-8 所示。

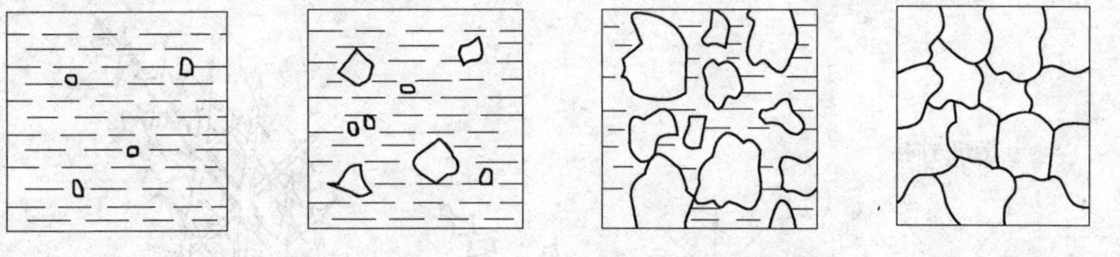

图 3-8　金属结晶的一般过程示意图

3.3.2　结晶过程的实质

如前所述，固态金属是晶体，其内部原子在较大的范围内呈规则排列。通常把固态金属的这种结构称为“远程有序”结构。

利用 X 射线对液态金属进行结构分析得知：在液态金属中原子的排列从整体上看呈现了不规则性，但当液态金属的温度接近熔点时，在较小的范围（约为十几个到几百个原子组成的集团）内还保持类似固态金属的原子排列的规则性。即液态金属是由许多体积微小、忽聚忽散的原子集团所组成。对应于固态金属的“远程有序”结构，把液态金属的这种结构特征称为“近程有序”。

由于液态金属中原子动能较大，原子运动很剧烈，因此“近程有序”的原子集团很不稳定，时而长大，时而变小，时而产生，时而消失。当温度下降到结晶温度时，有些“近程有序”原子集团被固定下来并尺寸越来越大，成为“远程有序”的晶体。

结晶的实质，就是金属由“近程有序”结构转变为“远程有序”结构的过程。

3.3.3 晶核的形成与长大方式

我们已经知道,金属结晶的一般过程是晶核的形成与长大过程,下面进一步讨论晶核的形成与长大方式。

3.3.3.1 晶核的形成方式

晶核形成方式有自发形核和非自发形核两种。

自发形核是指以液体中“近程有序”排列的某些原子集团成为晶核的过程。当液态金属的温度下降到结晶温度时,不是所有的“近程有序”的原子集团都成为晶核,有些原子数目较少,尺寸较小的原子集团时聚时散,处于不稳定状态,难以起到晶核的作用,只有那些原子数目较多、尺寸较大的原子集团不仅不易被完全冲散,而且还能吸收周围液体中的原子而长大,才能起晶核作用。这种能起晶核作用而尺寸最小的原子集团称为临界晶核。在某一温度下只有尺寸大于临界晶核的原子集团才起晶核的作用。

临界晶核的尺寸大小与过冷度有关:过冷度越大,则临界晶核尺寸越小,有更多的原子集团能起晶核作用,因此增加过冷度能提高生核率。

实践和理论分析都证明,金属液体中存在一些未溶的外来微粒时液体中的原子容易吸附在某些微粒周围而结晶。非自发形核是指液体中某些未溶的外来微粒成为晶核的过程。利用非自发形核可细化晶粒,这种方法就是变质处理或孕育处理。

3.3.3.2 晶核的长大方式

在实际的铸造条件下,由于冷却速度较快和液态金属的纯洁度较差等原因,结晶时晶核是在最初成长时才有规则的外形。在随后继续生长时晶体沿各方向的长大速度就有差别,即沿某一方向长大速度较快,而在另一些方向长大速度较慢,这就使得晶体像树枝生长的方式成长。图 3-9所示是树枝状晶体成长过程示意图。

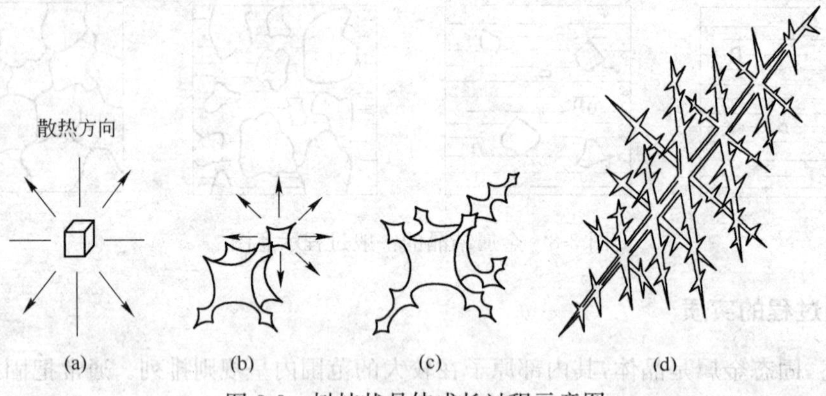

图 3-9 树枝状晶体成长过程示意图

晶体成长时最初形成的是晶体的主干,叫做一次晶轴。在一次晶轴长大的同时,在其上又生出二次晶轴,继而又在二次晶轴上出现三次晶轴……。这样依次地成长直到与邻近的枝晶互相接触,枝晶间的液体全部凝固为止,最后得到各晶轴彼此交错、宛如枝条茂密的树枝状的晶体。

树枝状晶体的成长过程,说明晶体的顶角或棱边成长速度比侧面快。其原因解释如下:一方面,金属凝固时有结晶潜热释放,而在这些部位通过液体的对流作用热量得以迅速散去,因而这些部位的温度下降较晶体侧面快,有利于其较快成长;另一方面,溶解在液态金属中的有些杂质原子会附在成长的晶体周围,阻碍金属向晶体表面堆积,但在晶体的棱边和顶角部位这些杂质原子容易被冲刷除净,因而也使这些部位的成长速度比侧面快。

结晶过程中晶体以树枝状成长对金属组织有重要影响。例如,在树枝晶内、枝晶之间会出现显微孔洞,在晶粒内部枝晶和枝晶之间位向不同,枝晶之间会出现成分差异等。

3.3.4 金属铸态晶粒大小及其控制

晶粒的大小称为晶粒度,通常用晶粒的平均面积或平均直径来表示。

晶粒大小对金属的力学性能有很大影响,在常温下金属的晶粒越细小,强度和硬度则越高,同时塑性韧性也越好。表 3-1 列出了晶粒大小对纯铁力学性能的影响。由表可见,细化晶粒对于提高金属材料的常温力学性能作用很大,这种用细化晶粒来提高材料强度的方法称为细晶强化。但是,对于在高温下工作的金属材料,晶粒过于细小性能反而不好,一般希望得到适中的晶粒度。对于制造电机和变压器的硅钢片来说,晶粒反而越粗大越好。因为晶粒越大,则其磁滞损耗越小,效应越高。此外,除了钢铁等少数金属材料外,其他大多数金属不能通过热处理改变其晶粒度大小,因此通过控制铸造及焊接时的结晶条件,来控制晶粒度的大小,便成为改善金属力学性能的重要手段。

表 3-1　晶粒大小对纯铁力学性能的影响

晶粒平均直径/mm	抗拉强度/MN·m^{-1}	屈服强度/MN·m^{-1}	伸长率/%
9.7	165	40	28.8
7.0	180	38	30.6
2.5	211	44	39.5
0.20	263	57	48.8
0.16	264	65	50.7
0.10	278	116	50.0

金属结晶时,每个晶粒都是由一个晶核长大而成的。晶粒的大小取决于形核率和长大速度的相对大小。形核率越大,则单位体积中的晶核数目越多,每个晶粒的长大余地越小,因而长成的晶粒越细小,同时在长大过程中将会形成更多的晶核,因而晶粒也将越细小。反之,形核率越小而长大速度越大,则会得到越粗大的晶粒。因此,晶粒度取决于形核率 N 和长大速度 G 之比,比值 N/G 越大,晶粒越细小。根据分析计算,单位体积中的晶粒数目 Z_V 为:

$$Z_V = 0.9\left(\frac{N}{G}\right)^{3/4}$$

单位面积中的晶粒数目 Z_S 为:

$$Z_S = 1.1\left(\frac{N}{G}\right)^{1/2}$$

由此可见,凡能促进形核,抑制长大的因素,都能细化晶粒,相反,凡是抑制形核促进长大的因素,都使晶粒粗化。根据结晶时的形核和长大规律,为了细化铸锭和焊缝区的晶粒,在工业生产中可以采用以下几种方法。

3.3.4.1 控制过冷度

形核率和长大速度都与过冷度有关,增大结晶时的过冷度,形核率和长大速度均随之增加,但两者的增大速率不同,形核率的增长率大于长大速度的增长率,如图 3-10 所示。在一般金属结晶时的过冷范围内,过冷度越大,则比值 N/G 越大,因而晶粒越细小。

增加过冷度的方法主要是提高液态金属的冷却速度。在铸造生产中，为了提高铸件的冷却速度，可以采用金属型或石墨型代替砂型，增加金属型的厚度，降低金属型的温度，采用蓄热多散热快的金属型，局部加冷铁，以及采用水冷铸型等。增加过冷度的另一种方法是采用低的浇注温度、减慢铸型温度的升高，或者进行慢浇注，这样做一方面可使铸型温度不致升高太快，另一方面由于延长了凝固时间，晶核形成的数目增多，结果即可获得较细小的晶粒。

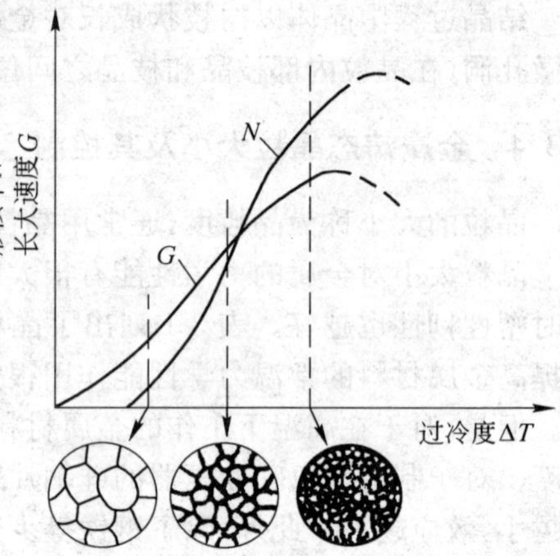

图 3-10 金属结晶时形核率和长大速度与过冷度的关系

若将液态金属喷洒在一个吸热能力很强的冷却板上，它所产生的冷却速度可达 10^6℃/s，此时在液体中形成极大数量的晶核，它们尚未来得及长大便相互碰撞接触了。用这种方法得到的铸件很薄且表面粗糙不平整。曾有人用这种方法生产出晶粒大小为十分之几微米的 Al-Cu 合金，发现它的强度比用一般铸造方法得到的强度高 6 倍以上。

3.3.4.2 变质处理

用增加过冷度的方法细化晶粒只对小型或薄壁的铸件有效，而对较大的厚壁铸件就不适用。因为当铸件断面较大时，只是表层冷得快，而心部冷得很慢，因此无法使整个铸件体积内都获得细小而均匀的晶粒。为此，工业上广泛采用变质处理的方法。

变质处理是在浇铸前往液态金属中加入形核剂（又称变质剂），促进形成大量的非均匀晶核来细化晶粒。例如在铝合金中加入钛和锆，在钢中加入钛、锆、钒，在铸铁中加入硅铁或硅钙合金就是如此。还有一类变质剂，它虽不能提供结晶核心，但能起阻止晶粒长大的作用，因此又称其为长大抑制剂。例如将钠盐加入 Al-Si 合金中，钠能富集于硅的表面，降低硅的长大速度，使合金的组织细化。

3.3.4.3 振动、搅动

对即将凝固的金属进行振动或搅动，一方面是依靠从外面输入能量促使晶核提前形成，另一方面是使成长中的枝晶破碎，使晶核数目增加，这已成为一种有效的细化晶粒组织的重要手段。

进行振动或搅动的方法很多，例如用机械的方法使铸型振动或变速转动，使液态金属流经振动的浇注槽，进行超声波处理；在焊枪上安装电磁线圈，造成晶体和液体的相对运动等，均可细化晶粒组织。

3.4 金属铸锭的组织与缺陷

在实际生产中，液态金属是在铸锭模或铸型中凝固的，前者得到铸锭，后者得到铸件。虽然它们的结晶过程均遵循着结晶的普遍规律，但是由于铸锭或铸件冷却条件的复杂性，因而给铸态组织带来很多特点。铸态组织包括晶粒的大小、形状和取向，合金元素和杂质的分布以及铸锭中的缺陷（缩孔、气孔……）等。对铸件来说，铸态组织直接影响到它的力学性能和使用寿命，对铸锭来说，铸态组织不但影响到它的压力加工性能，而且还影响到压力加工后的金属制品的组织及性能。因此，应该了解铸锭（铸件）的组织及其形成规律，并设法改善铸锭（铸件）的组织。

3.4.1 铸锭三晶区的形成

纯金属铸锭的宏观组织通常由三个晶区所组成，即外表层的细晶区，中间的柱状晶区和心部的等轴晶区，如图 3-11 所示。根据浇注条件的不同，铸锭中存在的晶区的数目和它们的相对厚度可以改变。

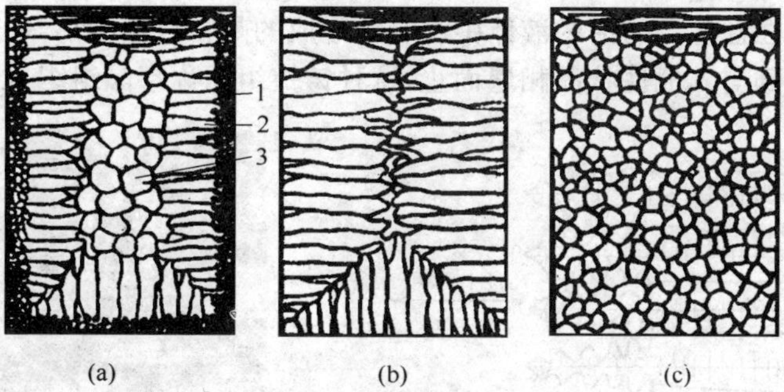

图 3-11 铸锭组织示意图

1—细晶区；2—柱状晶区；3—等轴晶区

3.4.1.1 *表层细晶区*

当高温的金属液体倒入铸模后，结晶首先从模壁处开始。这是由于温度较低的模壁有强烈地吸热和散热作用，使靠近模壁的一薄层液体产生极大地过冷，加上模壁可以作为非均匀形核的基底，因此，在此一薄层液体中立即产生大量的晶核，并同时向各个方向生长。由于晶核数目很多，故邻近的晶粒很快彼此相遇，不能继续生长，这样便在靠近模壁处形成一很细的薄层等轴晶粒区。

表层细晶区的形核数目决定于下列因素：模壁的形核能力以及模壁处所能达到的过冷度大小，后者主要依赖于铸锭模的表面温度、铸锭模的热传导能力和浇注温度等因素。如果铸锭模的表面温度低，热传导能力好，以及浇注温度较低的话，便可以获得较大的过冷度，从而使形核率增加，细晶区的厚度即可增大。相反，如果浇注温度高，铸锭模的散热能力小而使其温度很快升高的话，就可大大降低晶核数目，细晶区的厚度也要相应地减小。

细晶区的晶粒十分细小，组织致密，力学性能很好但由于细晶区的厚度一般都很薄，有的只有几个毫米厚，因此没有多大的实际意义。

3.4.1.2 *柱状晶区*

柱状晶区由垂直于模壁的粗大的柱状晶所构成。在表层细晶区形成的同时，一方面模壁的温度由于被液态金属加热而迅速升高，另一方面由于金属凝固后的收缩，使细晶区和模壁脱离，形成一空气层，给液态金属的继续散热造成困难。此外，细晶区的形成还释放出了大量的结晶潜热，也使模壁的温度升高。上述种种原因，均使铸模的温度升高，液态金属冷却减慢，温度梯度变得平缓，这时即开始形成柱状晶区。这是因为：(1)在结晶前沿液体中有适当的过冷度，这一过冷度很小，使之不能生成新的晶核，但它有利于细晶区内靠近液相的某些小晶粒的继续长大，而离柱状晶前沿稍远处的液态金属尚处于过热之中，无法另行生核，因此结晶主要靠晶粒的继续长大来进行。(2)垂直于模壁方向散热最快，因而晶体沿其相反方向择优生长成柱状晶。晶体的长大速度是各向异性的，一次轴方向长大速度最大，但是由于散热条件的影响，只有那些一次轴平行于散热方向，即垂直于模壁的晶粒长大速度最快，迅速地优先长入液体中。而那些主轴斜生的晶粒则被“挤掉”，不能发展，如图 3-12 所示。由于这些优先成长的晶粒并排向液体中生长，侧面受到彼此的限制而不能侧向生长，而只能沿散热方向生长，结果便形成了柱状晶区。各柱状晶的位向都是一次轴方向，例如立方晶系各个柱状晶的一次轴都是＜001＞方向，结果柱状晶区在性能上就显示出了各向异性。这种晶体学位向一致的铸态组织称为“铸造织构”或“结晶织构”。

由此可见,柱状晶区形成的外因是传热的方向性,内因是晶体生长的各向异性。柱状晶的长大速度与已凝固固相的温度梯度和液相的温度梯度有关,固相的温度梯度越大,或液相的温度梯度越小时,则柱状晶的长大速度便越大。如果已结晶的固相的导热性好,散热速度很快,始终能保持定向散热,并且在柱状晶前沿的液体中没有新形成的晶粒阻挡的话,那么柱状晶就可以一直长大到铸锭中心,直到与其他柱状晶相遇而止,这种铸锭组织称穿晶组织,如图 3-13 所示。

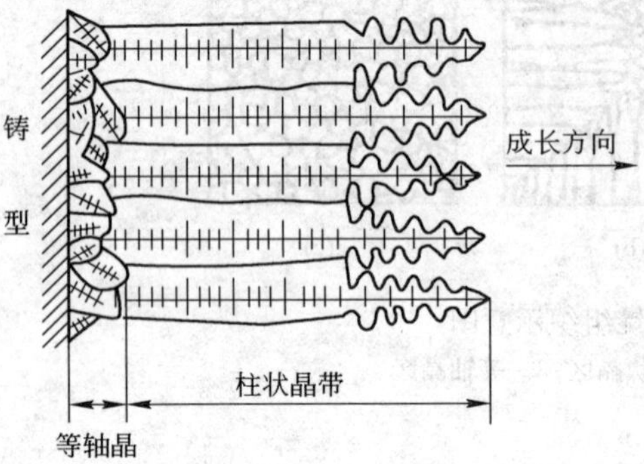

图 3-12　由表层细晶区晶粒发展成柱状晶

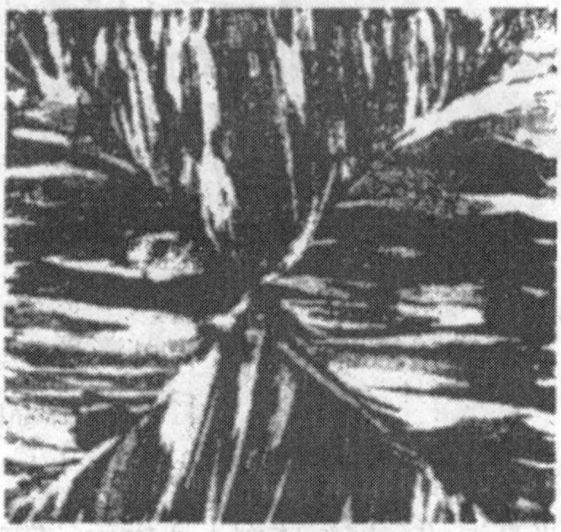

图 3-13　穿晶组织

在柱状晶区中,晶粒彼此间的界面比较平直,气泡缩孔很小,所以组织比较致密。但当沿不同方向生长的两组柱状晶相遇时,会形成柱晶间界。柱晶间界是杂质、气泡、缩孔较富集的地区,因而是铸锭的脆弱结合面,例如在方形铸锭中的对角线处就很容易形成脆弱界面,或简称弱面。当压力加工时,易于沿这些弱面形成裂纹或裂开。

此外,柱状晶区的性能有方向性,对塑性好的金属或合金,即使全部为柱状晶组织,也能顺利通过热轧而不致开裂,而对塑性差的金属或合金,如钢铁和镍合金等,则应力求避免形成发达的柱状晶区,否则往往导致热轧开裂而产生废品。

3.4.1.3　中心等轴晶区

随着柱状晶的发展,经过散热,铸锭中心部分的液态金属的温度全部降至熔点以下,再加上液态金属中杂质等因素的作用,满足了形核时对过冷度的要求,于是在整个剩余液体中同时形核。由于此时的散热已经失去了方向性,晶核在液体中可以自由生长,在各个方向上的长大速度差不多相等,因此即长成了等轴晶。当它们长到与柱状晶相遇,全部液体凝固完毕后,即形成明显的中心等轴晶区。

与柱状晶区相比,等轴晶区的各个晶粒在长大时彼此交叉,枝杈间的搭接牢固,裂纹不易扩展,不存在明显的脆弱界面;各晶粒的取向各不相同,其性能也没有方向性,这是等轴晶区的优点。但其缺点是等轴晶的树枝状晶体比较发达,分枝较多,因此显微缩孔较多,组织不够致密。但显微缩孔一般均未氧化,因此铸锭经热压力加工之后,一般均可焊合,对性能影响不大。由此可见,一般的铸锭,尤其是铸件,都要求得到发达的等轴晶组织。

3.4.2　铸锭组织的控制

在一般情况下,金属铸锭的宏观组织有三个晶区,当然这并不是说,所有铸锭(件)的宏观组织均由三个晶区所组成,由于凝固条件的复杂性,在某些情况下有的只有柱状晶区(见图 3-11b),而在另外一些情况下却只有等轴晶区(见图 3-11c),即使是具有三个晶区的宏观组织,其三个晶区所占比例也往往不相同。由于不同的晶区具有不同的性能,因此必须设法控制结晶条件,使性能好的晶区所占比例尽可能大，而使所不希望的晶区所占比例尽量减少以至完全消失。例如柱状晶的特点是组织致密，性能具有方向性，缺点是存在弱面，但是这一缺点可以通过改变铸型结构（如将断面的直角连接改为圆弧连接）来解决，因此塑性好的铝、铜等铸锭都希望得到尽可能多的致密的柱状晶。影响柱状晶生长的因素主要有以下几点。

A 铸锭模的冷却能力

铸锭模及刚结晶的固体的导热能力越大，越有利于柱状晶的生成。生产上经常采用导热性好与热容量大的铸模材料，增大铸模的厚度及降低铸模温度等，以增大柱状晶区。但是对于较小尺寸的铸件，如果铸模的冷却能力很大，以致使整个铸件都在很大的过冷度下结晶，这时不但不能得到较大的柱状晶区，反而促进等轴晶区的发展（形核率增大）。如采用水冷结晶器进行连续铸锭时，就可以使铸锭全部获得细小的等轴晶粒。

B 浇注温度与浇注速度

由图 3-14 可以看出，柱状晶的长度随浇注温度的提高而增加，当浇注温度达到一定值时，可以获得完全的主柱状晶区。这是由于浇注温度或者浇注速度的提高，均将使温度梯度增大，因而有利于柱状晶区的发展。

C 熔化温度

熔化温度越高，液态金属的过热度越大，非金属夹杂物熔解得越多，非均匀形核数目越少，从而减少了柱状晶前沿液体中形核的可能性，有利于柱状晶区的发展。

使整个铸件获得全部柱状晶的技术在工业生产中已经获得了应用。如前所述，柱状晶的一个重要特点是其性能具有各向异性，磁性铁合金正好利用这一性质，它的最大导磁率方向是<001>方向，而柱状晶的一次轴也正好是这一方向。又如对于燃气轮机叶片，它的负荷具有方向性，因此要求在某一方向具有较高的性能。对于这样的铸件可以采用定向凝固技术使之得到全部的柱状晶组织。图 3-15 所示为浇注柱状晶气轮机叶片用的定向凝固装置。其外面是一个感应加热的炉体，炉子中间放置一个装凝固金属液的模子，模子下面用水激冷。将铸模预先加热到金属的熔点以上，然后把过热的液体倒入模中。其后将水冷铜板连同铸模一起以一定速度从炉中往下移动，保证从上往下散热并使液体中的温度梯度为正，使侧旁和上方的液体中不另形核成长，结果整个气轮机叶片便可全部获得柱状晶组织。

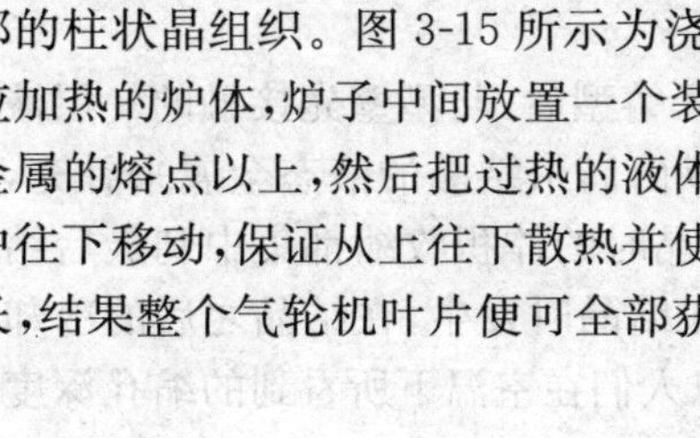

图 3-14 柱状晶的长度与浇注温度的关系

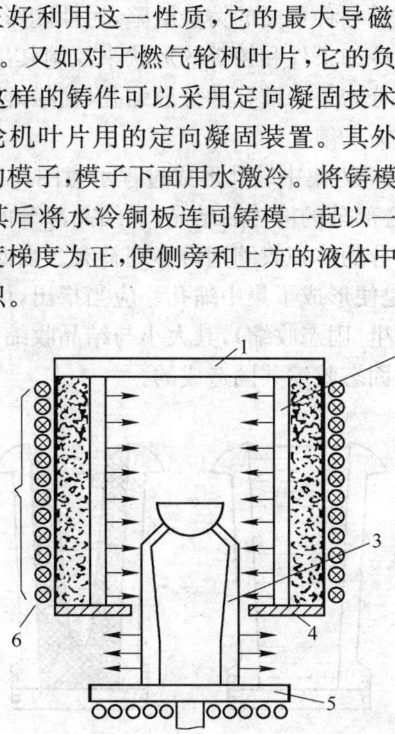

图 3-15 定向凝固装置示意图

1—石墨毡盖板；2—石墨传感体；3—石蜡铸模；4—辐射隔板；5—水冷铜板；6—感应圈

对于钢铁等许多材料的铸锭和大部分铸件来说，一般都希望得到尽可能多的等轴晶，限制柱状晶的发展，细化晶粒成为改善铸造组织，提高铸件性能的重要途径，为此应设法提高液态金属中的形核率，组织柱状晶区的发展。常用的方法有降低浇注温度和浇注速度，减少液体的过热度，以便在液体中保留较多的非均匀形核核心，提高形核率，从图3-16可以看出，浇注温度越低，则晶粒尺寸越小，对于小型铸件，可用提高过冷度的方法提高形核率，对于大型铸件进行变质处理是最常用的方法。此外，还可采用一些物理方法如振动、搅动等以细化晶粒。

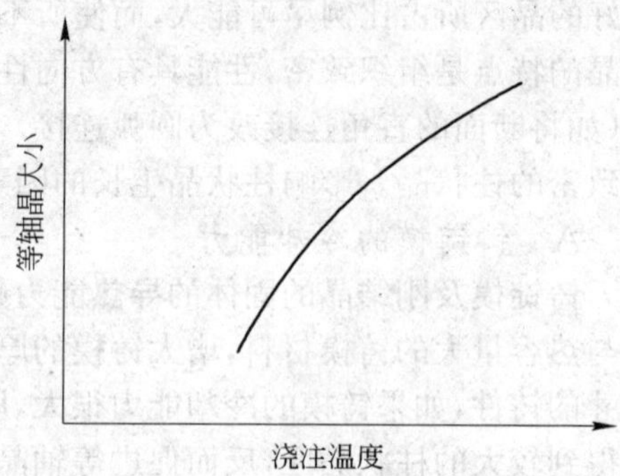

图3-16　等轴晶粒尺寸与浇注温度的关系

3.4.3　铸锭缺陷

在铸锭或铸件中，经常存在一些缺陷，常见的缺陷有缩孔、气孔及夹杂物等。

3.4.3.1　缩孔

大多数金属的液态密度小于固态密度，因此结晶时要发生体积收缩。金属收缩的结果是，原来填满铸型的液态金属，凝固后就不再能填满，此时如果没有液体金属继续补充的话，就会出现收缩孔洞，称之为缩孔。

缩孔是一种重要的铸造缺陷，对性能影响很大。它的出现是不可避免的，人们只能通过改变结晶时的冷却条件和铸锭的形状来控制其出现的部位和分布状况。

缩孔分为集中缩孔和分散缩孔（疏松）两类。

A　集中缩孔

图3-17为集中缩孔形成过程示意图。当液态金属浇入铸型后，与型壁先接触的一层液体先结晶，中心部分的液体后结晶，先结晶部分的体积收缩可以由尚未结晶的液态金属来补充，而最后结晶部分的体积收缩则得不到补充。因此，整个铸锭结晶时的体积收缩都集中到最后结晶的部分，于是便形成了集中缩孔。应当指出，体积收缩不仅在结晶时发生，在结晶之后的冷却过程中仍会发生（固态收缩），其大小与结晶收缩几乎相等，所以人们在室温下所看到的缩孔深度是结晶收缩和固态收缩共同造成的。

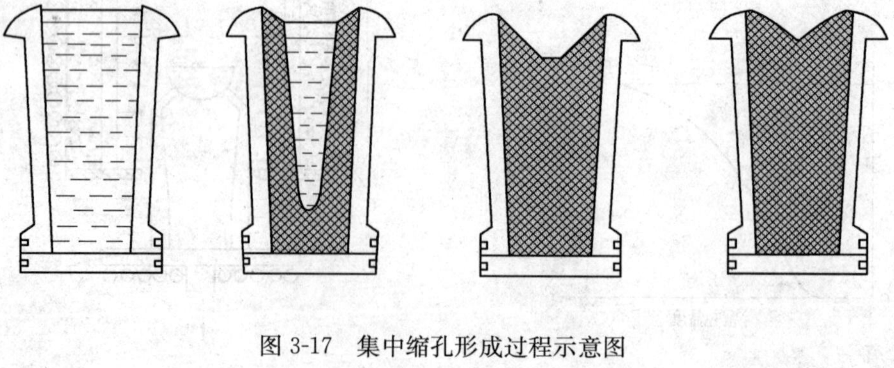

图3-17　集中缩孔形成过程示意图

缩孔的另一种形式叫二次缩孔或中心线缩孔，如图3-18所示。由于铸锭上部先已基本凝固，而下部分仍处于液体状态，当其凝固收缩时便得不到液体的及时补充，因此便在下部形成缩孔。

集中缩孔和二次缩孔都破坏了铸锭的完整性，并使其附近含有较多的杂质，在以后的轧制过程中随铸锭整体的延伸而伸长，并不能焊合，造成废品，所以必须在铸锭时予以切除。如果铸锭模设计得不当，浇注工艺掌握得不好，则缩孔长度可能增大，甚至贯穿铸锭中心，严重影响铸锭质量。如果只切除了明显的集中缩孔，未切除暗藏的二次缩孔（中心线缩孔），将给以后的产品留下隐患，造成事故。

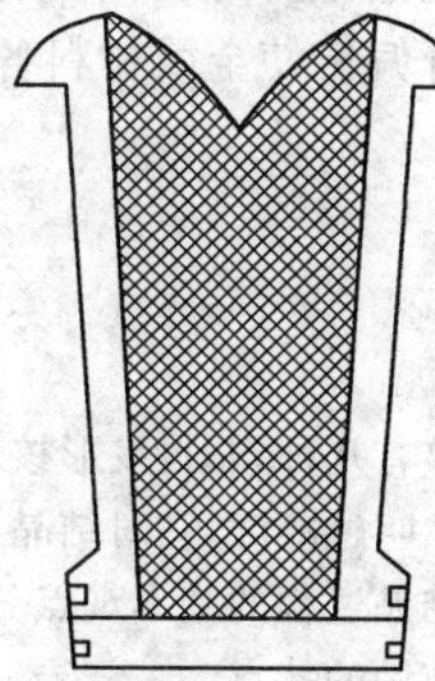

图 3-18 铸锭中的二次缩孔示意图

为了缩短缩孔的长度，使铸锭的收缩尽可能地提高到顶部，从而减少切头率，提高材料的利用率。通常采用的方法是：(1)加快底部的冷却速度。如在铸锭模底部安放冷铁，使凝固尽可能地自下而上进行，从而使缩孔大大减小，(2)在铸锭顶部加保温冒口，使铸锭上部的液体最后凝固，收缩时可得到液体的补充，把缩孔集中到顶部的保温冒口中。此外，还可使铸锭模壁上薄下厚，锭子上大下小，这样也可缩短缩孔长度。

B 分散缩孔（疏松）

大多数金属结晶时，是以树枝晶方式长大的，在柱状晶，特别是粗大的中心等轴晶形成过程中，由于树枝晶的充分发展以及各晶枝间相互穿插和相互封锁作用，使一部分液体被孤立分隔于各枝晶之间，凝固收缩时得不到液体的补充，于是在结晶结束之后，便在这些区域形成许多分散的显微缩孔，称为疏松。疏松使铸锭的致密度降低，在一般情况下，疏松处没有杂质，表面也未被氧化，在压力加工时可以焊合。

3.4.3.2 气孔（气泡）

在液态金属中总会或多或少地溶有一些气体，而气体在固体中的溶解度往往比在液体中小得多。这样一来，当液体凝固时，其中所溶解的气体将逐渐富集于结晶前沿的液体中，最后在固相和液相界面上的有利位置形核并长大，形成气泡（或称气孔）。另外，气泡也可由于液体中的某些化学反应所产生的气体而造成。这些气泡长大到一定程度后便可能上浮，若浮出表面，即逸散到周围环境中，如果气泡来不及上浮，或者铸锭表面已经凝固，则气泡将保留在铸锭内部，形成气孔。

铸锭（件）中的主要气体是氢，其次是氮和氧，气孔的存在不仅减少铸件的有效截面积，而且可于局部造成应力集中，成为零件断裂的裂纹源，尤其是形状不规则的气孔，不仅增加铸件的缺口敏感性，而且可降低零件的疲劳强度。

铸锭内部的气孔在压力加工时一般可以焊合，而靠近铸锭表层的皮下气孔，则可能由于表皮破裂而被氧化，因而在压力加工时便不能焊合，故在压力加工前必须予以切除，否则易在表面形成裂纹。

3.4.3.3 夹杂物

铸锭中的夹杂物，根据其来源可分为两类，一类称为外来夹杂物，如在浇注过程中混入的耐火材料等；另一类称为内生夹杂物，它是在液态金属冷却过程中形成的。如金属与气体（如氧、氮等）形成的金属氧化物或其他金属化合物，当除不尽时即残留在铸锭内，如铝锭、铜锭中都可能有金属氧化物或其他化合物存在，其形状、大小和分布随夹杂物不同而异，通常在光学显微镜下都可以观察到。夹杂物的存在对铸锭（件）的性能会产生一定的影响。

3.4.3.4 成分偏析

金属内部各部分的化学成分不一致的现象叫做成分偏析。偏析可分为区域偏析和枝晶偏析。

当液态金属中含有较多杂质元素时，这些杂质元素往往集中在最后凝固的地区，这种偏析叫做区域偏析；结晶时在晶粒长大过程中，还会出现先结晶的晶轴和后结晶的晶轴之间化学成分不均匀的现象，这种偏析叫做枝晶偏析。

成分偏析使金属材料各部分组织、性能不均匀，不能充分发挥其性能潜力。

思考题

3-1　形核有几种，非自发形核对实际生产有何作用？

3-2　什么叫过冷度，它对结晶过程和晶粒度的影响规律如何？

3-3　用结晶过程的基本观点分析铸锭等轴晶和柱状晶形成的条件。比较柱状晶和等轴晶的质量，指出它们应用的特点。

3-4　如果其他条件相同，试比较在下列铸造条件下，铸件晶粒的大小：

(1) 金属模浇注与砂模浇注；

(2) 高温浇注与低温浇注；

(3) 铸成薄件与铸成厚件；

(4) 浇注时采用振动与不采用振动。

3-5　铸锭组织缺陷有什么？

4 合金的相结构和相图

上一章讲了金属的结构、特点、结晶、用途及性能等方面的问题。但在实际当中,合金用量最大,范围最广。因为合金可通过改变化学成分的比例,组织结构,来进一步提高纯金属的性能,并可获得耐热、耐腐蚀、导磁等性能。

本章将介绍合金的基本结构,并在分析相图的基础上,了解合金的组织结晶过程、显微结构以及合金的成分、组织、性能间的关系。

4.1 合金的相结构

4.1.1 合金和相的基本概念

4.1.1.1 合金

合金是指两种或两种以上金属元素或金属与非金属元素熔合在一起的、具有金属特性的物质。例如,黄铜是铜和锌组成的合金;钢和生铁是以铁和碳为主的合金。在实际生产中,绝大多数的合金是通过熔化、精炼和浇注制成的。只有少数合金是在固态下通过制粉、混合、压制成形、烧结等工序制成。

4.1.1.2 组元

组成合金所必须的并能独立存在的物质称为组元。由两个组元形成的合金叫做二元合金,例如,黄铜是由铜和锌两组元组成;由三个组元形成的合金叫做三元合金,例如,硬铝是由铝、铜和镁三组元组成,依次类推。

4.1.1.3 系

由给定组元可以配制成一系列不同合金,组成一个系统,称为合金系。两个组元的称为二元系,三个组元的称为三元系。纯金属只有一个组元,则称之为单元系。

4.1.1.4 相

金属或合金中化学成分、晶体结构及原子偏聚状态相同,并与其他部分有明显界面分开的均匀组成部分叫做相。例如,纯金属结晶时,由液相和固相两个相组成;钢在室温时,由铁素体和渗碳体两相组成。

4.1.2 合金的相结构

合金相结构是指合金组织中相的晶体结构。其结构比纯金属复杂,不同的相原子排列方式是不同的。根据合金中各组元之间相互作用的结果,合金中的相主要有固溶体和金属化合物两大类,现以二元合金为例予以说明。

4.1.2.1 固溶体

合金中各组元互相溶解而形成的均匀的固相叫做固溶体。实质上,固溶体是在一种金属的晶格中溶入一些其他合金元素而形成的。晶格保留下来的叫做溶剂,晶格消失的叫做溶质。固溶体的结构保持溶剂金属的晶格类型。但是,由于溶质原子的溶入,使晶格发生畸变,结果其变形抗力增加。因此固溶体比溶剂金属的强度、硬度高，这种现象叫做固溶强化。当溶质浓度适当时，固溶体不仅具有比纯金属高的强度和硬度，而且具有良好的塑性和韧性。因此，实际使用的金属材料大多数是以固溶体为基体的合金。固溶体可根据不同的方法分为以下几类。

A　根据溶质原子在溶剂晶格中分布不同

(1) 置换固溶体：是指溶质原子占据了溶剂晶格的一些结点，取代了一部分溶剂原子这种固溶体叫做置换固溶体。一般，$D_{质}/D_{剂}=0.85\sim1.15$ 形成置换固溶体。

(2) 间隙固溶体：溶质原子分布在溶剂晶格间隙处而形成的固溶体。一般，$D_{质}/D_{剂}\leqslant0.59$ 形成间隙固溶体。

B　根据溶解度的不同

(1) 有限固溶体：在一定条件下，溶质原子在溶剂晶格中当溶解到一定程度时，就不能再溶解了。例如，间隙固溶体当溶入溶质时，溶剂晶格发生畸变，继续溶入时，晶格畸变也变大，当畸变量超过一定值时，溶剂晶格就变得不稳定，于是不能再溶解，所以间隙固溶体是有限固溶体。

(2) 无限固溶体：溶质能以任何比例溶入。固溶体的溶解度可达 100%，这种固溶体就称为无限固溶体。事实上此时很难区分溶剂与溶质，二者可以互换。通常以浓度大于 50%的组元为溶剂，浓度小于 50%的组元为溶质。

4.1.2.2　金属化合物

合金中各组元按一定比例结合而成的晶体相叫做金属化合物。金属化合物的结构特点是其晶格类型不同于组成它的各组元的晶格类型，而具有自己独特的晶体结构。

金属化合物一般硬而脆，合金中出现金属化合物时能提高合金的强度、硬度和耐磨性，但会降低塑性、韧性。它是合金组织中的强化相，如铁-碳合金中的渗碳体。

根据合金中金属化合物相结构的性质和特点，可大致分为三类：正常价化合物、电子化合物、间隙化合物。

(1) 正常价化合物：组成它的元素是严格按原子价规律结合的，因而其成分固定不变，可用化学式表示。并且具有高的硬度、强度和脆性。

(2) 电子化合物：电子化合物不遵循原子价规律，而是按照一定的电子浓度比组成一定晶格结构的化合物。电子浓度为化合物中价电子数与原子数的比值，$C_{电}=$价电子数/原子数。

电子化合物中：$C_{电}=3/2$，具有体心立方晶格，例如 CuZn

$C_{电}=21/13$，具有复杂立方晶格，例如 Cu_5Zn_8

$C_{电}=7/4$，具有密排六方晶格，例如 $CuZn_3$

(3) 间隙化合物：一般由原子直径较大的过渡族金属元素和原子直径较小的非金属元素组成。分为简单晶格的间隙化合物和复杂晶格的间隙化合物。

1) 晶格结构特点：直径较大的过渡族元素的原子占据了新晶格的正常位置，而直径较小的非金属元素的原子则有规律地嵌入晶格的空隙中。

2) 简单晶格间隙化合物(间隙相)：当 $D_{非}/D_{金}\leqslant0.59$ 时，形成间隙相。

3) 复杂结构的间隙化合物：当 $D_{非}/D_{金}>0.59$ 时，形成复杂间隙化合物。例如 Fe_3C。

4.1.3　合金的组织

合金是一种或多种相集合在一起组成的。合金中相的综合体叫做合金组织。通过对合金组织的研究能够了解合金由哪几种相组成，各种相以什么形态存在，各相之间怎样分布等问题，即了解组成合金的相的种类、数量、形态以及分布情况。

合金由单相固溶体组成时其显微组织和纯金属一样，都是由呈多边形的晶粒和晶界组成。工业上应用的合金的组织是多相混合物，它们的显微组织由色泽、形状、数量不同的各种相的晶粒截面和晶界组成。

合金的性能主要取决于其组织，而决定合金组织的因素首先是其成分，其次是结晶过程、热处理以及压力加工等加工工艺过程。也就是说，要改善合金的性能首先要正确控制其成分，其次要正确控制其结晶过程，再次要合理确定热处理、压力加工等加工工艺，从而改善其组织。

4.2 二元合金相图的建立

合金相图是表示合金系中合金相与成分、温度之间关系的图解。由于相图是在极缓慢的冷却条件下，即合金的每一变化都达到平衡的前提下测定出来的，故又叫平衡图。

4.2.1 二元合金状态图的建立

下面以 Cu-Ni 合金为例，说明建立二元合金状态图的过程。

(1) 首先配制一系列不同成分的 Cu-Ni 合金，如表 4-1 所示。

表 4-1 实验用 Cu-Ni 合金的成分和转变温度

合金序号	含 Cu 量/%	含 Ni 量/%	结晶开始温度/℃	结晶终了温度/℃
Ⅰ	100	0	1084.5	1084.5
Ⅱ	80	20	1175	1130
Ⅲ	60	40	1260	1195
Ⅳ	40	60	1340	1270
Ⅴ	20	80	1410	1360
Ⅵ	10	100	1455	1455

(2) 分别测出上述合金的冷却曲线，如图 4-1a 所示。

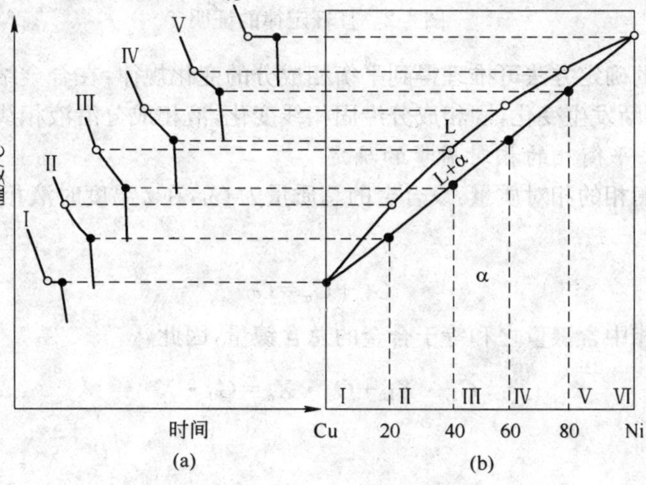

图 4-1 Cu-Ni 合金状态图的建立
a—冷却曲线；b—Cu-Ni 状态图

(3) 找出各冷却曲线上的临界点的位置，并把各临界点表示到温度—成分坐标系中相应的位置上。

(4) 将各相同意义的临界点连接起来，如图 4-1b 所示。

(5) 填写各区域中的状态或组织。如 Cu-Ni 合金状态图中，上面一条线为液相线，其以上区为液相区，以 L 表示，下面一条线为固相线，其以下区为铜与镍形成的单相固溶体区，以 α 表示；液相线和固相线之间区域为液、固两相混合区，以 L+α 表示。这样，就得到完整的 Cu-Ni 合金状态图。

4.2.2　合金的结晶

根据状态图可以分析合金的结晶过程的特点。合金结晶过程与纯金属结晶过程相似，都经过生核和核长大的一般过程，但纯金属结晶过程是在某一温度下进行的，而合金的结晶一般是在某一温度范围内进行，并在结晶过程中各相的成分还发生变化。

4.2.2.1　平衡相成分的确定

如图 4-2 所示，含镍为 $X\%$ 的 Cu-Ni 合金，在温度 t 时为液相 L 及 α 固溶体两相共存，这液、固两个平衡相成分可采用下述方法确定：由 t 点作一水平线，交液相线于 a 点，交固相线于 b 点，交合金线于 c 点，则 a 和 b 点的横坐标 X_L 和 X_α 分别为该合金在 t 温度时液相 L 和固相 α 的含 Ni 量。

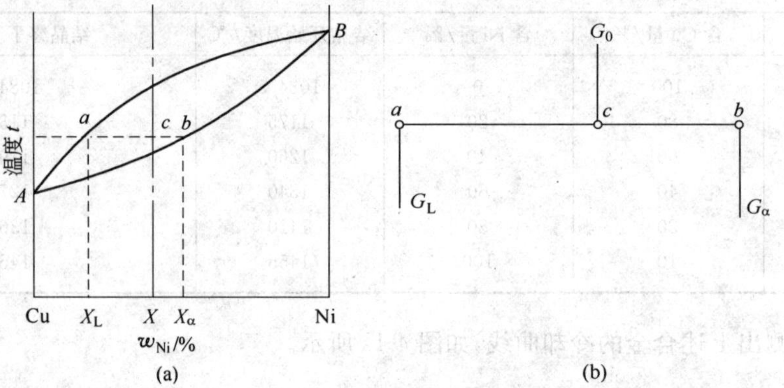

图 4-2　杠杆定律的证明

由平衡相成分的确定方法可推理得到平衡相成分的变化规律：在合金结晶过程中，随温度变化液、固两相成分不断发生变化，固相成分沿固相线变化，液相成分沿液相线变化。

4.2.2.2　两个平衡相的相对质量的确定

现求上述两平衡相的相对质量：设合金的总质量为 G_0，在 t 温度时液相的质量为 G_L，固相的质量为 G_α，则

$$G_L + G_\alpha = G_0$$

由于液相与固相中含镍量之和等于合金的总含镍量，因此

$$G_L \cdot X_L + G_\alpha \cdot X_\alpha = G_0 \cdot X$$

由上述二式可得

$$G_\alpha(X_\alpha - X) = G_L(X - X_L)$$

由图 4-2b 可知 $X_\alpha - X = cb$，$X - X_L = ac$，将它们代入上式得

$$\frac{G_\alpha}{G_L}=\frac{ac}{cb}$$

由上式利用合比定理可得

$$\frac{G_\alpha}{G_0}=\frac{ac}{ab} \quad 及 \quad \frac{G_L}{G_0}=\frac{cb}{ab}$$

再设固相和液相在合金中所占质量百分数分别为 Q_α 和 Q_L，则

$$Q_\alpha=\frac{ac}{ab}\times100\%$$

$$Q_L=\frac{cb}{ab}\times100\%$$

上面液相、固相、合金的质量之间的关系正与力学中杠杆定律相似，如图 4-2 所示，故称为金属学的杠杆定律。在图 4-2b 中分别以 a 和 b 点为支点，则可利用杠杆定律求得固相和液相在合金中的相对量。

4.3 几种典型二元合金相图

4.3.1 匀晶相图

两组元在固态时形成无限固溶体，且液态时又能完全互溶的合金相图称为匀晶相图，如 Cu-Ni、W-Mo、Fe-Ni、Fe-Cr 等合金的相图均是匀晶相图。

4.3.1.1 相图分析及合金结晶过程

图 4-3 所示为工业用 Cu-Ni 合金相图，有三个相区：液相线 $t_A a t_B$ 以上为液相区，以 L 表示；固相线 $t_A b t_B$ 以下为固相区，以 α 表示；上下临界线之间为 L 相和 α 相共存，称为两相区，以(L+α)表示。

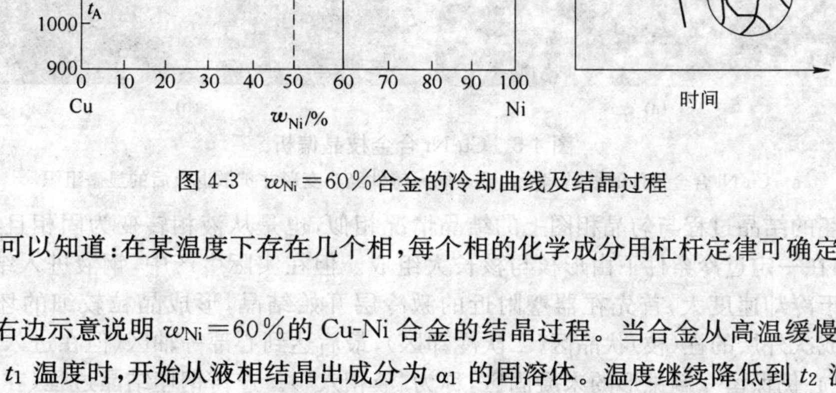

图 4-3 $w_{Ni}=60\%$合金的冷却曲线及结晶过程

从相图可以知道：在某温度下存在几个相，每个相的化学成分用杠杆定律可确定每一相的相对量。

图 4-3 右边示意说明 $w_{Ni}=60\%$的 Cu-Ni 合金的结晶过程。当合金从高温缓慢冷却到与液相线相交的 t_1 温度时，开始从液相结晶出成分为 α_1 的固溶体。温度继续降低到 t_2 温度时，不论是新结晶出来的固溶体，还是以先前结晶的 α_1 固溶体为核心长大的固溶体，此时都是成分为 α_2

的固溶体，这是由于在结晶过程中缓慢冷却原子扩散的结果。随着温度的降低，结晶不断进行，液相的成分沿着液相线变化，固相的成分沿着固相线变化。在温度 t_3 结晶终了，得到与原合金成分相同的 α_3（即含 $w_{Ni}=60\%$）固溶体。继续冷却到室温时，组织与成分不再发生变化。

单相固溶体合金的显微组织与纯金属一样，只观察到一颗颗的晶粒。虽然各个晶粒被晶界分开，但仍然是单相结构。

4.3.1.2　枝晶偏析——合金的不平衡结晶

在实际生产条件下，合金溶液的冷却速度比较快，不能按上述平衡过程进行结晶，故合金成分来不及均匀化。图 4-4 示意地说明这种不平衡结晶过程，开始结晶出来的树枝状晶体是成分为 α_1 的固溶体；随着温度下降，在 α_1 的外面又形成一层成分为 α_2 的固溶体，之后依次形成 α_2'、α_3 等固溶体。由于它们之间原子来不及充分扩散，成分不均匀将一直持续到室温。树枝状晶体中的成分不均匀现象，称为枝晶偏析（如果只在一个晶粒内出现成分不均匀，又称为晶内偏析）。结晶的冷却速度越大，枝晶偏析程度越严重。

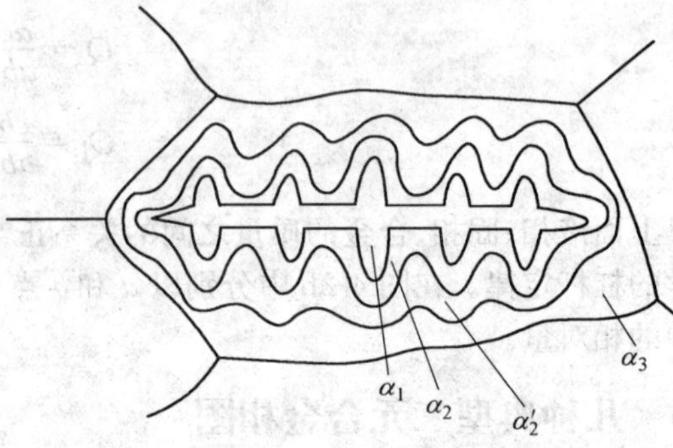

图 4-4　树枝状偏析示意图

枝晶偏析的结果，使树枝状晶体各处的化学成分不同，因而导致抗蚀性不一样。试件经磨光、抛光、腐蚀后，可显现树枝状晶体。图 4-5a 为铜镍合金的枝晶偏析组织。枝晶偏析会使合金性能下降，生产上通常把有这种偏析的合金放在低于固相线的温度下长时间保温，使成分均匀，消除枝晶偏析。这种操作称为扩散退火或均匀化。铸件经热加工变形，可加速扩散过程。由图 4-5b 可以看出，扩散退火已消除了枝晶偏析。

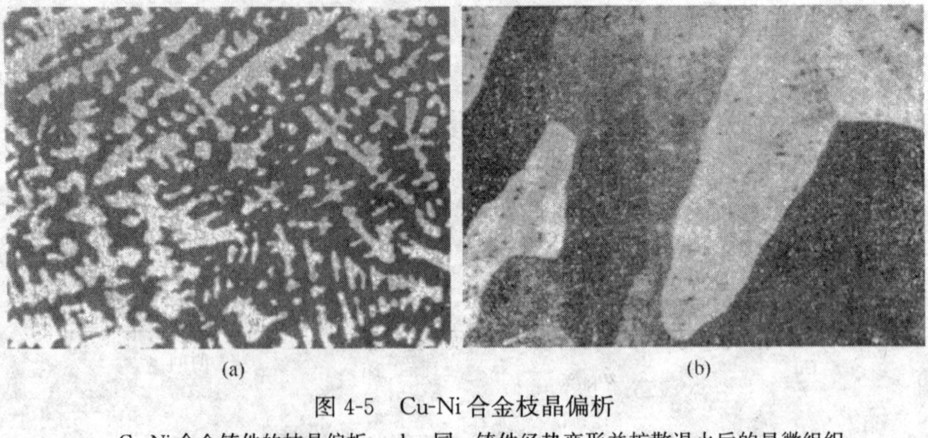

(a)　　　　　　　　　　　　　　(b)

图 4-5　Cu-Ni 合金枝晶偏析

a—Cu-Ni 合金铸件的枝晶偏析；　b—同一铸件经热变形并扩散退火后的显微组织

连铸钢坯的结晶过程与匀晶相图上的结晶情况相似，也是从液相转变为固相且符合结晶的一般规律，即在一定过冷条件下由形核与核长大组成。但在实际生产中，钢液进入结晶器（一次冷却区），由于冷却速度大，首先在器壁附近的激冷层开始结晶，形成晶粒较细的坯壳（杂质较少），接着形成次外层的柱（枝）状晶区（二次冷却区），最后达到心部等轴区（但在进入拉坯及二次冷却区前，锭心仍保留一倒锥形的未凝固区，称为“液相穴”）。连铸钢坯结晶过程（在结晶器内），会出现较大的枝晶偏析和选择结晶（最初形成的晶粒杂质少，熔点高，最后形成的中心部分晶粒杂质较多,熔点较低),但是由于采用强制冷却和电磁搅拌等工艺措施,使连铸钢坯的激冷层厚度比模铸钢锭厚,且由于内外温差大,柱状晶也比模铸锭发达,整个连铸钢坯组织比模铸锭致密且晶粒较细。

4.3.2 共晶相图

两组元在液态无限互溶,在固态相互有限溶解或不溶解且发生共晶转变的相图,称为共晶相图,如 Pb-Sn、Pb-Sb、Ag-Cu、Al-Si 等二元系都属共晶相图。

4.3.2.1 相图分析

在图 4-6 所示的 Pb-Sn 合金相图中,*AEB* 为液相线,*AMENB* 为固相线。*MF* 为 Sn 溶于 Pb 的溶解度线,*NG* 为 Pb 溶于 Sn 的溶解度线,这两条曲线又称固溶线。合金系中有 L、α 和 β 三个相。α 相是锡溶于铅的固溶体,β 相是铅溶于锡中的固溶体。*MEN* 为 L、α、β 三相共存的水平线。现在来分析不同成分的结晶过程。

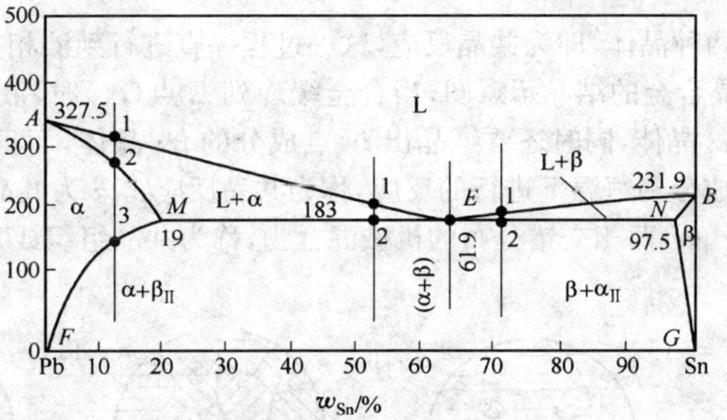

图 4-6 Pb-Sn 合金相图

4.3.2.2 典型合金的平衡结晶及其组织

A w_{Sn}<19%时的 Pb-Sn 合金

从图 4-6 可知,w_{Sn}=12%的合金由液态慢冷到点 1 时,开始析出 α 固溶体。随着温度的降低,α 相的数量不断增加,而液相数量不断减少;α 相固溶体的成分沿 *AM* 线变化,液相的成分沿 *AE* 线变化。冷却到与固相线的交点 2 时,合金全部结晶成 α 固溶体。这一过程即是前面所述的匀晶转变过程,图 4-7 所示为其结晶过程示意图。

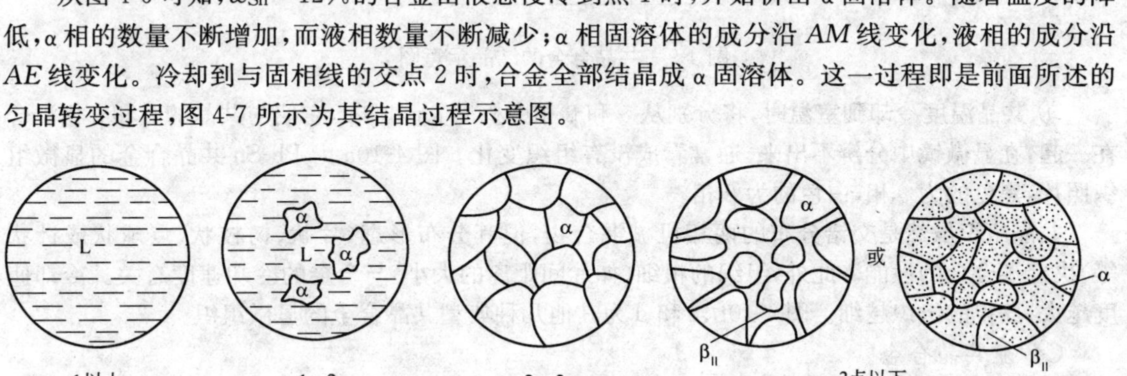

图 4-7 Sn12%-Pb 合金的结晶过程

继续冷却时,在点 2 和 3 之间,合金组织不发生变化,为 α 单相固溶体。当冷却到点 3 温度时,Sn 在 Pb 中的溶解达到饱和状态。温度再下降时,发生过剩的锡以 β 固溶体的形式从 α 相中析出。为了同从液态析出的 β 相相区别,以 $β_{II}$ 表示。图 4-8 所示为 w_{Sn}=12%的铅锡合金的显微组织,黑色的基体为 α 相,白色颗粒为 $β_{II}$ 相。

利用固溶体溶解度随温度下降的这种性质，可以采用工艺方法，使第二相呈片状、颗粒状或弥散点状分布在基体上，以提高材料的硬度和强度。这种方法称为沉淀硬化，也是提高金属强度的重要途径。但是，如果析出的是脆性相并沿晶界呈网状分布，就会使合金的塑性大大降低。第二相呈弥散点状分布时，质点间的距离最小，阻碍位错运动的作用最大，因而其硬化的效果最好。

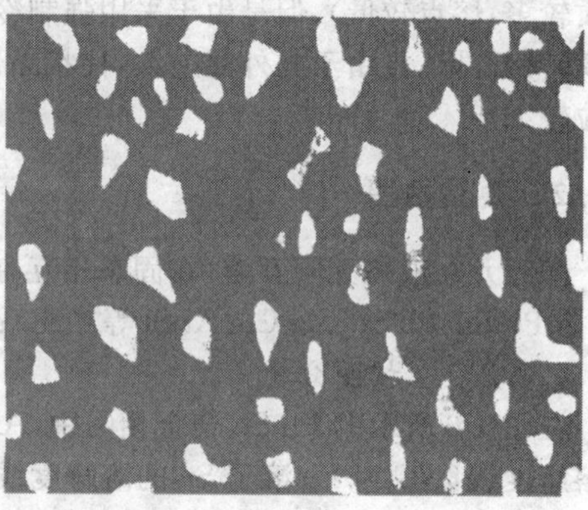

图 4-8　Sn12%-Pb 合金的显微组织 500×

B　w_{Sn}＝61.9%的共晶合金

从图 4-6 可以看出，从液态缓冷到温度 t_E 时要发生下式反应：

$$L_E \xrightleftharpoons{t_E} \alpha_M + \beta_N$$

因为同时析出 α 和 β 两种晶体，即为共晶反应，这一过程一直进行到液相完全消失为止。

图 4-9 所示为共晶合金的结晶示意图，当合金缓冷到 E 点（t_E）时，液相 L_E 在此温度不但要结晶出 M 点成分的 α_M 晶体，同时还要结晶出 N 点成分的 β_N 晶体，而且在恒温下进行，直到结晶完成。这种在一定成分和恒温下进行的反应，称为共晶反应。t_E 为共晶温度，L_E 为共晶成分，转变后的产物为（α_M＋β_N）两相交错分布的机械混合物，称为共晶组织或共晶体。

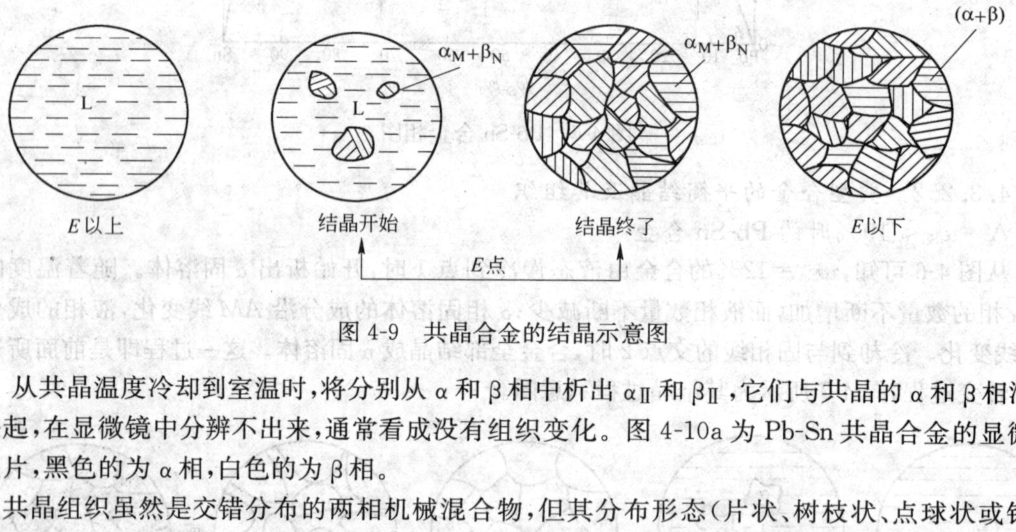

图 4-9　共晶合金的结晶示意图

从共晶温度冷却到室温时，将分别从 α 和 β 相中析出 α_{II} 和 β_{II}，它们与共晶的 α 和 β 相混合在一起，在显微镜中分辨不出来，通常看成没有组织变化。图 4-10a 为 Pb-Sn 共晶合金的显微组织照片，黑色的为 α 相，白色的为 β 相。

共晶组织虽然是交错分布的两相机械混合物，但其分布形态（片状、树枝状、点球状或针状等）决定了合金的性能。此外，组织的粗细（如片间距离的大小）与合金的冷却速度有关。冷却速度越大，获得的组织越细。图 4-10b、c 和 d 为其他几种典型共晶合金的显微组织。

C　亚共晶合金

在图 4-6 中，成分位于 M 点到 E 点之间的合金，称为亚共晶合金，例如 w_{Sn}＝50%的合金。

当缓冷到点 1 时，开始从液体析出初生 α 相，如图 4-11 所示。随着温度降低，α 相不断增加，液相量相对减少，α 固溶体成分沿 AM 线变化，液相成分沿 AE 变化，温度达到 t_E（点 2）时，α 固溶体与剩余液相分别到达 M 和 E 点的成分，于是发生共晶反应，这一转变一直进行到剩余液相全部转变为共晶体为止。转变完了后亚共晶合金的组织是由初生 α 相和共晶组织（α＋β）组成。初生 α 相和共晶体中的 α 相为同一种相，仅是由于结晶条件不同，在显微组织中呈现不同的形态。

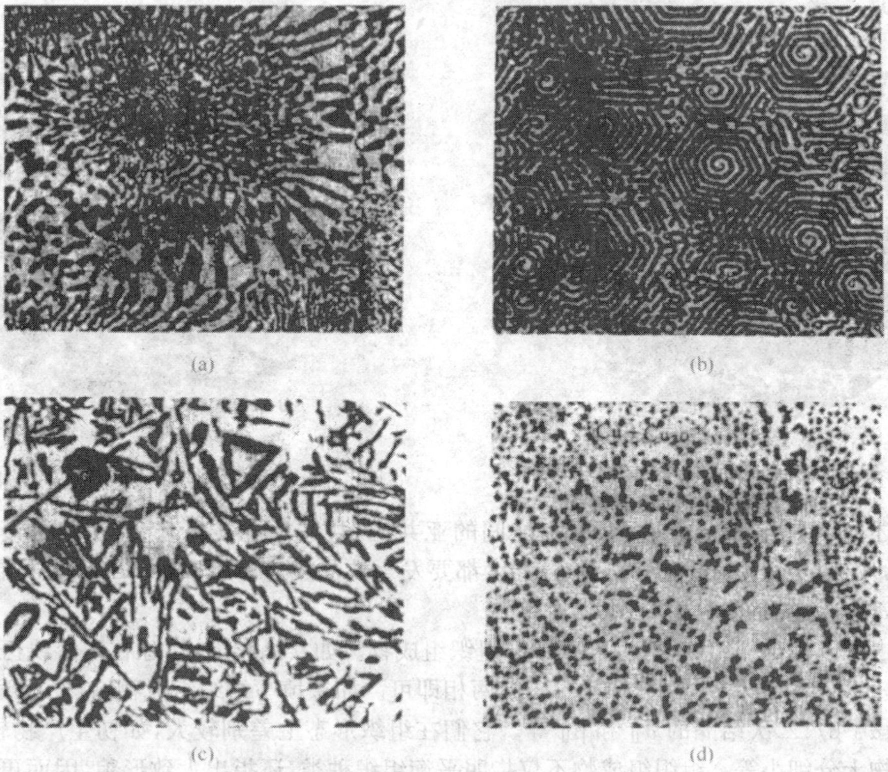

图 4-10 共晶合金的几种典型显微组织

a—放射状共晶体(Pb-Sn 合金);b—螺旋状共晶体;c—针状共晶体;d—点状共晶体

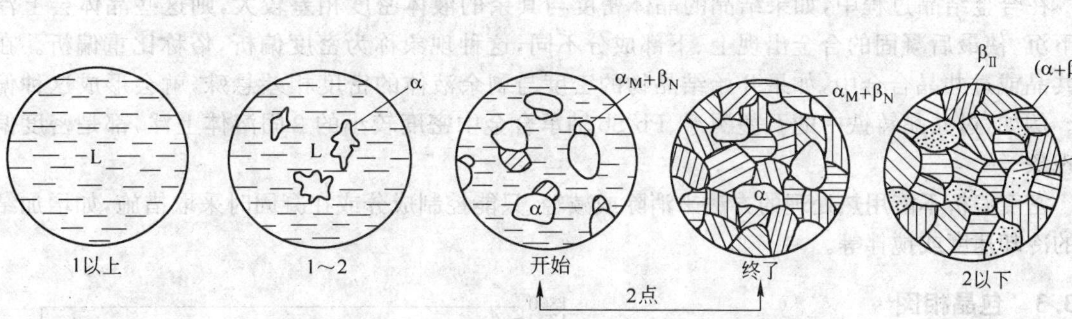

图 4-11 Pb-Sn 亚共晶合金平衡结晶过程示意图

从 t_E 继续冷却时,将从 α 相中析出 β_{II} 相。

图 4-12 所示为 Pb-Sn 亚共晶合金的显微组织照片,黑色枝晶为初生 α 晶体,黑白相间分布的为(α+β)共晶体,α 枝晶内的白色颗粒为 β_{II} 相。

D 过共晶合金

在图 4-6 中,成分线位于 E 和 N 之间的合金称为过共晶合金。过共晶的结晶过程与亚共晶类似,所不同的仅是初生相为 β 固溶体,从 t_E 继续冷却时,将从 β 相中析出 α_{II} 相。图 4-13 所示为 Pb-Sn 过共晶合金的显微组织,白色部分为 β 固溶体,黑白相间的为(α+β)共晶体,β 晶体内的黑色小点为 α_{II} 相。

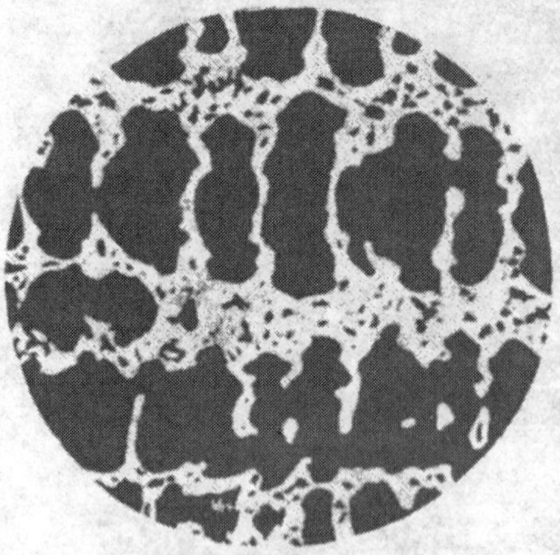

图 4-12　Pb-Sn 亚共晶合金的显微组织 100×

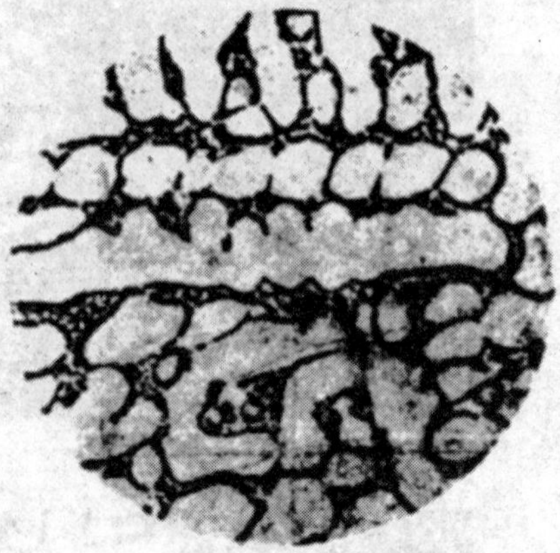

图 4-13　Pb-Sn 过共晶合金的显微组织 100×

从上述可以看出，成分介于 M、N 点之间的亚共晶、共晶及过共晶合金，在其缓慢冷却或缓慢加热中，凡是与 MEN 线相遇时，到 t_E 温度都要发生共晶反应。所以称 MEN 为共晶线，t_E 为共晶温度，E 点为共晶点。

相图中可以标出相组成物，也可以标出组织组成物。如共晶相图中，除在固溶线区域内的合金外，都是由 α 和 β 两相组成的，标出（α+β）两相即可。如果填写组织组成物，就要标明初生 α 和 β、共晶体（α+β）、二次结晶的 α_{II} 和 β_{II} 等。它们在组织形态上差别较大，如初生产物较粗大，二次结晶产物十分细小等。组织组成物不仅指明平衡组织种类，还指出大致形貌，因而更符合实际情况，分析合金时也更方便。

4.3.2.3　密度偏析

在合金结晶过程中，如果结晶的晶体密度与其余的液体密度相差较大，则这些晶体会上浮或下沉，使最后凝固的合金出现上、下部成分不同，这种现象称为密度偏析，俗称比重偏析。在亚共晶或过共晶合金中，如果开始结晶物的密度与剩余液体的密度相差悬殊，就会形成这种偏析。例如，过共晶铸铁中的石墨飘浮、Pb-Sb 轴承合金中密度较小的 β 固溶体上浮，都是密度偏析现象。

密度偏析不能用热处理的方法来消除或减轻，只能控制成分或在凝固时采取措施，如增加结晶的冷却速度或搅拌等。

4.3.3　包晶相图

两个组元在液态无限互溶，在固态形成有限固溶体并发生包晶反应的相图，称为包晶相图，如 Pt-Ag、Sn-Sb、Cu-Sn、Cu-Zn 等合金系的相图。

包晶相图和共晶相图的最大差别，是其水平线所具有的反应不同。图 4-14 所示为 Ag-Pt 合金的包晶相图。

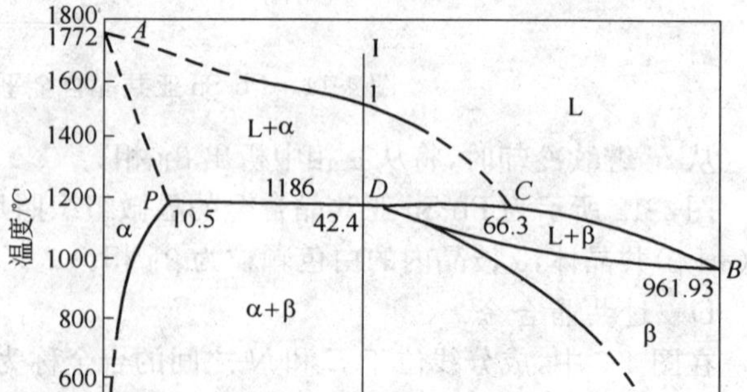

图 4-14　Ag-Pt 包晶相图

合金Ⅰ从液相缓慢冷却时，与 PDC 水平线相遇，成分 P 点已结晶出来的 α 固溶体 α_P 与包围它的成分为 C 点的液相

L_C 作用，Ag 和 Pt 相互扩散，形成另一成分为 D 点的固溶体 β_D，其反应式可写成

$$L_C + \alpha_P \xleftrightarrow{t_D} \beta_D$$

这种在恒温下，一定成分的液相包围固相形成另一成分固相的结晶过程，称为包晶反应。PDC 为包晶线，D 为包晶点，t_D 为包晶反应温度。

4.3.4　具有稳定化合物的二元相图

所谓稳定化合物，是指熔化前既不分解也不产生任何化学反应的化合物，例如 Mg 与 Si，即可形成稳定化合物 Mg_2Si，而 Mg-Si 相图就是形成稳定化合物的二元合金相图，可以认为是由 Mg-Mg_2Si 和 Mg_2Si-Si 两个共晶相图组成的，如图 4-15 所示。

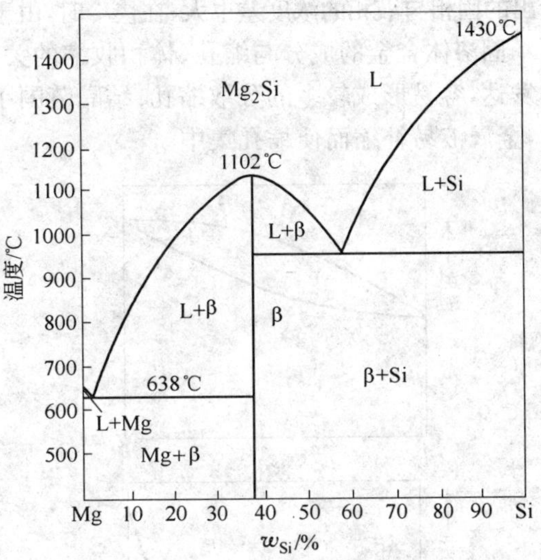

图 4-15　Mg-Si 合金相图

4.4　相图与合金性能的关系

4.4.1　力学性能与相图的关系

合金的成分决定了合金的组织，而合金的组织又决定了合金的性能，因而合金的性能与相图具有一定的关系。图 4-16 所示为三种类型相图与合金力学性能之间的关系。

当合金形成为两相机械混合物的组织时，合金的强度和硬度大约是两种组织性能的平均值，即性能与成分呈直线关系，如图 4-16a 所示，当合金形成单相固溶体时，由于溶质原子使基体晶格畸变，增高了合金的强度和硬度，其关系如图 4-16b 所示，图 4-16c 所示为力学性能与状态图之间的关系，实际上是上述两种情况的综合。

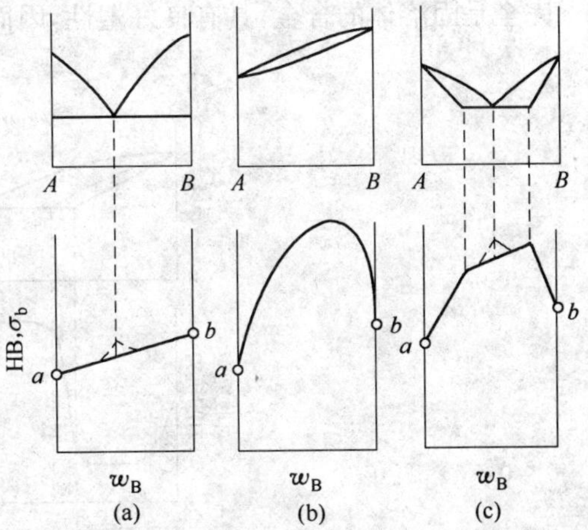

图 4-16　相图与合金强度和硬度之间关系的示意图

这里必须指出，当合金为两相晶粒较粗且均匀分布时，性能才符合直线关系；如果形成细小的共晶组织，即片间距离越小或层片越细时，合金的强度、硬度就越高，如图 4-16a 中虚线所示。

4.4.2　合金铸造性能与相图的关系

铸造性能主要表现在流动性、偏析、缩孔等方面，主要决定于液相线与固相线之间的温度间隔。固溶体合金的成分与流动性的关系如图 4-17 所示。固相线与液相线的距离越大，在结晶过程中树枝状晶体越发达，从而它越能阻碍液体流动，因此流动性越低。此外，结晶范围大的固溶体合金，结晶时

析出的固相与液相的浓度差也大，在快冷时，由于不能进行充分扩散，因此，偏析也严重些。

固溶体合金的成分与缩孔、体积收缩的关系，如图 4-18 所示。结晶温度范围大时，树枝状晶体发达，容易形成较多的分散缩孔；结晶范围小时，容易形成集中缩孔，因为这种情况下枝晶不发达，金属液易补缩而使缩孔集中。

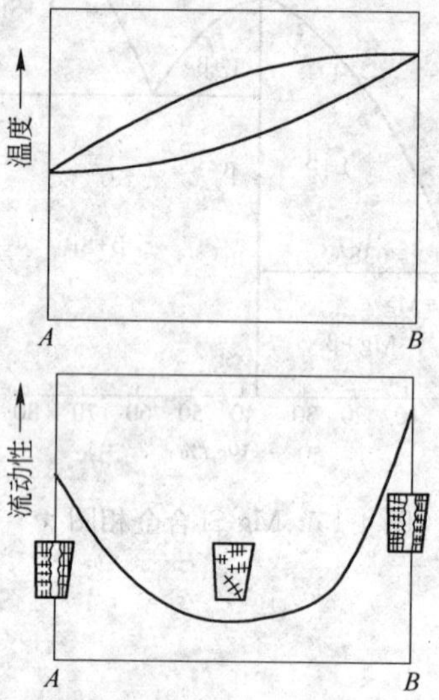

图 4-17　固溶体合金的成分对金属流动性的影响

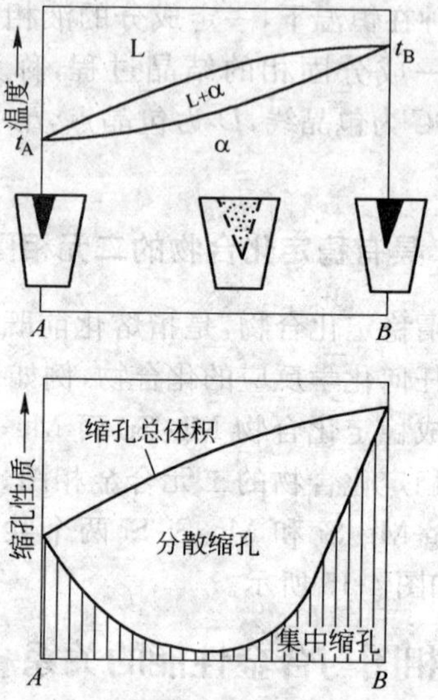

图 4-18　固溶体合金的成分与体积收缩、缩孔的关系

完全是固溶体的合金，具有良好塑性，因而压力加工性能好，可以进行锻、轧、拉拔、冲压等。

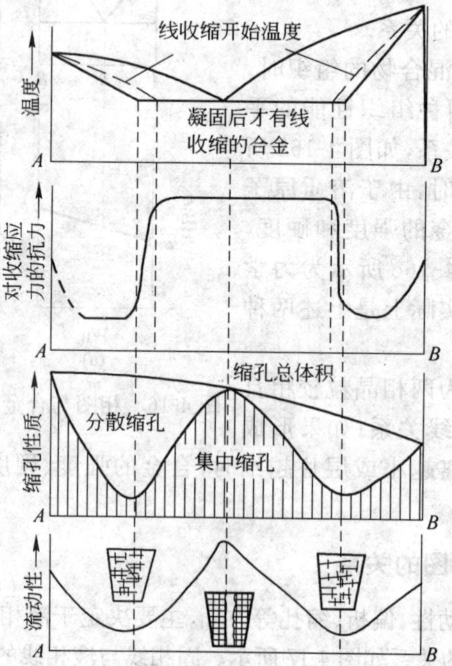

图 4-19　共晶合金相图与铸造性能关系示意图

共晶合金相图与铸造性能的关系，如图 4-19 所示。这种合金的铸造性能也决定于固、液相线之间的距离，即结晶温度间隔。在恒温下结晶的合金，具有最好的流动性；共晶点两侧的合金，由于树枝状晶体发达，流动性逐渐降低。结晶间隔越大，流动性越差。另外，共晶成分合金结晶时易生成集中缩孔，而具有较大结晶温度间隔的合金，易形成较多的分散缩孔。因此，铸造合金的成分越接近共晶成分，越容易铸成致密件。当然，合金的流动性还决定于合金的熔点。熔点低，浇注温度高，过热就大，流动性就好。

此外，结晶温度区间大的合金，铸造时有较大的热裂倾向。如果不考虑其他因素，则结晶温度区间越小，合金热裂倾向也越小。

两相机械混合物的合金，其压力加工性能不如单相固溶体。这是因为它是混合物，各相的变形能力不同，造成一相阻碍另一相的变形，使塑性变形阻力增加，因而共晶体的压力加工性最差。

此外，一相在另一相基体上的分布状况，也显著影响机械混合物的塑性。例如，硬而脆的第二相若在第一相的晶界呈网状分布时，合金脆性很大；当硬而脆的第二相以颗粒状均匀地分散在基体金属上时，则其塑性较前者大为增加，此时合金的塑性和韧性主要取决于基体金属；当硬而脆的第二相以针状或片状分布在基体金属内时，则塑性和韧性介于上述两者之间，且强度较高。

思 考 题

4-1 解释以下名词：

合金、组元、相、组织、相图、晶内偏析、密度偏析。

4-2 什么是固溶体和金属化合物，它们的特性怎样？

4-3 间隙固溶体和间隙相在晶体结构和性能上的差别是什么？

4-4 固溶体主要有哪两种，它们的形成条件是什么？

4-5 下列为 Pb-Sb 合金的热分析数据：纯铅的结晶温度为 327 ℃，纯锑的结晶温度为 630 ℃。

Pb95%-Sb5%合金结晶出 Pb 的温度为 296 ℃，共晶温度为 252 ℃。

Pb90%-Sb10%合金结晶出 Pb 的温度为 260 ℃，共晶温度为 252 ℃。

Pb88.8%-Sb11.2%合金共晶温度为 252 ℃。

Pb80%-Sb20%合金结晶出 Sb 的温度为 280 ℃，共晶温度为 252 ℃。

Pb50%-Sb50%合金结晶出 Sb 的温度为 485 ℃，共晶温度为 252 ℃。

Pb20%-Sb80%合金结晶出 Sb 的温度为 570 ℃，共晶温度为 252 ℃。(1)作出相图；(2)填写相区；(3)分析 $w_{Pb}=95\%$、$w_{Pb}=88.8\%$ 和 $w_{Pb}=50\%$ 三种合金的结晶过程；(4)画出这些合金在室温时的组织示意图。

4-6 为什么不能把共晶体称为相，常见的共晶体形貌有哪几种？

4-7 在 Cu-Ag 相图中(图 4-20)指出：(1)液相线、固相线、共晶点；(2)水平反应线的性质；(3)各区域的相和组织；(4)合金Ⅰ、Ⅱ、Ⅲ的冷却曲线；(5)合金

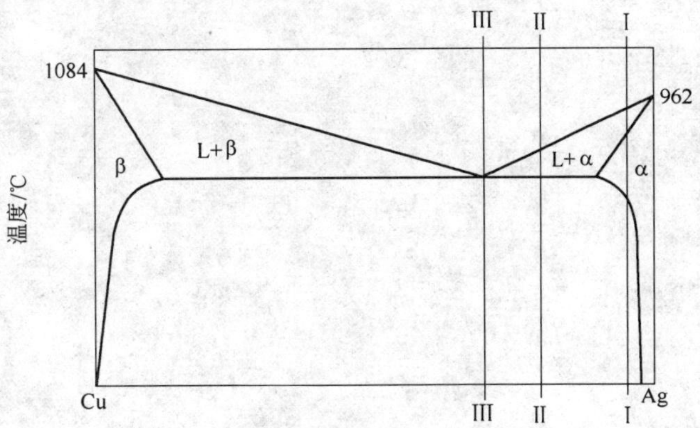

图 4-20

Ⅰ、Ⅱ、Ⅲ的结晶过程和组织示意图。

4-8　对 Cu-Ni 合金，什么成分硬度最高，硬度最高的合金流动性好不好，为什么？画出这个合金的显微组织。

4-9　在图 4-20 相图中，什么成分的合金适宜于压力加工，什么成分的合金适宜于铸造，用什么方法可以提高合金的强度？表达出合金的塑性和硬度随成分变化的规律。

4-10　今有两个形状相同的铜镍合金铸件，一个含 $w_{Ni}=90\%$、一个含 $w_{Ni}=50\%$，铸后自然冷却，问凝固后哪个铸件的偏析较为严重？

4-11　枝晶偏析产生的原因，如何防止？

4-12　密度偏析产生的原因，如何防止？

5 三元合金相图

工业上使用的金属材料多数是二元以上的合金，即使是二元合金，由于存在某些杂质，尤其是当发生偏析，这些杂质在某些局部地方富集时，也应该把它作为多元合金来讨论。于是，为了查知合金的相变温度，确定它在给定温度下的平衡相，各平衡相的成分及相对含量，就应该使用多元相图。但是多元相图的测定比较困难，在实际工作中通常是以合金中两种主要组元为基础，参考相应的二元合金相图，结合其他组元的影响来进行分析研究。这是一种简便实用的方法，但是实践经验表明，采用这种方法进行分析往往会在量的方面，甚至在质的方面产生偏差。这是由于组元间的交互作用往往不是加和性的。在二元合金中加入其他组元后会改变原来组元间的溶解度，还可能会出现新的化合物，出现新的转变等。

基于以上原因，研究多元相图还是很有必要的。在多元相图中，三元相图是最简单的较易测定的一种，但与二元相图相比，三元相图的类型多而复杂，至今比较完整的相图只测定出了十几种，更多的是三元相图中某些有用的截面图和投影图。本章主要介绍三元相图的表达方式和几种基本类型的三元相图。通过学习，掌握分析和应用各种等温截面、变温截面和各种相区在成分三角形上投影图的初步能力。

5.1 三元合金相图的表示方法

二元合金的成分中只有一个变量，其成分坐标轴用一条直线表示，二元合金相图的主要部分是由一个成分坐标轴和一个温度坐标轴所构成的平面中的一系列曲线。三元相图与二元相图比较，组元数增加了一个，成分变量是两个，故表示成分的坐标轴应为两个，两个坐标轴构成一个平面，这样，再加上垂直于平面的温度坐标轴，三元相图便成为一个三维空间的立体图形。构成三元相图的主要部分应该是一系列空间曲面，而不是二元相图中的那些平面曲线。

5.1.1 成分三角形

三元合金的成分通常用三角形表示，这个三角形叫做成分三角形或浓度三角形。常用的成分三角形有等边三角形、直角三角形和等腰三角形，这里主要介绍用等边三角形表示三元合金成分的方法。取一等边三角形 ABC，如图 5-1 所示。三角形的三个顶点 A、B、C 分别表示三个组元，三角形的边 AB、BC、CA 分别表示三个二元系 A-B、B-C 和 C-A 的成分。三角形内的任一点则代表一定成分的三元合金。下面以三角形内任一点 O 为例，说明合金成分的求法。

设等边三角形的三边 AB、BC、CA 按顺时针方向分别代表三组元 B、C、A 的含量。自三角形内任一点 O 顺次引平行于三边的线段 Oa、Ob 和 Oc，则 $Oa+Ob+Oc=AB=BC=CA$。之所以能够如此，是由于等边三角形存在这样的几何特性：由等边三角形内任一点作平行于三边的三条线段之和为一定值，且等于三角形的任一边长。因此，如果以三角形的边长当作合金的总量，定为 100%，则三个线段之和也正好是 100%，所以正好可以利用 Oa、Ob 和 Oc 依次表示合金 O 中三个组元 A、B、C 的含量。另外由图可知，$Oa=Cb$、$Ob=Ac$、$Oc=Ba$，这样就可以顺次从三角形三个边上的刻度直接读出三组元的含量了。为了避免初学时读数的混乱，应特别注意刻度和读数顺序的一致性。例如刻度是顺时针方向，则读数时也应按顺时针方向，或者都按逆时针方向。

为了便于使用，在成分三角形内常画出平行于成分坐标的网格，如图 5-2 所示。为了确定成分三角形中合金 x 的成分，通过 x 点作 A 点对边 BC 的平行线，截 CA 或 AB 边于 55%处，这就是合金中 A 组元的含量。由 x 点作 B 点对边 CA 的平行线，截 AB 边于 20%处，这就是合金中 B 组元的含量。同样可以确定 C 组元的含量为 $w_C=25\%$。

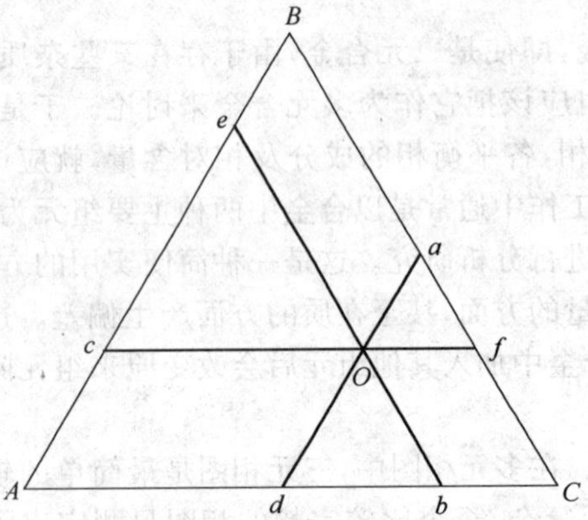

图 5-1 等边三角形的几何特性

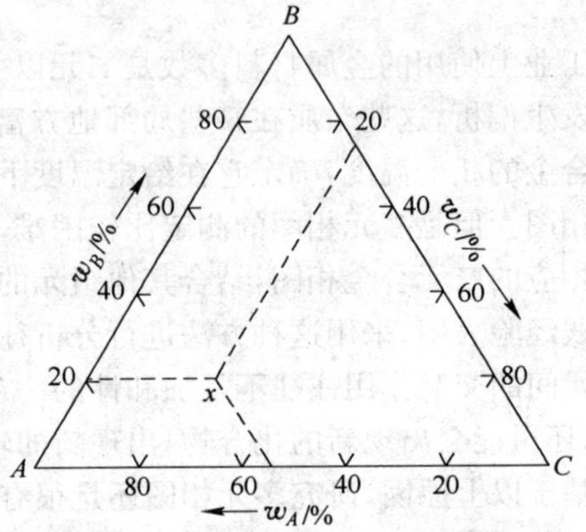

图 5-2 有网格的成分三角形图

反过来，若已知合金中三个组元的含量，欲求该合金在成分三角形内的位置时，即可在三个边上代表各组元成分的相应点，分别作其对边的平行线，这些平行线的交点即为该合金构成分点。

5.1.2 在成分三角形中具有特定意义的直线

在成分三角形中，有下列两条具有特定意义的直线。

5.1.2.1 平行于三角形某一条边的直线

凡成分位于该线上的合金，它们所含的、由这条边对应定点所代表的组元的含量为一定值，如图 5-3 所示。例如，成分为位于 GQ 线上的所有合金，B 组元的含量都是 $w_B=AG$。

5.1.2.2 通过三角形顶点的任一直线

凡成分位于该直线上的三元合金，它们所含的、由另两个定点所代表的两组元的量之比是恒定的，如图 5-3 所示。例如，在 BE 线上的各种合金，其 A、C 两组元的含量之比为一常数，即

$$\frac{w_A}{w_C}=\frac{Ba_1}{Bc_1}=\frac{Ba_2}{Bc_2}=\frac{Ba}{Bc}=\frac{EC}{AE}$$

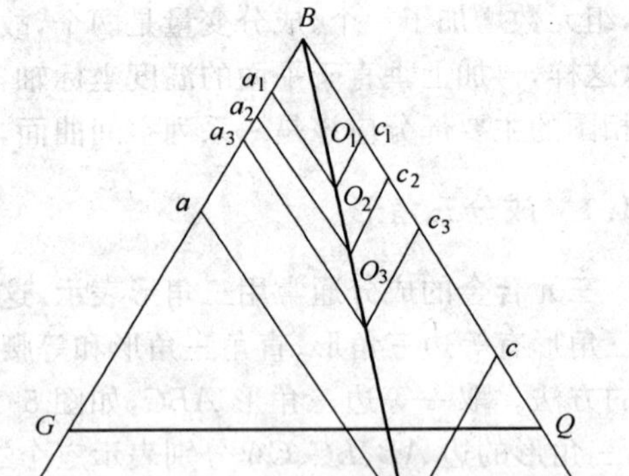

图 5-3 成分三角形中的特性线

5.2 三元系平衡相的定量法则

在三元合金的研究中经常遇到一些定量计算问题，例如，若将两个已知成分的合金熔配到一

起，那么，所得到的新的合金成分是什么？又如，在分析合金的结晶过程时，若从液相中结晶出一个固相，或者从液相中结晶出两个固相，那么，平衡相的成分是多少？它们的含量该怎样计算？在讨论二元系时曾经指出，两相平衡时平衡相的含量可以用杠杆定律进行计算。那么在三元系中，两相平衡可以仿照二元系，应用杠杆定律进行计算，当为三相平衡相时，平衡相含量的定量计算则需要应用重心法则。

5.2.1 直线法则和杠杆定律

根据相律，二元合金二相平衡时，有一个自由度，若温度恒定，则自由度为零。说明两个平衡相的成分不变，其连接线的两个端点即为两平衡相的成分，这样就可以应用杠杆定律计算两个平衡相的含量。对于三元合金来说，根据相律，两相平衡时有两个自由度，若温度恒定，还剩下一个自由度，说明两个相中只有一个相的成分可以独立改变，而另一个相的成分则必须随之改变。也就是说，两个平衡相的成分存在着一定的对应关系，这个关系便是直线法则。所谓直线法则（共线法则）是指三元合金在两相平衡时，合金的成分点和两个平衡相成分点必须在同一条直线上。利用这一法则可以确定，当合金 O 在某一温度处于 $\alpha+\beta$ 两相平衡时（见图 5-4），这两个相的成分点分别为 a 和 b，则 aOb 三点一定在一条直线上，且 O 点位于 a、b 点之间。然后应用杠杆定律，求出两相的质量之比为：

$$\frac{W_\alpha}{W_\beta}=\frac{Ob}{Oa}$$

直线法则的证明如下：

设合金质量为 W_O，α 相质量为 W_α，β 相质量为 W_β，则

$$W_O=W_\alpha+W_\beta$$

根据成分的表示方法，由图 5-4 中可以读出，合金 O、α 相和 β 相中 A 组元含量分别为 CO_1、Ca_1 和 Cb_1，B 组元的含量分别为 AO_2、Aa_2 和 Ab_2。而 α 与 β 相中 A 组元质量之和等于合金中 A 组元的质量，即

$$W_\alpha Ca_1+W_\beta Cb_1=W_O CO_1$$
$$W_\alpha Ca_1+W_\beta Cb_1=(W_\alpha+W_\beta)CO_1$$
$$W_\alpha(Ca_1-CO_1)=W_\beta(CO_1-Cb_1)$$
$$\frac{W_\alpha}{W_\beta}=\frac{CO_1-Cb_1}{Ca_1-CO_1}=\frac{O_1b_1}{a_1O_1}$$

同理可以证明：

$$\frac{W_\alpha}{W_\beta}=\frac{O_2b_2}{a_2O_2}$$

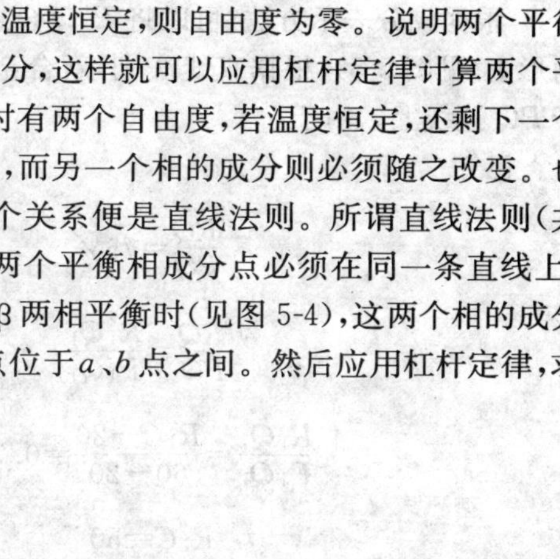

图 5-4 三元系中的直线法则

因为在平衡状态下 W_α/W_β 只能有一个值，所以 O_1b_1/a_1O_1 应该与 O_2b_2/a_2O_2 相等。而正由于 $O_1b_1/a_1O_1=O_2b_2/a_2O_2$，从图 5-4 的几何关系可见，$O$ 点必定在连接 a、b 的直线上，而且有 $W_\alpha/W_\beta=\dfrac{Ob}{Oa}$的关系。

直线法则和杠杆定律对于使用和加深理解三元相图都很有用。在以后分析三元相图时，从中可以得出以下规律：

(1) 当给定合金在一定温度下处于两相平衡状态时，若其中一相的成分给定，则根据直线法则，另一相的成分点必位于两个已知成分点的延长线上。

(2) 若两个平衡相的成分点已知，合金的成分点必然位于两个已知成分点的连线上。

现在可以回答本节刚开始提出的问题，将两个已知成分的合金熔配在一起，新的合金成分是多少？

设两个合金 P、Q 的成分为：P 合金：$w_A=60\%$、$w_B=20\%$、$w_C=20\%$；Q 合金：$w_A=20\%$、$w_B=40\%$、$w_C=40\%$，并且 P 合金的质量分数占新合金 R 的 75%。

根据成分表示方法，可以将 P、Q 合金成分点标于成分三角形上(见图 5-5)，根据直线法则，新合金 R 的成分点必然位于 PQ 连线上。由于

已知

$$\frac{RQ}{PQ}=75\%$$

$$\frac{RQ}{PQ}=\frac{R_1Q_1}{P_1Q_1}$$

$$\frac{R_1Q_1}{P_1Q_1}=\frac{R_1C-20}{60-20}=0.75$$

$$R_1C=50$$

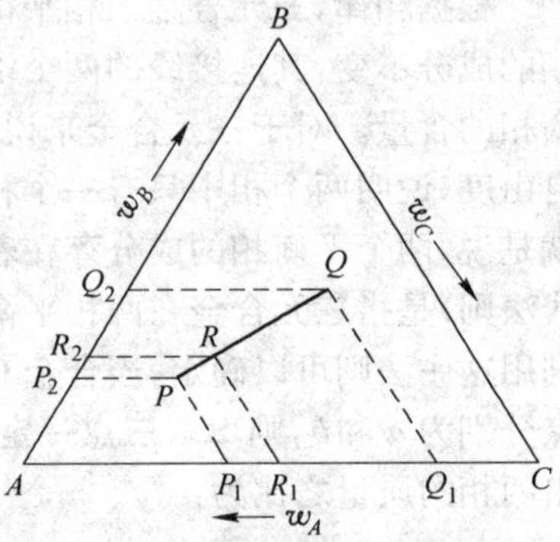

图 5-5　直线法则的应用举例

同理可求出 $R_2A=25$，所以新合金 R 的成分为：$w_A=50\%$、$w_B=25\%$、$w_C=25\%$。

5.2.2　重心法则

当三个已知成分的合金熔配在一起时，所得到的新的合金成分是多少？或者从一个相中析出两个新相，要了解这些相的成分和它们含量的关系，就要用重心法则。

根据相律可知，某一三元合金处于三相平衡时，其自由度为 1，这表明，三个平衡相的成分是依赖温度而变化的，当温度恒定时，则自由度为零，三个平衡相的成分为确定值。显然，在三相平衡时意味着存在三个两相平衡，由于两相平衡时的连接线为直线，三条连接线必然会组成一个三角形，称为连接三角形。

在图 5-6 中，若由 N 成分的合金分解为 α、β、γ 三个相，三个相的成分点为 D、E、F，则合金 N 的成分必定位于三个两相平衡的连接线所组成的 ΔDEF 的重心(是三相的重量重心，不是三角形的几何重心)位置上，而且合金质量与三个相质量有以下关系：

$$W_N \cdot Nd=W_\alpha \cdot Dd$$

$$W_N \cdot Ne=W_\beta \cdot Ee$$

$$W_N \cdot Nf=W_\gamma \cdot Ff$$

式中，W_N、W_α、W_β、W_γ 分别代表 N 合金及 α、β、γ 三个相的质量，这就是三元系的重心法则，或称为重心定律。

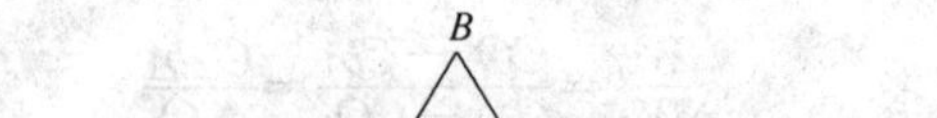

图 5-6　三元系中的重心法则

根据上式可以求出各相的含量：

$$W_{\alpha}=\frac{Nd}{Dd}\times 100\%$$

$$W_{\beta}=\frac{Ne}{Ee}\times 100\%$$

$$W_{\gamma}=\frac{Nf}{Ff}\times 100\%$$

重心法则可以由下述方式证明：设想把β和γ两相混合成一个整体，根据直线法则，这个混合体的成分点 d 应在 EF 线上。又根据杠杆定律，$W_{\beta}\cdot Ed=W_{\gamma}\cdot Fd$，所以 d 点为 EF 的重心。此时，可以把合金看成是处于α相与β相和γ相的混合体的两相平衡状态，根据直线法则，DNd 必在一条直线上，并且 $W_N\cdot Nd=W_{\alpha}\cdot Dd$。所以 N 为 Dd 的重心。用类似的方法可以导出：

$$W_N\cdot Ne=W_{\beta}\cdot Ee \qquad N\text{为}Ee\text{的重心}$$

$$W_N\cdot Nf=W_{\gamma}\cdot Ff \qquad N\text{为}Ff\text{的重心}$$

因此，N 为 ΔDEF 的重量重心。

5.3 三元匀晶相图

三个组元在液态及固态均无限溶解的相图称为三元匀晶相图。

5.3.1 相图分析

图 5-7 所示为三元匀晶相图的立体模型。图中 ABC 是成分三角形，三根垂线是温度轴，t_A、t_B、t_C 分别为三个组元 A、B、C 的熔点，三棱柱体的三个侧面是组元间形成的二元匀晶相图，它们的液相线和固相线分别构成了三元相图的两个空间曲面。上面那个向上凸的曲面叫做液相面，下面那个向下凹的曲面叫做固相面。图中有三个相区：液相面以上的空间为液相区，记为 L。固相面以下的空间为固相区，记为α。液相面和固相面之间的空间为液固两相共存区，记为 L＋α。

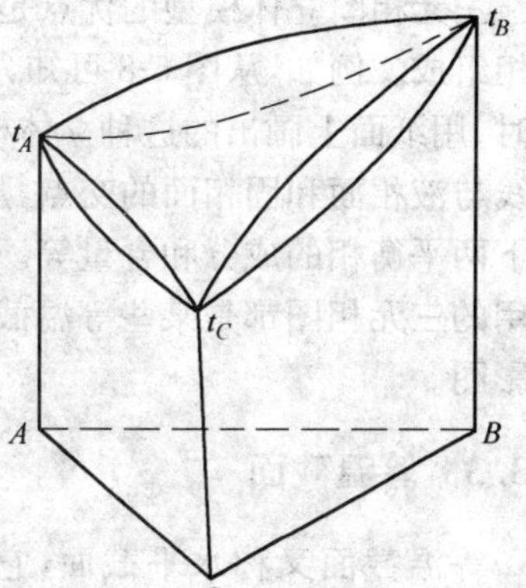

图 5-7 三元匀晶相图

5.3.2 三元固溶体合金的结晶过程

应用三元匀晶相图分析合金结晶过程的方法与二元相图相似，但也有它自己的特点。现在分析合金的结晶过程（见图 5-8）。当合金自液态缓慢冷却至 t_1 温度与液相面相交时，开始从液相中结晶出α固溶体，此时液相的成分 l_1，即为合金成分，而固相的成分为固相面上的某一点 S_1。当温度缓慢降至 t_2 时，液相数量不断减少，固相的数量不断增多，此时固相的成分由 S_1 点沿固相面移至 S_2 点，液相成分自 l_1 点沿液相面移至 l_2 点。直线法则指出，在两相平衡时，合金及两个平衡相的成分点必定位于一条直线上，由此可以确定，合金的成分必定位于液相和固相成分点的连接线上。在 t_1 时，其连接线为 l_1S_1，在 t_2 时，连接线为 l_2S_2。依此类推，在 t_3

温度时为 l_3S_3，在凝固终了的 t_4 温度为 l_4S_4，此时固相的成分即为合金的成分。这些连接线虽然都是水平线，但是在合金的凝固过程中，液相的成分和固相的成分分别沿着液相面和固相面上的 $l_1l_2l_3l_4$ 和 $S_1S_2S_3S_4$ 空间曲线变化，这两条曲线既不都处于同一垂直平面上，也不都处于同一水平平面上，它们在成分三角形上的投影很像一只蝴蝶，所以称之为固溶体合金结晶过程的蝴蝶形规律。

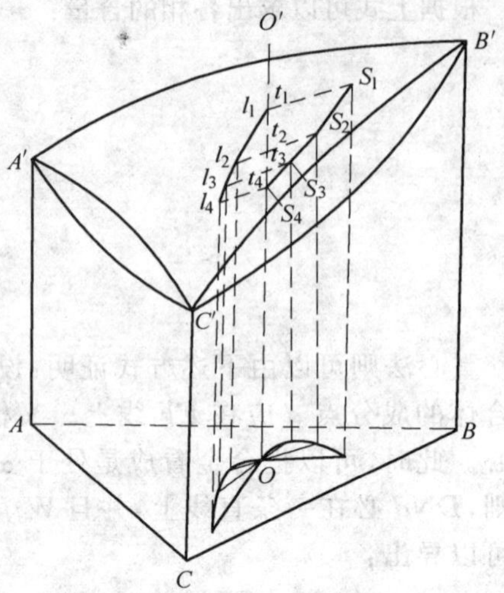

图 5-8　三元固溶体在结晶过程中液、固相成分的变化

从以上的分析可以看出，三元匀晶转变与二元匀晶转变基本相同，两者都是选择结晶，当液固两相平衡时，固相中高熔点组元的含量较液相高，两者的结晶过程均需在一定温度范围内进行，异类原子之间都要发生相互扩散。如果冷速较慢，原子间的扩散能够充分进行，则可获得成分均匀的固溶体，如果冷速较快，液固两相中原子扩散进行得不完全，则和二元固溶体合金一样，获得具有枝晶偏析的组织。欲使其成分均匀，需进行长时间的均匀化退火。但是两者之间也有差别，在结晶过程中，在同一温度下，尽管三元合金的液相和固相成分的连接线是条水平线，但液相和固相成分的变化轨迹不位于同一个平面上。

三元相图立体模型的优点是比较直观，利用它可以确定合金的相变温度、相变过程及室温下的相组成。例如，从图 5-8 可知，合金 O 在 t_1 温度开始结晶，在 t_4 温度结晶终了。但是在实际应用时，用纸面上画出的这种立体模型很难达到目的，即使这种最简单的匀晶相图也很难确定 OO' 直线与液相面和固相面的交点，从而确定其相变开始温度及相变终了温度，也不能确定在一定温度下两平衡相的成分和含量等。何况多数三元相图要比图 5-8 复杂得多。因此，实际测定提供使用的三元相图都是某些等温截面（水平截面）、变温截面（垂直截面）以及各种相区和等温线的投影图。

5.3.3　等温截面

等温截面又称水平截面，它表示三元系合金在某一温度下的状态。图 5-9b 即表示 ABC 三元系在 t_1 温度的等温截面，它相当于在立体模型中插入一个 t_1 温度的水平面，该面与液相面和固相面分别交截于 L_1L_2 和 S_1S_2（见图 5-9a），将这两条线投影到成分三角形上，就得到了图 5-9b 所示的等温截面图。从图中可以看出，整个截面被分为三个不同的相区：在 ACL_2L_1 内为液相区，以 L 表示，凡是成分点位于这一相区内的合金均尚未凝固，处于液体状态，在 BS_1S_2 内为 α 相区，成分点位于此区内的合金均已凝固终了，其相组成为单相的 α 固溶体，在 $L_1L_2S_2S_1$ 之内为 L+α 两相平衡区，成分位于这个相区的合金处于液固两相平衡状态。

曲线 L_1L_2 为液相等温线，或称液相线，成分点位于这条曲线上的合金在 t_1 温度均刚刚开始凝固。曲线 S_1S_2 为固相等温线，或称固相线，位于这条曲线上的合金在 t_1 温度刚刚凝固终了。

在等温截面的两相区内，根据相律，系统的自由度为 2，温度固定后，还剩一个自由度。这就是说，只有一个平衡相的成分可以独立改变，另一个平衡相的成分必须随之改变。如果用实验方

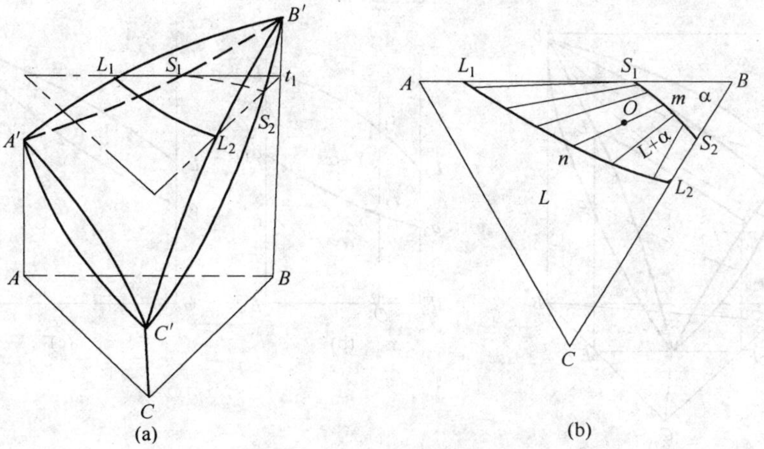

图 5-9 三元匀晶相图的等温截面

a—立体模型；b—等温截面

法测出了一个平衡相的成分，就可以确定出与之对应的另一个平衡相的成分。例如，用实验测定出固相的成分为 m，则根据直线法则，两平衡相成分点间的连接线必定通过合金的成分点，显然，mO 延长线与 L_1L_2 的交点 n 即为液相的成分点。图 5-9 b 中的 5 条连接线均是用实验方法测出的。

连接线确定之后，就可以利用杠杆定律计算两平衡相的含量。如图 5-9 b 中的合金 O 在 t_1 温度下固相 α 和液相 L 的含量分别为：

$$w_{\alpha}=\frac{nO}{mn}\times 100\%$$

$$w_{\mathrm{L}}=\frac{mO}{mn}\times 100\%$$

必须指出，等温截面图不是先作立体模型后再切截下来的，而是用实验方法直接测定的。

5.3.4 变温截面

变温截面又称垂直截面，它可以表示三元系中在此截面上的一系列合金在不同温度下的状态，即当温度改变时，其相组成变化的情况。

变温截面也是用实验方法测定出来的，它相当于在三元相图的立体模型中插入一个垂直于成分三角形的截面，分别与液相面和固相面相交，得到两条交线，将交线绘于该截面上，即得到变温截面，如图 5-10 所示。经常采用的变温截面有两种，一种是平行于成分三角形的一边所作的垂直截面，此时位于截面上的所有合金所含的某一组元（C 组元）的量是固定的，如图 5-10b 中的 FE 变温截面。另一种是通过成分三角形的某一顶点所作的截面，这时截面上所有的合金中另两个组元的比值是一定的，如图 5-10c 所示的 GB 变温截面。这样一来，在垂直截面上的合金成分就只剩下一个变量，可以用一个坐标轴表示合金的成分。

从变温截面的形状和意义来看，它与二元相图类似，纵坐标表示温度，横坐标表示合金的成分。这两个截面图上均有上下两条曲线，其中上面那条曲线为液相线，下面的曲线为固相线。L、L＋α、α 分别表示液相区、液固两相区和固相区。

利用变温截面可以分析合金的结晶过程，确定相变温度，了解合金在不同温度下所处的状

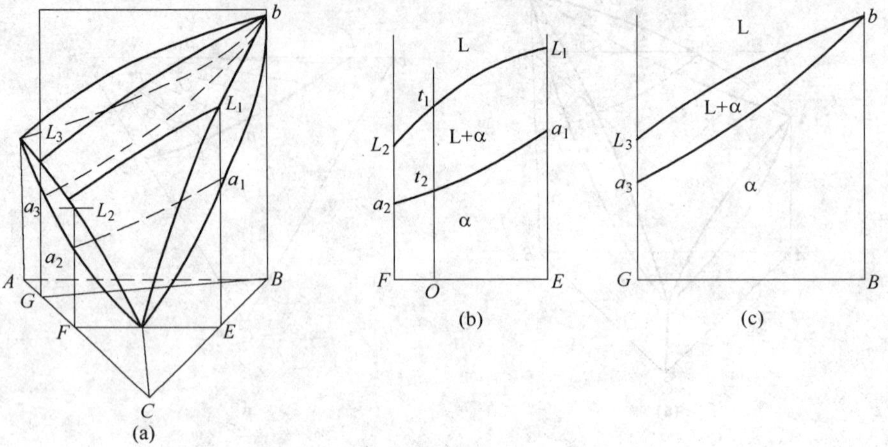

图 5-10　三元匀晶相图变温截面

a—立体模型；b—*FE* 变温截面；c—*GB* 变温截面

态。现以合金 *O* 为例，由 *O* 点作垂线，与液相线和固相线相交的温度分别为 t_1 和 t_2。由此可知，当合金 *O* 缓慢冷却至 t_1 温度时，开始从液相中结晶出 α 固溶体，温度继续下降，结晶出来的 α 相增多，当温度降至 t_2 时，液相完全凝固成 α 相，t_2 为结晶终了温度。

虽然变温截面与二元相图的形状很相似，在分析合金的结晶过程时也大致相同，但是它们两者之间存在着本质上的差别。根据三元固溶体合金结晶时的蝴蝶形规律，在两相平衡时，平衡相的成分点不是都落在一个垂直截面上。由此可知，变温截面上的液相线和固相线，不能表示平衡相的成分，不能根据这些线应用杠杆定律计算相的含量，这就是变温截面应用的局限性。

5.3.5　投影图

三元相图的等温截面只能反映一个温度下的情况（可确定不同合金的相组成、相的成分及其含量），而变温截面只能反映一个三元系中很有限的一部分合金的情况（可确定这些合金在冷却或加热时相组成的变化情况），两者都有一定的局限性。如果把一系列等温截面上的有关曲线画在同一个成分三角形中，使用起来就比较方便了，三元相图的投影图可以很好地解决这个问题。

投影图有两种：一种是把空间相图的所有相区间的交线都投影到成分三角形中，好像把相图在垂直方向压成一个平面，借助于对相图空间结构的了解，分析合金在冷却或加热过程中的相变；另一种是把一系列等温截面中的相界线都投影到成分三角形中，在每一条线上都注明相应的温度。这样的投影图称为等温线投影图，其等温线相当于地图上的等高线，可以反映空间相图中各种相界面的变化趋势。例如，投影图上的等温线距离越密，表示这个相面的温度变化越快。

三元匀晶相图的液相面和固相面上无任何相交的点和线，所以作第一种投影图无任何意义。一般应用的是等温线投影图，如图 5-11 所示。其中图 5-11a 是不同温度的等温截面中的液相面的投影图，图 5-11b 是固相面的投影图。液相面等温线投影图应用较广，利用它可以很方便地确定合金的熔点（开始凝固的温度）。例如，从图 5-11a 中可以看出成分点为 *O* 的合金在高于 t_4 低于 t_3 的温度开始凝固，在高于 t_6 低于 t_5 的温度凝固终了。

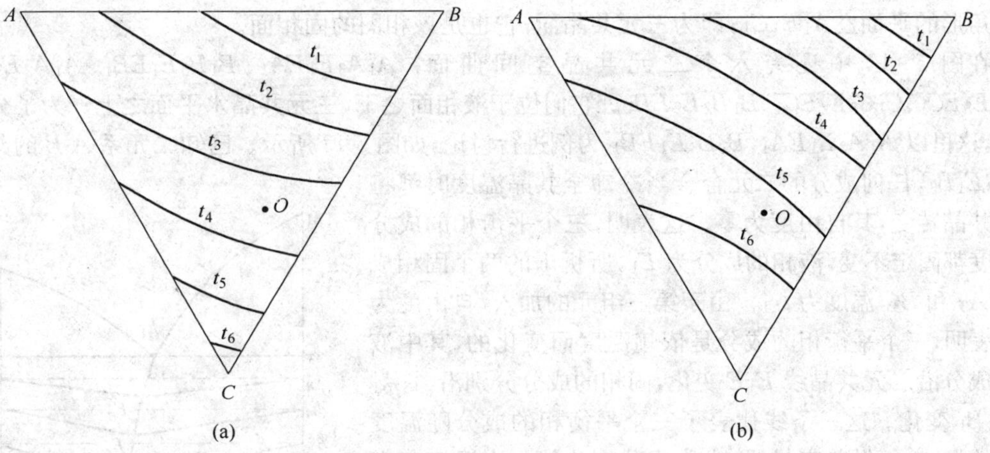

图 5-11 匀晶相图投影图

a—液相面投影图；b—固相面投影图

5.4 三元共晶相图

本节所介绍的共晶相图是三个组元在固态下完全不溶的共晶相图。

5.4.1 相图分析

三组元在液态能无限互溶，在固态几乎完全互不溶解，并且其中任两个组元具有共晶转变，形成简单的三元共晶系，其立体模型如图 5-12 所示。t_A、t_B、t_C 分别为 A、B、C 三组元的熔点，并且 $t_A > t_B > t_C$。图的三个侧面是三个二元共晶相图，E_1、E_2、E_3 分别表示 A-B、B-C 和 C-A 的二元共晶点，并且 $t_{E1} > t_{E2} > t_{E3}$。

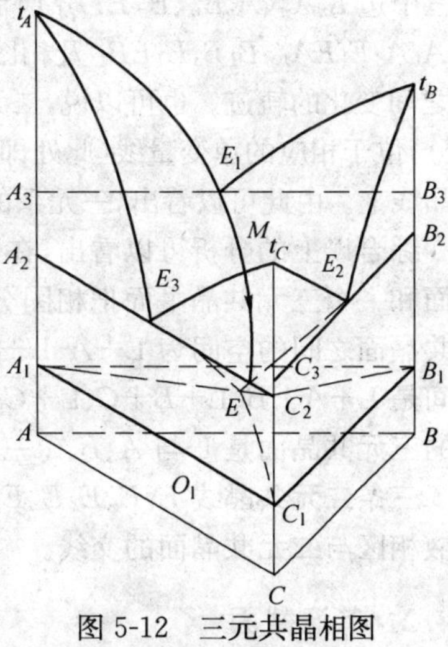

图 5-12 三元共晶相图

图中的 $t_AE_1EE_3t_A$、$t_BE_1EE_2t_B$、$t_CE_2EE_3t_C$ 是三块液相面，合金冷却至低于液相面的温度时，就开始结晶出 A、B 或 C 的晶体。三块液相面的交线 E_1E、E_2E、E_3E 为二元共晶线。由相律可知，在二元系中，处于三相平衡的共晶转变，其自由度等于零。而在三元系中，则其自由度为 1。这就意味着，由于第三组元的加入，二元共晶转变就不再适于恒温、恒定成分下进行，而是在一定的温度范围内进行，各个相的成分也随着温度的变化作相应地改变。因此，三个二元共晶点 E_1、E_2、E_3 就变成了三条二元共晶线。在冷却过程中液体的成分达到此三条线时，则分别发生 $L \rightarrow A+B$、$L \rightarrow B+C$、$L \rightarrow C+A$ 的共晶转变。

图中的 E 点是 E_1E、E_2E、E_3E 三个二元共晶线的交点，称为三元共晶点，它表示成分为 E 的液相，在温度 t_E 时发生三元共晶转变，形成三元共晶体，即：

$$L_E \xrightleftharpoons{t_E} A+B+C$$

发生三元共晶转变时，自由度等于零（$f=3-4+1=0$），这说明，三元共晶转变又是四相平衡转变，转变过程在恒温下进行，且液相和析出的三个固相的浓度均保持不变。通过 E 点作平行于成分三角形的平面 $\triangle A_1B_1C_1$，即为三元共晶面，它也是该相图的固相面。

在图 5-12 中还有六个二元共晶空间曲面：$A_1A_3E_1EA_1$、$B_1B_3E_1EB_1$、$A_1A_2E_3EA_1$、$C_1C_2E_3EC_1$、$C_1C_3E_2EC_1$、$B_1B_2E_2EB_1$。它们位于液相面之下，三元共晶水平面之上。为了分析的方便，这里以 $A_1A_3E_1EA_1$、$B_1B_3E_1EB_1$ 为例进行讨论，如图 5-13 所示。已知二元系 A-B 的共晶线为 $A_3E_1B_3$，任何成分的二元合金当冷却至共晶温度时都将发生共晶转变，其自由度为零。这表明，三个平衡相的成分和温度都固定不变，液相的成分为 E_1，所析出的两个固相成分为 A_3 和 B_3，温度为 t_{E1}。由于第三组元的加入，自由度为 1，这表明，三个平衡相的成分是依赖温度而变化的，其中液相的成分沿二元共晶线 E_1E 变化，固相的成分分别沿 A_3A_1 和 B_3B_1 变化。这三条线代表了三个平衡相的成分随温度变化的规律，叫做单变量线，或称成分变化线。当温度确定后，自由度变为零，三个相的成分也随着温度而确定下来，三个平衡相的成分点之间即构成一个等温三角形。根据重心法则，只有成分位于此等温三角形之内的合金才会有此三相平衡。例如在温度为 t_n 时，三个平衡相 L、A、B 的成分分别为 E_n、A_n 和 B_n，这三个点组成的等温三角形 $\triangle E_nA_nB_n$ 即为连接三角形。因为三相平衡时，其中任意两相之间也必然平衡，三个两相平衡的连接线即构成了等温三角形，三角形的三个边 E_nA_n、A_nB_n、B_nE_n 分别是 L-A、A-B 和 B-L 两相平衡的连接线。由此可见，二元共晶曲面 $A_1A_3E_1EA_1$、$B_1B_3E_1EB_1$ 及相图的侧面 $A_1A_3B_3B_1A_1$ 实际上是三组两相平衡连接线在 t_{E1} 至 t_E 之间变化的轨迹。也可以说，二元共晶曲面是由许多水平线组成的，水平线的一端，表示固相的成分，位于相应的单变量线（此处即为相应的纵轴）上，水平线的另一端，表示液相的成分，位于二元共晶线上。由此可以看出，三元系的三相区是以三条单变量线作为棱边的空间三棱柱体。

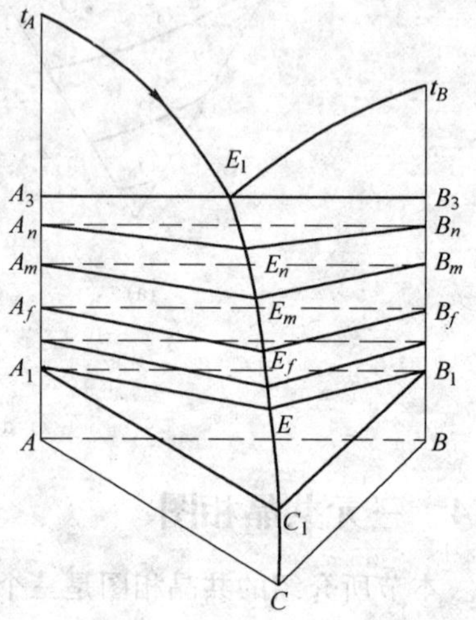

图 5-13　三元系中的二元共晶曲面

综合以上的分析可以看出，在固态完全互不溶解的三元共晶系中，三个液相面、六个二元共晶面和一个三元共晶平面把相图分割成九个相区。液相面以上的区域为液相区 L；液相面和二元共晶面之间的空间为 L+A、L+B、L+C 三个两相区；二元共晶曲面和三元共晶水平面之间的空间是 L+A+B、L+B+C、L+C+A 三个三相区；三元共晶面之下是 A+B+C 三相区；包含 E 点的三元共晶面是 L 与 A、B、C 三个固相共存的四相区。

三条二元共晶线 E_1E、E_2E、E_3E 即是液相面间的交线，也是二元共晶曲面间的交线，同时又是液相区与二元共晶面的交线。

5.4.2　等温截面

熟悉了三元共晶的立体模型之后，就可以作出等温截面图。利用等温截面可以确定合金在该温度下所存在的平衡相，并可运用杠杆定律和重心法则，确定合金中各相的成分及其含量。

图 5-14 a 为该三元系在 t_1 温度时的等温截面，温度 t_1 低于 t_A 和 t_B，但高于 C 组元的熔点 t_C，即 $t_A > t_B > t_1 > t_C$。图中两条曲线是水平截面与两个液相面的交线。共有三个相区，一个是液相区 L、其余两个分别是 L+A、L+B 两相区。当水平截面的温度 $t_2 = t_{E1}$ 时，由于 t_{E1} 低于 t_C，但高于 t_{E2}，所以在等温截面图（见图 5-14 b）上出现三个两相区 L+A、L+B、L+C 和一个液相区

L。L＋A 和 L＋B 的两条液相线相交于 E_1 点。如果水平截面的温度 t_3 与 t_{E2} 相等，由于 $t_{E2} < t_{E1}$，因此水平截面与 A-B 二元共晶线 E_1E 相交，如图 5-14 c 所示。该图有一个单相区 L，三个两相区：L＋A、L＋B、L＋C 和一个三相区 L＋A＋B。由于立体模型的三相区是以三条单变量线 E_1E、A_3A_1、B_3B_1 为棱边的空间三棱柱体，因此 L＋A＋B 三相区的等温截面一定是一个直边三角形。三角形的三个顶点分别表示三个平衡相在该温度下的成分，三角形的边是三相区与两相区的边界线，同时它也是两相区中的一条连接线。单相区与两相区的交线均为曲线。图 5-14 d 的截面温度为 t_{E3}，由于 $t_{E3} < t_{E2} < t_{E1}$，所以截面分别与 E_1E、E_2E 两条二元共晶线相交，出现两个三相区 L＋A＋B、L＋B＋C。图 5-14 e 的截面温度为 t_5，由于 $t_{E3} > t_5 > t_E$，在截面图中出现了三个三相区：L＋A＋B、L＋B＋C、L＋C＋A，三个两相区：L＋A、L＋B、L＋C 和一个单相区 L。

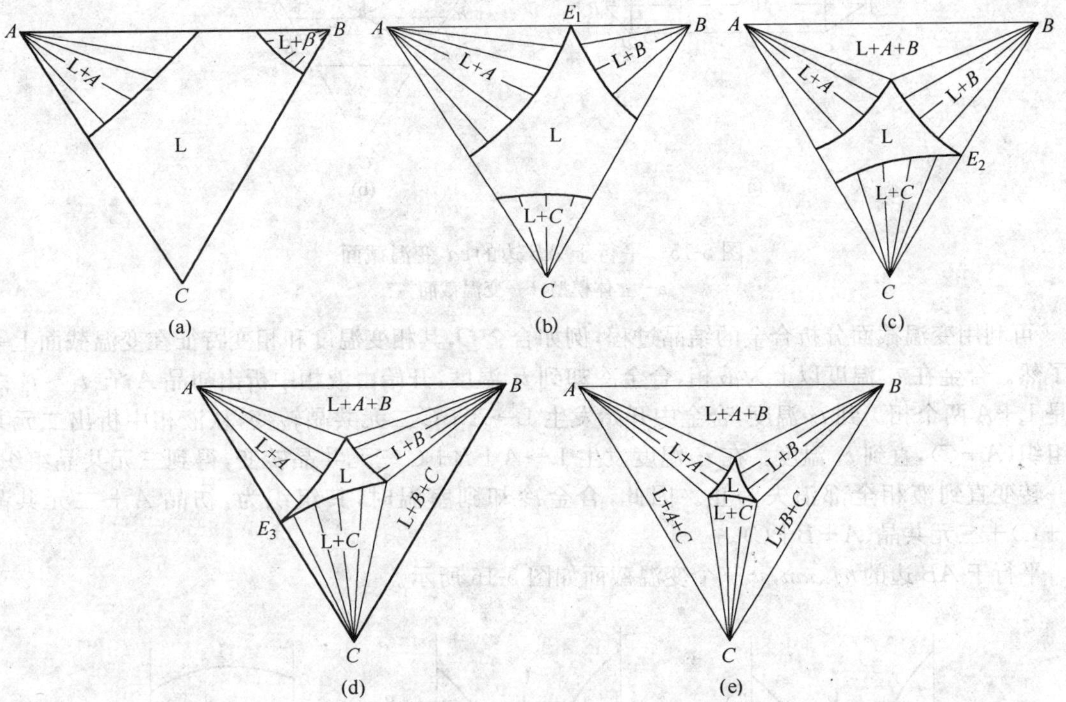

图 5-14　三元共晶相图的等温截面

a—$t_B > t_1 > t_C$；b—$t_2 = t_{E1}$；c—$t_3 = t_{E2}$；d—$t_3 = t_{E3}$；e—$t_{E3} > t_5 > t_E$

通过对以上五个等温截面的分析可以看出，等温截面上的三相平衡区都是直边三角形，这是一个普遍规律。与三角形的三个边相邻接的是两相平衡区。三角形的三个顶点与单相区相接，分别表示该温度下三个平衡相的成分。与三面相图的立体模型相对照就可看出，三角形的三个直边实际上是水平截面与三棱柱体侧面的交线，三个顶点是水平截面与三棱柱体棱边（单变量线）的交点。

5.4.3　变温截面

图 5-15a 表示平行于 AB 边的 cd 垂直平面与立体模型中各种面的交线，cd 垂直平面在成分三角形中的位置示于图 5-15 b 中，从而得到了 cd 变温截面。从图中可以看出，c_3e_1、d_3e_1 是垂直平面与液相面的交线；c_2p_1、p_1e_1、e_1g_1、g_1d_2 是垂直平面与四个二元共晶曲面的交线；c_1d_1 是垂直平面与三元共晶面的交线。

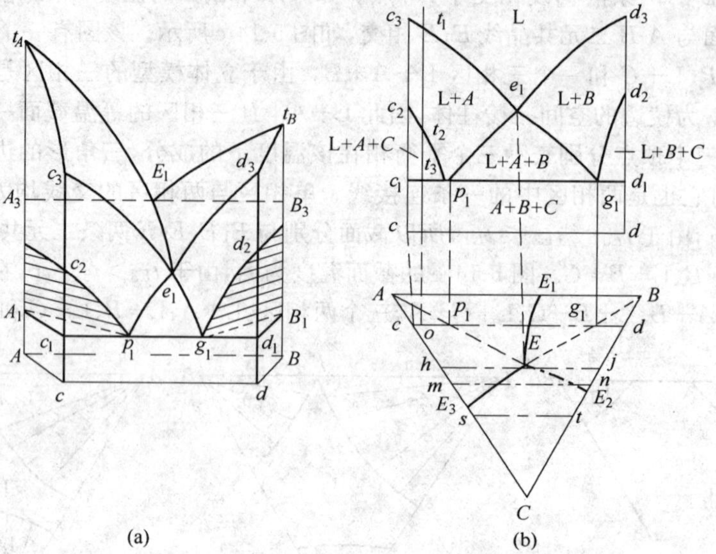

图 5-15　平行于 AB 边的 cd 变温截面

a—立体模型；b—变温截面

可利用变温截面分析合金的结晶过程，例如合金 O，其相变温度和相变特征在变温截面上一目了然。合金在 t_1 温度以上为液相，合金冷却到 t_1 温度，开始由液相中析出初晶 A，在 $t_1 \sim t_2$ 之间是 L+A 两个相。到 t_2 温度，合金中开始发生 L→$A+C$ 二元共晶转变，从液相中析出二元共晶组织($A+C$)，直到 t_3 温度。在 t_3 温度发生 L→$A+B+C$ 三元共晶转变，得到三元共晶组织，这一转变直到液相全部消失为止。因此，合金冷却到室温时，其组织为：初晶 A+二元共晶($A+C$)+三元共晶($A+B+C$)。

平行于 AB 边的 hj、mn，st 三个变温截面如图 5-16 所示。

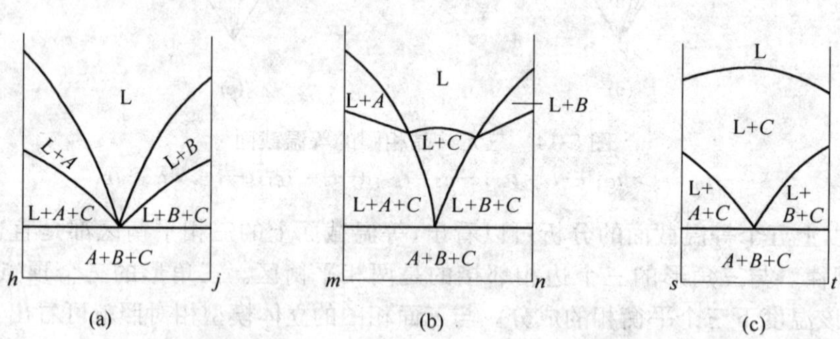

图 5-16　平行于 AB 边的几个变温截面

a—hj 变温截面；b—mn 变温截面；c—st 变温截面

图 5-17 是通过成分三角形顶点 A 的 Ab 变温截面。图中的 t_Ag_1、g_1b_3 是垂直截面与液相面的交线，A_2g_1、g_1t_1、t_1b_2 是垂直截面分别与三个二元共晶面的交线，A_1b_1 是垂直截面与三元共晶面的交线，由于三元共晶面平行于成分三角形，所以它是一条水平线。应当指出，图中的 A_2g_1 水平线并不表示等温转变，它仅表示 Ag 线段上的合金都在 A_2g_1 温度开始析出二元共晶 L→$A+B$，都到三元共晶温度才凝固完毕。

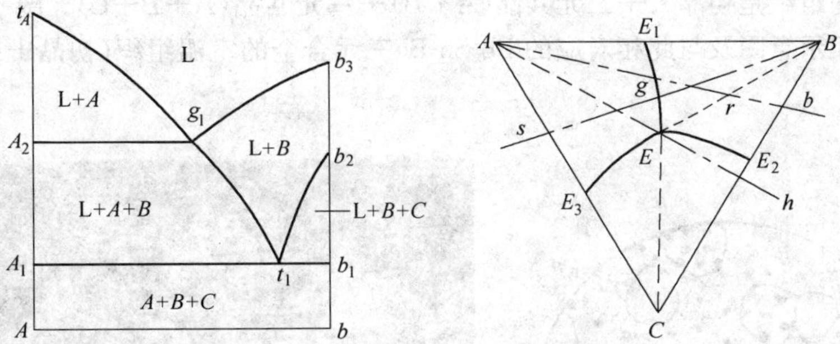

图 5-17 通过顶点 A 的 Ab 变温截面

图 5-18 为通过 A、h 两点的 Ah 变温截面。图 5-19 为通过顶点 B 的 Bs 变温截面。

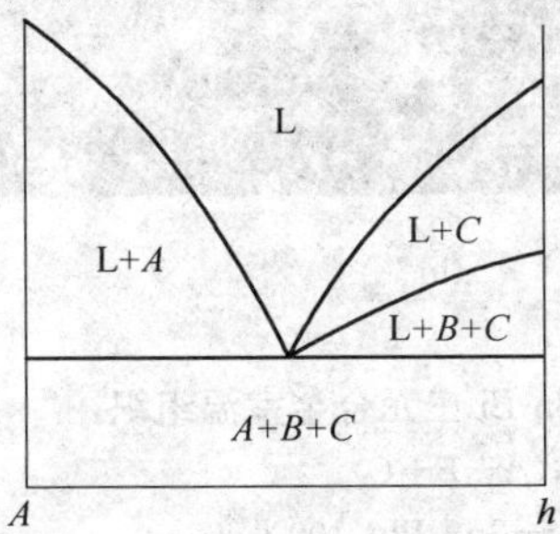

图 5-18 通过 Ah 的变温截面

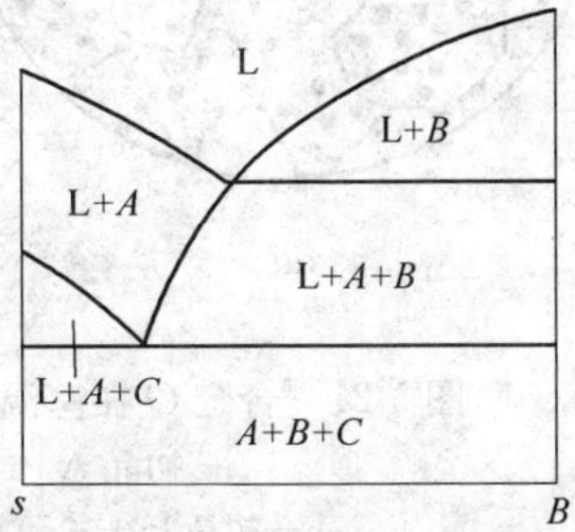

图 5-19 通过顶点 B 的 sB 变温截面

在利用变温截面时一定要注意，在变温截面上不能分析相变过程中相的成分变化，因为它们的成分不在此截面上变化，所以不能应用杠杆定律计算相和组织的含量。

5.4.4 投影图

图 5-20 为三组元在固态完全不溶的共晶相图的投影图。图中 E_1E、E_2E、E_3E 是二元共晶线的投影，AE、BE、CE 三条虚线是二元共晶曲面与三元共晶面的交线。此外，AE_1EE_3A、BE_1EE_2B、CE_2EE_3C 分别是三个液相面的投影。AEE_1、BEE_1、BEE_2、CEE_2、CEE_3、AEE_3 则分别为六个二元共晶曲面的投影，三元共晶面的投影仍为△ABC。

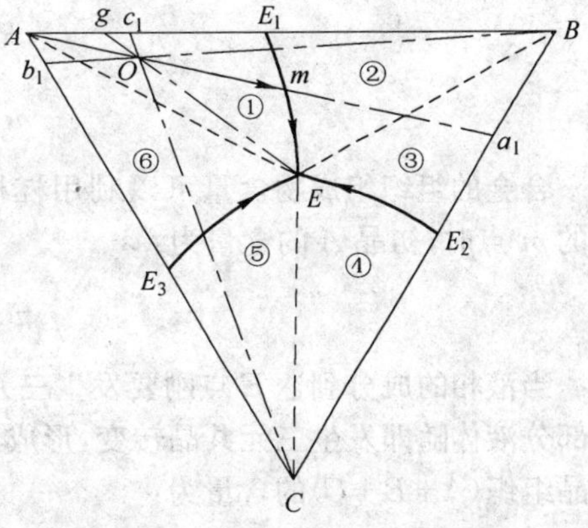

图 5-20 三元共晶相图的投影图

利用投影图可以分析合金的结晶过程，并能确定平衡相的组成和含量。现以合金 O 为例进行讨论。

合金 O 冷却至液相面时（相当于 t_1 温度）开始结晶，析出初晶 A。随着温度的不断降低，A 晶体不断增加，液相的数量不断减少。由于 A 晶体的成分固定不变，根据直线法则，液相的成分由 O 点沿 AO 的延长线逐渐变化。当液相的成分变化到与 E_1E 线相交的 m 点（相当于 t_2 温度）时，开始发生二元共晶转变：L→A＋B。随着温度的不断降低，二元共晶体（A＋B）逐渐增多，同时液相的成分沿 E_1E 二元共晶线变化。当液相的成分变化至 E 点（相当于 t_3 温度）时，发生三元共晶转变：L→A＋B＋C，直到液体全部消失为止。之后温度继续降低，组织不再发生变化。故合金 O

在室温下的平衡组织是初晶A+二元共晶($A+B$)+三元共晶($A+B+C$)。图 5-21 所示为该合金室温下的组织示意图及与此相对应的 Pb-Sn-Bi 三元合金的室温组织(初晶+二元共晶+三元共晶)。

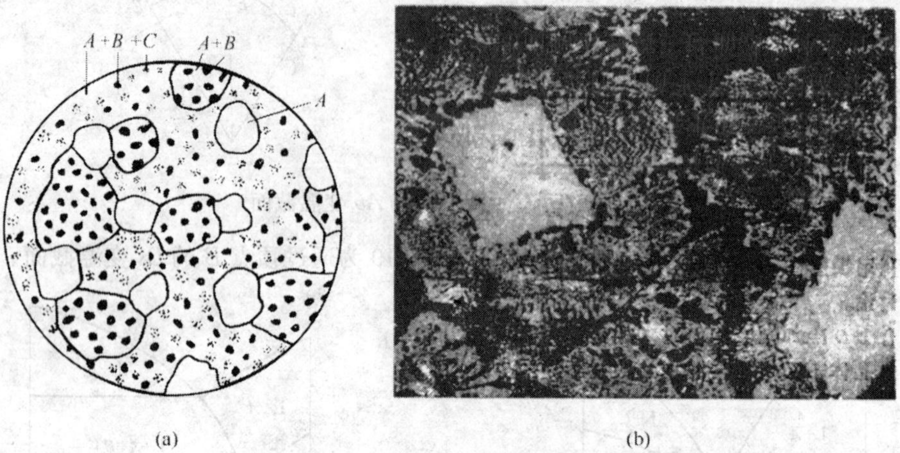

图 5-21　合金O在室温下的组织示意图及 Pb-Sn-Bi 三元合金室温组织

a—初晶 A+二元共晶(A+B)+三元共晶($A+B+C$);

b—初晶 Bi+二元共晶(Sn+Bi)+三元共晶(Bi+Sn+Pb) 100×

如果在投影图上还画有液相等温线,并标有温度值,则合金结晶过程的温度(如t_1、t_2、t_3等)就可以直接读出了。

合金O在三元结晶完成后进入$A+B+C$三相区,这三相的含量可分别用重心定律求出:

$$w_A=\frac{Oa_1}{Aa_1}\times 100\%$$

$$w_B=\frac{Ob_1}{Bb_1}\times 100\%$$

$$w_C=\frac{Oc_1}{Cc_1}\times 100\%$$

合金的组织组成物含量可以利用杠杆定律求出。当液相的成分刚刚到达二元共晶线E_1E上的m点时,初晶A的含量为:

$$w_A=\frac{Om}{Am}\times 100\%$$

当液相的成分到达E点刚要发生三元共晶转变时,剩余的液相可以利用杠杆定律求出,然而这部分液体随即发生三元共晶转变,形成三元共晶组织。因此,这部分液相的相对量也就是三元共晶组织($A+B+C$)的含量为:

$$w_{(A+B+C)}=\frac{Og}{Eg}\times 100\%$$

二元共晶的含量则为:

$$w_{(A+B)}=\left(1-\frac{Om}{Am}-\frac{Og}{Eg}\right)\times 100\%$$

用同样的方法可以分析投影图中其他区域合金的结晶过程,结晶完成后的组织组成物如表 5-1所示。

表 5-1　平衡结晶后的组织

成分点区域	组织组成物	成分点区域	组织组成物
1	$A+(A+B)+(A+B+C)$	AE	$A+(A+B+C)$
2	$B+(A+B)+(A+B+C)$	BE	$B+(A+B+C)$
3	$B+(B+C)+(A+B+C)$	CE	$C+(A+B+C)$
4	$C+(B+C)+(A+B+C)$	EE	$(A+B)+(A+B+C)$
5	$C+(A+C)+(A+B+C)$	EE	$(B+C)+(A+B+C)$
6	$A+(A+C)+(A+B+C)$	EE	$(A+C)+(A+B+C)$
		E	$A+B+C$

5.5　三元合金相图应用举例

5.5.1　Fe-C-Si 三元系变温截面

铸铁中的碳和硅对铸铁的凝固过程及组织有着重大的影响。图 5-22 所示为 Fe-C-Si 三元系的两个变温截面，其中图 5-22a 中的含硅量 $w_{Si}=2.4\%$，图 5-22b 中的含硅量 $w_{Si}=4.8\ \%$，由此可知，它们在成分三角形中都是平行于 Fe-C 边的。

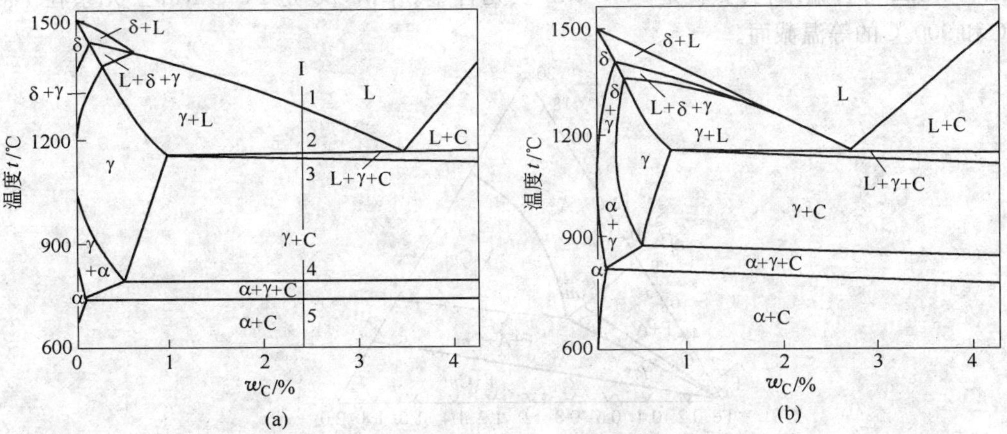

图 5-22　Fe-C-Si 三元系变温截面
a—$w_{Si}=2.4\%$；b—$w_{Si}=4.8\%$

两个变温截面与 Fe-C 相图十分相似，图中存在四个单相区：液相 L、铁素体 α、高温铁素体 δ 和奥氏体 γ。此外还有七个两相区和三个三相区。在分析相图时，要设法搞清楚各相区转变的类型，两相区比较简单，很容易分析（例如 L＋δ 两相区是 L⇔δ 之间的两相平衡，L＋γ 是 L⇔γ 的两相平衡等），而判断三相区的转变类型就比较复杂。

L＋δ＋γ 三相区是一曲边三角形，三个顶点分别与三个单相区相衔接，并且居中的单相区在三相区的下方，根据 5.4 节介绍的原则，可知该三相区中发生二元包晶转变 L＋δ→γ，它与二元相图中的包晶转变差别仅在于不是在等温进行，而是在一个温度区间进行。

L＋γ＋C（石墨）三相区上面的顶点与单相区 L 相衔接，左面的顶点与单相区 γ 相连，但右面不与单相区相连接。由此可知，该截面未通过三棱柱体的三个侧面。在这种情况下，可根据与之相邻接的两相平衡区来判断它的转变类型。在 L＋γ＋C 三相区的下方是 γ＋C 两相区，说明这里将要发生旧相 L 消失而形成 γ 和 C 的共晶转变，即 L→γ＋C。用同样的方法可以判断在γ＋α＋C三

相区发生的是 $\gamma \rightarrow \alpha + C$ 的共析转变。此处的共晶转变和共析转变都是在一个温度区间进行。

现在以合金Ⅰ为例，分析其结晶过程。当温度高于 1 点时，合金处于液态，在 1～2 点之间，从液相中结晶出 γ，即 $L \rightarrow \gamma$，从 2 点开始发生共晶转变 $L \rightarrow \gamma + C$。冷却到 3 点，共晶转变结束。在4～5 点之间发生共析转变 $\gamma \rightarrow \alpha + C$，在室温下该合金的相组成为铁素体和石墨。

利用 Fe-C-Si 三元系的变温截面可以确切地了解合金的相变温度，以作为制订热加工工艺的依据。例如 $w_{Si}=2.4\%$ 和 $w_C=2.5\%$ 的灰铸铁，由于距共晶点很近，结晶温度间隔很小，所以它的流动性很好。在相图上可以直接读出该合金的熔点（约 1200 ℃），据此可确定它的熔炼温度和浇注温度。又如对 $w_{Si}=2.4\%$ 和 $w_C=0.1\%$ 的硅钢片，由截面图可知，只有将其加热到 980 ℃以上，才能得到单相奥氏体。因此，对这种钢进行轧制时，其始轧温度应为1120～1190 ℃。

此外，从这两个截面图可以看出 Si 对 Fe-C 合金系的影响。随着硅含量的增加，包晶转变温度降低，共晶转变和共析转变温度升高，γ 相区逐渐缩小。而且，Si 使共晶点左移，从图 5-22 可知，大约每增加 $w_{Si}=2.4\%$，就使共晶点的含碳量减少 $w_C=0.8\%$。也就是说，为了获得流动性好的共晶灰铸铁，对于 $w_C=3.5\%$ 的铁碳合金，只要加入 $w_{Si}=2.4\%$ 的 Si 即可。

5.5.2　Fe-C-Mn 三元系等温截面

在铁碳合金中加入合金元素锰，就构成了 Fe-C-Mn 三元系。例如，工业中常用的 10Mn、20Mn2、40Mn2 等含锰结构钢，就是 Fe-C-Mn 三元合金。图 5-23 是 Fe-C-Mn 三元系在 700 ℃、800 ℃和 900 ℃的等温截面。

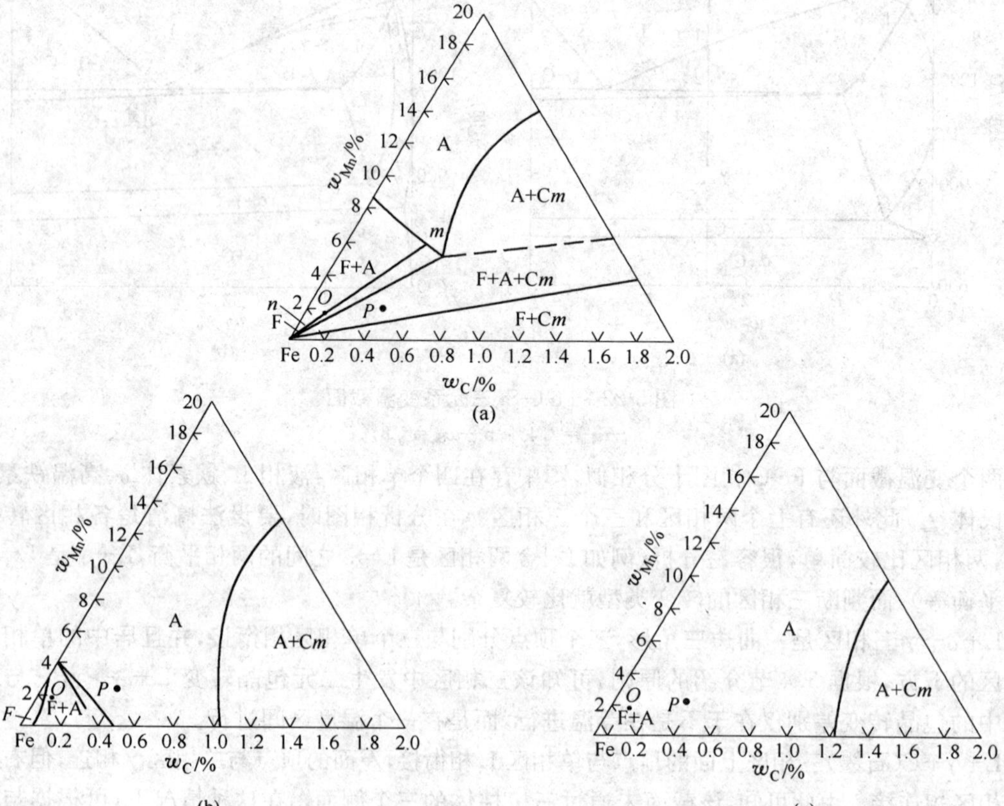

图 5-23　Fe-Mn-C 三元系的等温截面

a—700 ℃；b—800 ℃；c—900 ℃

图中三个单相分别是：铁素体（含 C、Mn）、奥氏体（含 C、Mn）和碳化物 C*m*。利用这些截面可以判定各合金在不同温度时所处的状态，并能利用直线定律与重心定律计算各平衡相的相对量。

例如，10Mn（0.1%C、1.5%Mn）合金（见图中 *O* 点），700 ℃时处于 F+A 两相区，若已知两平衡相中 A 相的成分为 *m*，则 F 相的成分必为 *n*（由直线法得出）、且两平衡相的相对质量为：

$$\frac{Q_F}{Q_A}=\frac{Om}{On}$$

若将其继续加热，至 800 ℃时合金仍处于 A+F 两相区，但 A 相的数量增多、F 相的数量减少了。当将其加热至 900 ℃时，合金处于单相 A 状态。因此这种钢进行热加工时，加热温度应超过 900 ℃。

又如 40Mn2（$w_C=0.4\%$、$w_{Mn}=1.8\%$）合金（见图中 *P* 点），700 ℃时处于 F+A+C*m* 三相区，只有将其继续加热至 800 ℃，F 与 C*m* 才全部溶于 A 中，形成单一的 A 组织。

思考题

5-1 试在 *ABC* 成分三角形中，找出下列合金的位置：

(1) $w_B=10\%$，$w_C=10\%$，其余为 *A*；

(2) $w_B=20\%$，$w_C=15\%$，其余为 *A*；

(3) $w_B=30\%$，$w_C=15\%$，其余为 *A*；

(4) $w_B=20\%$，$w_C=30\%$，其余为 *A*；

(5) $w_B=40\%$，*A* 和 *B* 组元的质量比为 1∶4；

(6) $w_B=30\%$，*B* 和 *C* 组元的质量比为 2∶3。

5-2 在成分三角形中找出 *P*（$w_A=70\%$，$w_B=20\%$、$w_C=10\%$）、*Q*（$w_A=30\%$，$w_B=50\%$，$w_C=20\%$）和 *N*（$w_A=30\%$，$w_B=10\%$、$w_C=60\%$）合金的位置，然后将 5 kg *P* 合金、5 kg *Q* 合金和 10 kg *N* 合金熔合在一起，试问新合金的成分如何？

5-3 试比较匀晶型三元相图的变温截面与二元相图的异同，并举合金的结晶过程为例说明之。

5-4 根据 *A*-*B*-*C* 三元共晶投影图（见图 5-24），分析合金 n_1、n_2 和 n_3（*E* 点）三合金的结晶过程，绘出冷却曲线和室温下的组织示意图。

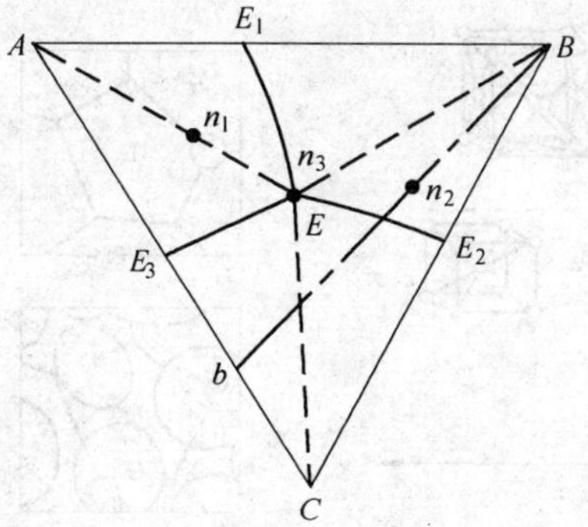

图 5-24 三元共晶系的投影图

6 铁碳合金

钢和铸铁是工业中应用最广泛的金属材料，虽然钢和铸铁种类很多，但都是以铁和碳两种元素为主组成的合金，因此又称它们为铁碳合金。这一章进一步讨论铁碳合金状态图，以便更好地掌握铁碳合金的成分、组织与性能之间的关系。

6.1 金属的同素异构转变

金属在固态下随温度的改变，由一种晶格转变为另一种晶格的变化，称为同素异构转变。金属由同素异构转变所得到的不同晶格的晶体，称为它的同素异构体。

纯铁的同素异构转变，由图 6-1 所示纯铁的冷却曲线可知，液态纯铁在 1538 ℃结晶，得到具有体心立方晶格的 δ-Fe，继续冷却到 1394 ℃时发生同素异构转变，转变为面心立方晶格的 γ-Fe；再继续冷却到 912 ℃时又发生同素异构转变，转变为体心立方晶格的 α-Fe。如再继续冷却时，晶格类型不再发生变化。纯铁的上述转变过程可用下式表示：

$$\delta\text{-Fe} \xrightleftharpoons{1394\ ℃} \gamma\text{-Fe} \xrightleftharpoons{912\ ℃} \alpha\text{-Fe}$$

（体心立方晶格）（面心立方晶格）（体心立方晶格）

金属的同素异构转变，即从一种晶体结构转变为另一种晶体结构，必须通过原子的重新排列来完成。这与液相结晶时原子的重新排列是相似的，实质上也是一个结晶过程。为了和液体结晶过程相区别，通常把它称为重结晶。这种金属重结晶过程也遵守结晶的一般规律，即有一定的转变温度、转变时需要过冷，其转变过程也是通过生核和核长大来完成的。图 6-2 所示为 γ-Fe→α-Fe 同素异构转变的一般过程示意图。转变时，一般在旧相的晶界处形成新相的晶核，然后由旧

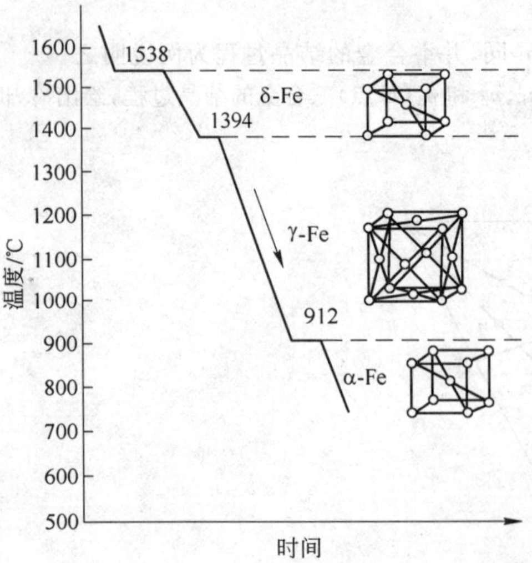

图 6-1 纯铁的冷却曲线图

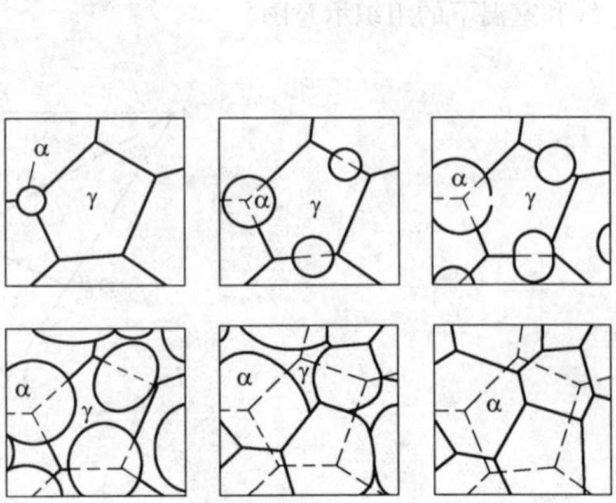

图 6-2 同素异构转变过程示意图

相原子不断地转移到其上而长大，直到新相完全取代了旧相为止。

由于这种转变是在固态下进行的，因此，它们与液体结晶过程相比又有许多不同之处，其主要表现如下：

(1) 同素异构转变时，新相一般在旧相的晶界上生核。

(2) 同素异构转变具有较大的过冷倾向。

(3) 同素异构转变时容易产生较大的内应力。这是由于转变时晶格的变化引起了体积变化，例如，由 γ-Fe 转变为 α-Fe 时体积膨胀约为 1%。同素异构转变时不能整块金属各部位同时均匀地产生转变，而这种转变的不均匀性会造成体积变化的不均匀性，由此产生较大的内应力，甚至产生破裂。

固溶体也会产生同素异构转变，如奥氏体向铁素体的转变。固溶体的同素异构转变过程与纯金属的同素异构转变过程相似，但固溶体的同素异构转变是在一定的温度范围内进行，并且转变过程中新、旧两相成分不断发生变化，这与合金结晶过程有类似的地方。

在图 6-1 所示的纯铁冷却曲线上，770 ℃为纯铁的磁性转变点。在 770 ℃以下纯铁具有铁磁性，在 770 ℃以上则失去铁磁性。实际中有时需利用钢铁具有磁性这一特点。例如，棒材连轧在下上冷床前为使成品尽快停止而采用磁力辊道，中厚板厂利用磁盘吊吊用成品板材等。

6.2 铁碳合金状态图

铁碳合金状态图是表示在平衡条件下铁碳合金的状态或组织与成分及温度之间关系的图。研究得出含碳量超过 6.69%的铁碳合金没有实用价值，因此铁碳合金状态图中只讨论含碳量在 0～6.69%的合金。

铁碳合金中，碳一般不看成一个独立组元，它少量溶于铁中形成固溶体，而大部分都与铁形成化合物以 Fe_3C 的形式存在于合金中，所以铁碳合金一般看成纯铁和含碳量为 $w_C=6.69\%$ 的 Fe_3C 为组元的二元合金。相应地，铁碳合金状态图就是指 Fe-Fe_3C 二元合金状态图。

6.2.1 铁碳合金的基本相

在 Fe-Fe_3C 合金系中，可配制一系列不同成分的铁碳合金，它们在不同温度下的平衡组织是各不相同的。但它们在固态下一般由铁素体、奥氏体、渗碳体三种基本相组成。

6.2.1.1 铁素体

碳溶于 α-Fe 中形成的间隙固溶体称为铁素体，用符号 F 表示，其结构如图 6-3 所示。碳在 α-Fe中溶解度较小，在 727 ℃时最大，可达 0.0218%，在室温时仅约 0.0008%。

由于铁素体的含碳量很低，所以铁素体的组织及性能与纯铁相似，即具有良好的塑性和韧性，强度和硬度较低。图 6-4 所示为铁素体的显微组织。

图 6-3　铁素体的示意图

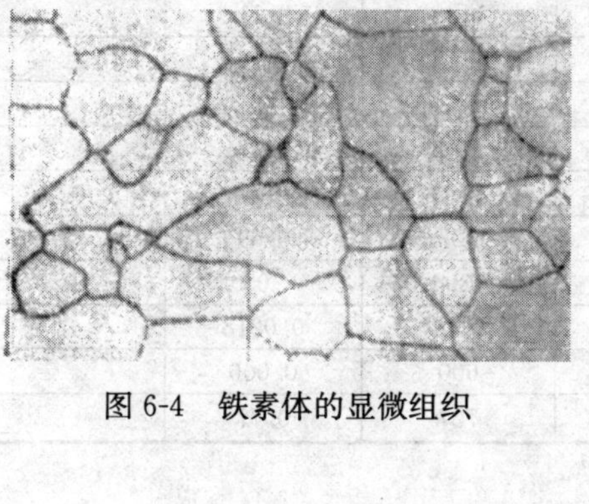

图 6-4　铁素体的显微组织

另外，碳溶于 δ-Fe 中形成的间隙固溶体叫做 δ 铁素体。在 1495 ℃时碳在 δ-Fe 中溶解度最大，可达 0.09%。

铁素体在 770 ℃以下具有磁性，在 770 ℃以上则失去磁性。

6.2.1.2　奥氏体

碳溶于 γ-Fe 中形成的间隙固溶体称为奥氏体。常用符号 A 表示，图 6-5 所示为其结构示意图。

奥氏体的溶碳量较高，在 1148 ℃时达到最高，可达 2.11%；在 727 ℃时溶碳量为 0.77%。奥氏体的显微组织如图 6-6 所示，与铁素体显微组织相比，晶界较平直，晶内常出现孪晶。

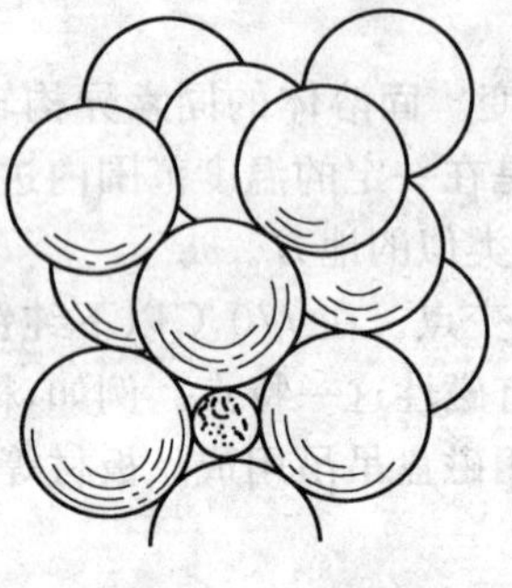

图 6-5　奥氏体结构示意图

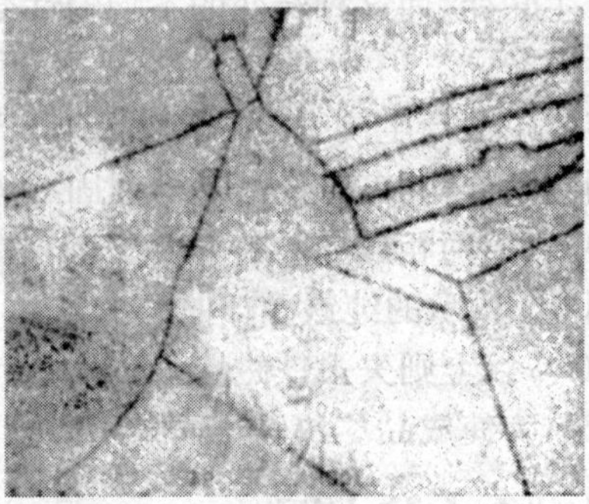

图 6-6　奥氏体的显微组织

奥氏体的硬度较低而塑性较高，易于压力加工，其性能与含碳量及温度有关。

6.2.1.3　渗碳体

铁与碳形成的化合物 Fe_3C 称为渗碳体。它是一种具有复杂晶格的间隙化合物。渗碳体的含碳量约 6.69%。渗碳体的硬度很高，而塑性、韧性几乎等于零，是一个硬而脆的相。渗碳体在钢和铸铁中与其他相共存时呈片状、球状、网状。渗碳体是铁碳合金组织中主要的强化相，它的形状、数量及分布情况对铁碳合金的性能有很大影响。

6.2.2　铁碳合金状态图的分析

图 6-7 所示为铁碳合金状态图。图中各点的坐标(即温度和含碳量)及其含义列于表 6-1 中。

表 6-1　铁碳合金状态图的特性点

特性点	温度/℃	含碳量/%	特性点的意义
A	1538	0	纯铁熔点
B	1495	0.53	包晶转变时，液态合金的成分
C	1148	4.30	共晶点及共晶合金的成分
D	约 1227	6.69	渗碳体的熔点
E	1148	2.11	碳在奥氏体中的最大溶解度
F	1148	6.99	共晶渗碳体的成分
G	912	0	同素异构转变点
H	1495	0.09	碳在 δ 相中的最大溶解度
J	1495	0.17	包晶点
K	727	6.69	共析渗碳体的成分
N	1394	0	同素异构转变点
P	727	0.0218	碳在 α 相中的最大溶解度点
Q	600	0.006	碳在 α 相中的溶解度点
S	727	0.77	共析点

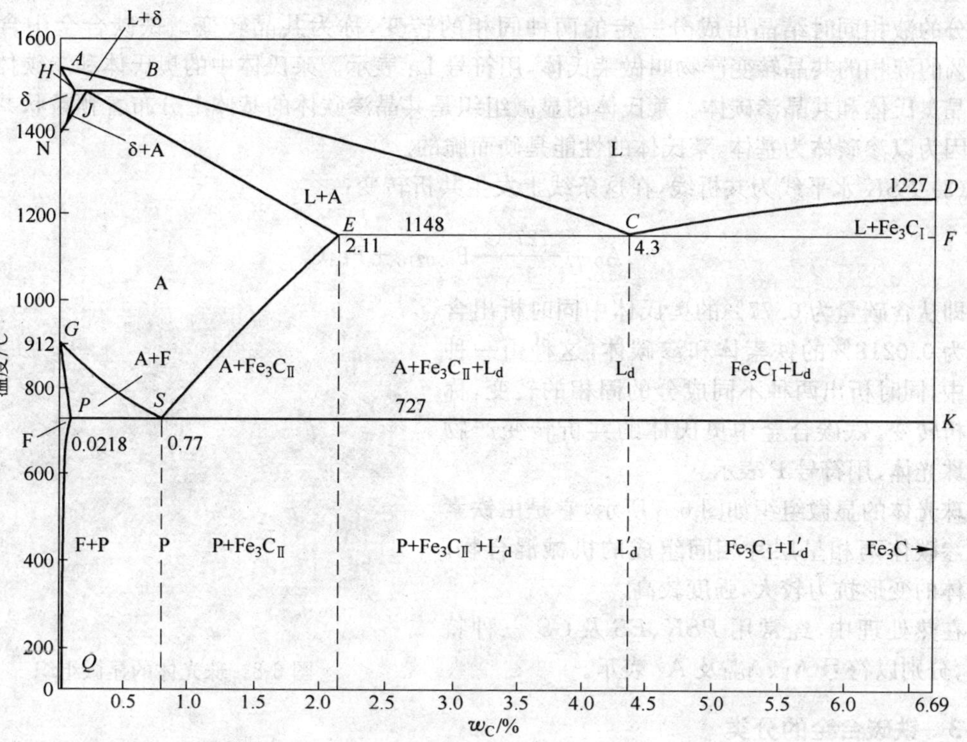

图 6-7 铁碳合金状态图

铁碳合金状态图中共有五个单相区和七个两相区，它们的分布规律是：

(1) 靠近纯组元的封闭区域是单相区。如图 6-7 中靠近纯组元铁的四个封闭区分别为液相区、δ 铁素体区、奥氏体区、铁素体区，而表示纯组元 Fe_3C 的合金线自成一个单相渗碳体区。

(2) 两个单相区之间，必夹有一个两相区，且该两相区的组成相必定是相邻单相区的两个相。

状态图中的特性线是状态图中各区的分界线，当相应成分的合金处于这些线所对应的温度时就发生一定的相变。

状态图中的 *ABCD* 线为液相线，*AHJECF* 线为固相线，*ES* 和 *PQ* 线分别为碳在奥氏体和铁素体中溶解度曲线，即固溶线，*GS* 和 *GP* 线分别为冷却时奥氏体向铁素体转变开始和转变结束的温度线，即固溶体的同素异构转变的开始和终了温度线。图中还有三条水平线：

(1) *HJB* 水平线为包晶线，在这条线上发生包晶转变：

$$L_{0.53} + \delta_{0.09} \xrightarrow{1495\ ℃} A_{0.17}$$

即含碳量为 0.53% 的液相和含碳量为 0.09% 的 δ 铁素体反应，生成含碳量为 0.17% 的奥氏体，这种由一种固相与一种液相反应，生成另一种固相的转变称为包晶转变。

(2) *ECF* 水平线为共晶线，在这条线上发生共晶转变：

$$L_{4.3} \xrightarrow{1148\ ℃} A_{2.11} + Fe_3C$$

即从含碳量为 4.30% 的液相中，同时结晶出含碳量为 2.11% 的奥氏体和渗碳体，这种由一定成分的液相同时结晶出成分一定的两种固相的转变，称为共晶转变。铁碳合金中含碳量为4.30%的液相的共晶转变产物叫做莱氏体，用符号 L_d 表示。莱氏体中的奥氏体和渗碳体分别称做共晶奥氏体和共晶渗碳体。莱氏体的显微组织是共晶渗碳体的基体上分布着颗粒状共晶奥氏体。因为以渗碳体为基体，莱氏体的性能是硬而脆的。

(3) *PSK* 水平线为共析线，在这条线上发生共析转变：

$$A_{0.77} \xrightarrow{727\ ℃} F_{0.0218} + Fe_3C$$

即从含碳量为0.77%的奥氏体中同时析出含碳量为0.0218%的铁素体和渗碳体，这种由一种固相中，同时析出两种不同成分的固相的转变，称为共析转变，铁碳合金中奥氏体的共析转变产物叫做珠光体，用符号 P 表示。

珠光体的显微组织如图 6-8 所示，它是由铁素体和渗碳体两相呈层片相间组成的机械混合物。珠光体的变形抗力较大，强度较高。

在热处理中，经常用 *PSK*、*ES* 及 *GS* 三种特性线，分别以符号 A_1、A_{cm} 及 A_3 表示。

图 6-8　珠光体的显微组织

6.2.3　铁碳合金的分类

铁碳合金按含碳量及其室温平衡组织可分下列几种：

(1) 工业纯铁：含碳量小于0.0218%的铁碳合金，显微组织为铁素体和三次渗碳体。

(2) 钢：含碳量为0.0218%～2.11%的铁碳合金，其特点是高温时组织为单相奥氏体，具有良好的塑性。根据室温组织不同，钢又可分为三种：

1) 亚共析钢：含碳量小于0.77%，室温组织为铁素体和珠光体。

2) 共析钢：含碳量等于0.77%，室温组织为珠光体。

3) 过共析钢：含碳量大于0.77%，室温组织为珠光体和二次渗碳体。

(3) 白口铸铁：含碳量大于2.11%的铁碳合金，因其宏观断口呈白亮色而得名，其特点是结晶时都产生共晶转变，故在固态组织中存在莱氏体，塑性很差。根据室温组织，白口铸铁又可分为三种：

1) 亚共晶白口铸铁：含碳量小于4.30%，室温组织为珠光体、二次渗碳体与莱氏体。

2) 共晶白口铸铁：含碳量等于4.30%，室温组织为莱氏体。

3) 过共晶白口铸铁：含碳量大于4.30%，室温组织为莱氏体与一次渗碳体。

6.3　典型铁碳合金的结晶过程

如图 6-9 所示，状态图中六条纵向线表示钢和白口铸铁中六个典型合金，下面分别讨论它们的结晶过程与固态下的组织变化规律。

6.3.1　共析钢

图 6-9 中合金①为共析钢，合金①在高温时处于液态，当冷却到 1 点，开始从液体中结晶出奥氏体，1～2 点组织为液相与奥氏体；冷却到 2 点时结晶完毕，2～3 点组织为单相奥氏体，冷却到 3 点时奥氏体发生共析转变，转变为珠光体，3 点以下组织为珠光体。共析钢的冷却过程中组

织变化如图 6-10 所示。共析钢的室温组织组成物是 100%珠光体。

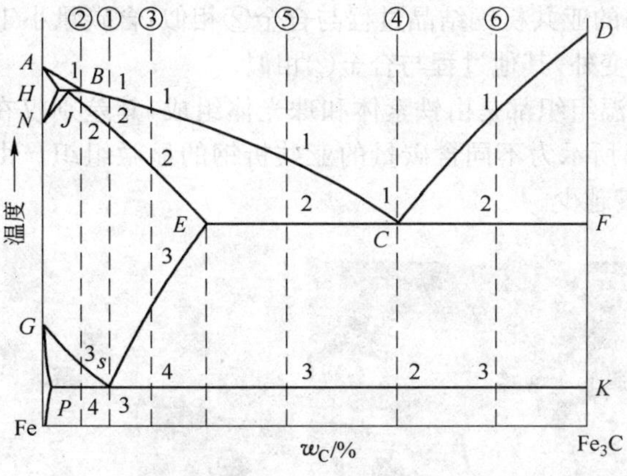

图 6-9　铁碳合金中几种典型合金

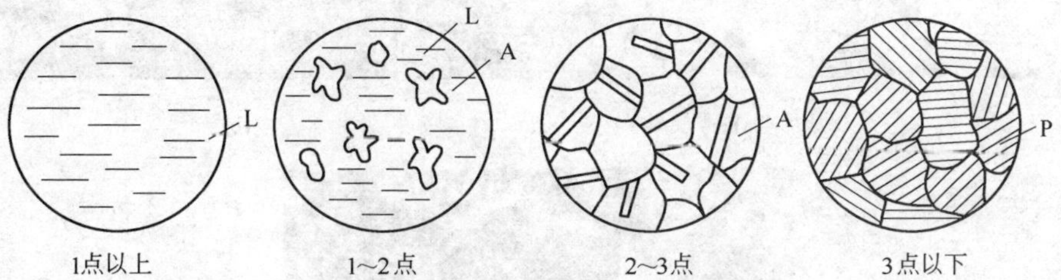

图 6-10　共析钢冷却时组织变化示意图

6.3.2　亚共析钢

图 6-9 中合金②是含碳量约为 0.55%的亚共析钢，其冷却过程中组织变化如图 6-11 所示。

图 6-11　亚共析钢冷却时组织变化

合金②和前述合金①类似，通过 1、2 点结晶为奥氏体，在 2～3 点组织为单相奥氏体；冷却到 3 点时，开始析出铁素体，3～4 点组织为铁素体和奥氏体，冷却到 4 点剩余奥氏体产生共析转变，成为珠光体，略低于 4 点的组织为铁素体和珠光体。再往下冷却，从铁素体中要析出渗碳体，此渗碳体称为三次渗碳体，记作 $Fe_3C_{Ⅲ}$，因其数量极少，故往往忽略不计。

含碳量大于 0.53％的亚共析钢结晶过程与合金②相似；含碳量小于 0.53％的亚共析钢在液态结晶时除产生包晶转变外，其他过程与合金②相似。

所有亚共析钢的室温组织都是由铁素体和珠光体组成，其差别仅在于其中铁素体和珠光体的相对量不同。图 6-12 所示为不同含碳量的亚共析钢的显微组织。由图可见，含碳量越高，珠光体量越多，而铁素体量越少。

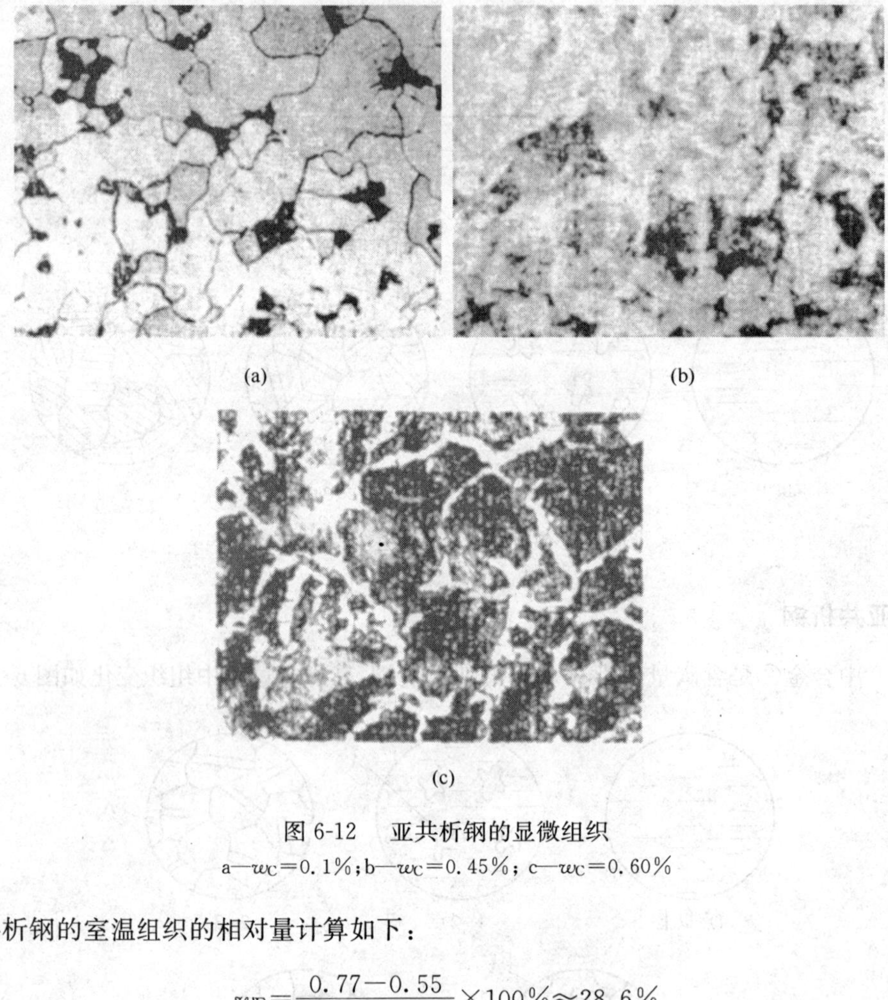

(a)　　(b)

(c)

图 6-12　亚共析钢的显微组织

a—w_C＝0.1％；b—w_C＝0.45％；c—w_C＝0.60％

亚共析钢的室温组织的相对量计算如下：

$$w_F=\frac{0.77-0.55}{0.77-0.0008}\times 100\%\approx 28.6\%$$

$$w_P=\frac{0.55-0.0008}{0.77-0.0008}\times 100\%\approx 71.4\%$$

6.3.3　过共析钢

图 6-9 中合金③是含碳量为 1.2％的过共析钢，其冷却过程中组织变化如图 6-13 所示。合金冷至 1 点，开始从液相中结晶出奥氏体，1～2 点组织为液相与奥氏体；冷却到 2 点结晶完毕，2～3 点组织为单相奥氏体，冷却到 3 点开始从奥氏体中析出二次渗碳体。因二次渗碳体沿奥氏体晶界析出，故易呈网状分布。随着温度的下降及二次渗碳体的不断析出，奥氏体的含碳量

沿 *ES* 线降低，当温度接近 4 点时奥氏体的含碳量接近 0.77%。冷却到 4 点剩余奥氏体发生共析转变，转变为珠光体，合金在 4 点以下的组织为珠光体和二次渗碳体，显微组织如图 6-14 所示。

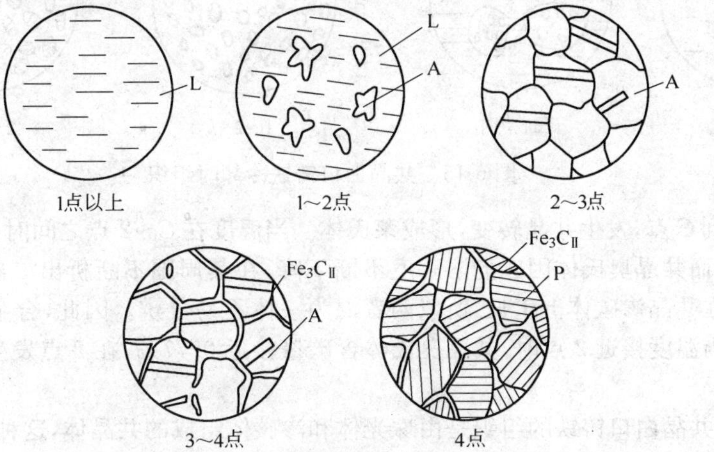

图 6-13 过共析钢冷却时组织变化

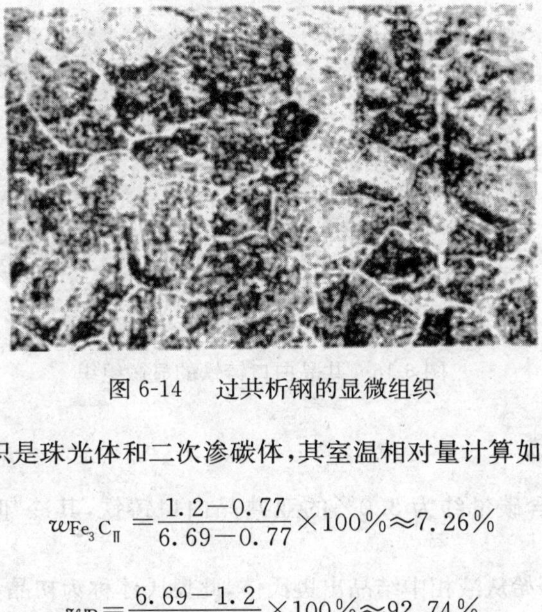

图 6-14 过共析钢的显微组织

过共析钢的室温组织是珠光体和二次渗碳体，其室温相对量计算如下：

$$w_{Fe_3C_{Ⅱ}}=\frac{1.2-0.77}{6.69-0.77}\times 100\%\approx 7.26\%$$

$$w_P=\frac{6.69-1.2}{6.69-0.77}\times 100\%\approx 92.74\%$$

过共析钢随着含碳量的增加，组织中二次渗碳体量不断增多，网状趋于完整并逐渐增厚。其最大含量计算如下：

$$w_{Fe_3C_{Ⅱ}}=\frac{2.11-0.77}{6.69-0.77}\times 100\%\approx 22.6\%$$

6.3.4 共晶白口铸铁

图 6-9 中合金④是共晶白口铸铁，其冷却时组织变化如图 6-15 所示。

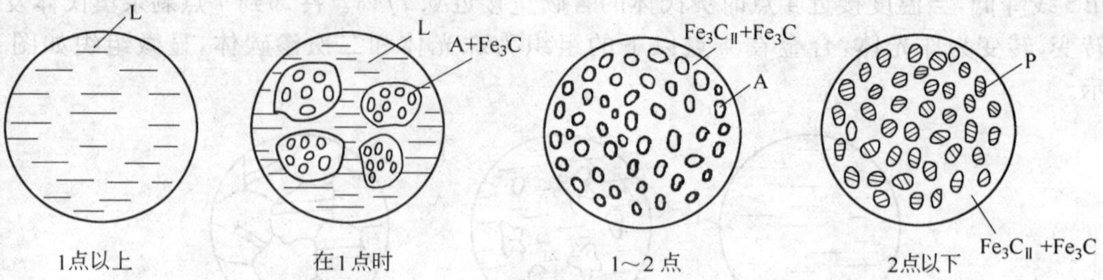

图 6-15　共晶白口铸铁冷却时组织

合金冷却到 C 点，发生共晶转变，形成莱氏体。当温度在 C～2 点之间时，组织中共晶渗碳体不再发生变化，而共晶奥氏体因碳的溶解度不断下降，在其周围不断析出二次渗碳体，但二次渗碳体往往依附在共晶渗碳体上生长，所以两者混为一体不易分辨。因此，合金在 C～2 点之间组织是莱氏体。当温度接近 2 点时，共晶奥氏体含碳量接近 0.77%，在 2 点发生共析转变，转变成珠光体。

在室温下，共晶白口铸铁的组织是由珠光体和渗碳体组成的共晶体，这种组织叫做低温莱氏体，以 L_d'表示。其显微组织如图 6-16 所示。低温莱氏体保留了高温下共晶转变产物的形态，组织中黑色颗粒状部分为珠光体，白亮的基体是渗碳体。

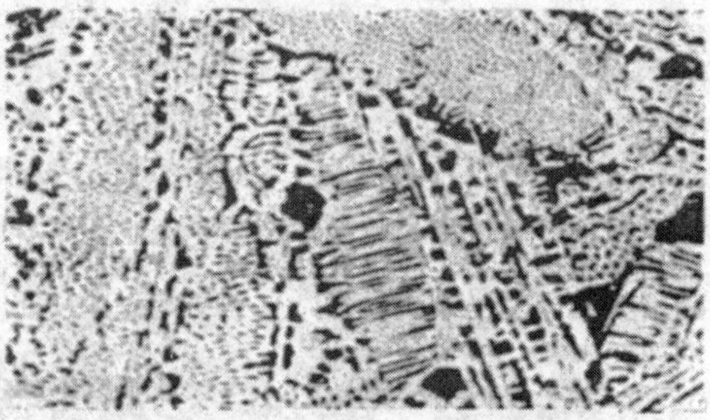

图 6-16　共晶白口铸铁的显微组织

6.3.5　亚共晶白口铸铁

图 6-9 中合金⑤为含碳量约为 3.0%的亚共晶白口铸铁，其冷却过程组织变化如图 6-17 所示。

合金冷却到 1 点，开始从液相中结晶出奥氏体，此奥氏体称为初晶奥氏体。在 1～2 点之间，奥氏体不断增多，液相减少，奥氏体的成分沿 JE 线变化，液相成分沿 BC 线变化。当温度接近 2 点时，液相含碳量接近 4.3%，初晶奥氏体的含碳量接近 2.11%。

温度降到 2 点剩余液相成分达到共晶成分，发生共晶转变，转变为莱氏体，此时合金组织为初晶奥氏体和莱氏体。冷却到 2 点以下时，初晶奥氏体和共晶奥氏体均析出二次渗碳体，含碳量均沿 ES 线降低，合金在 2～3 点组织由初晶奥氏体、二次渗碳体及莱氏体组成。冷却到 3 点，所有奥氏体的含碳量达到共析成分，发生共析转变，转变为珠光体。合金室温时组织为珠光体、二次渗碳体和低温莱氏体。初晶奥氏体中析出的二次渗碳体也依附在共晶渗碳体上成长，与共晶渗碳体没有明显交界，只有显微组织中珠光体周围更明亮而已。亚共晶白口铸铁的显微组织如图 6-18 所示。

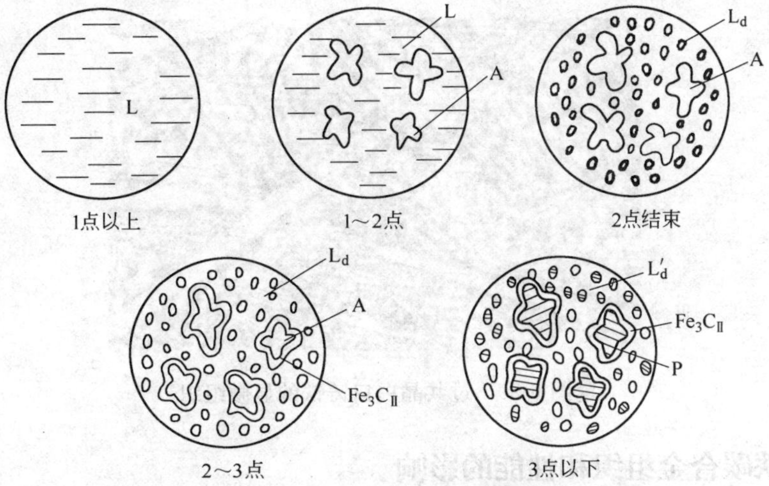

图 6-17 亚共晶白口铸铁冷却时组织变化

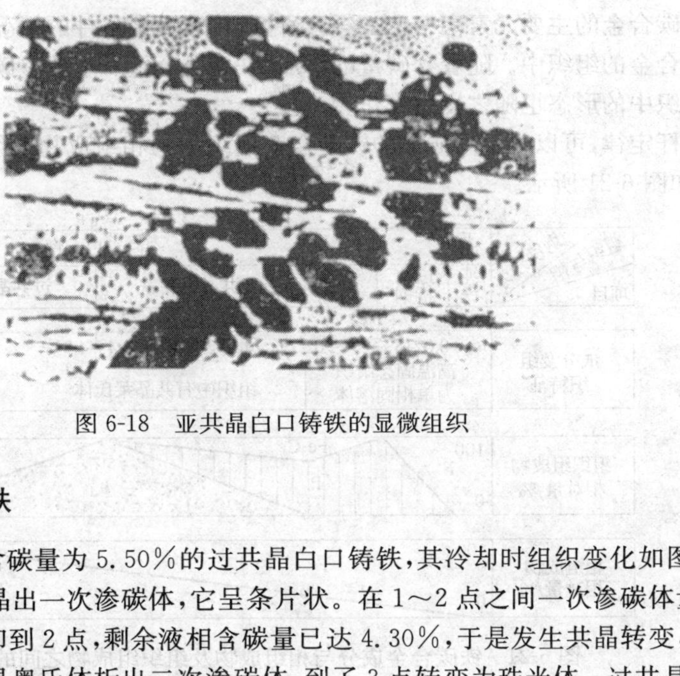

图 6-18 亚共晶白口铸铁的显微组织

6.3.6 过共晶白口铸铁

图 6-9 中合金⑥是含碳量为 5.50％的过共晶白口铸铁，其冷却时组织变化如图 6-19 所示。合金冷却到 1 点开始结晶出一次渗碳体，它呈条片状。在 1～2 点之间一次渗碳体量增多，液相成分沿 *DC* 线变化。冷却到 2 点，剩余液相含碳量已达 4.30％，于是发生共晶转变，转变为莱氏体。在 2～3 点之间，共晶奥氏体析出二次渗碳体，到了 3 点转变为珠光体。过共晶白口铸铁的室温组织为一次渗碳体和低温莱氏体，如图 6-20 所示。

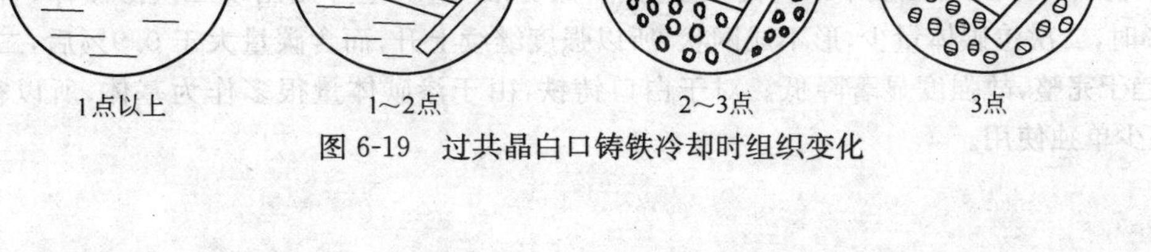

图 6-19 过共晶白口铸铁冷却时组织变化

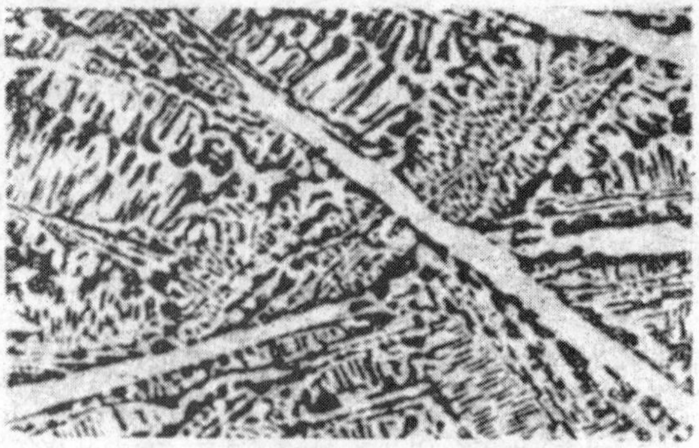

图 6-20　过共晶白口铸铁的显微组织

6.4　碳对铁碳合金组织和性能的影响

6.4.1　碳对铁碳合金组织的影响

碳是铁碳合金的主要元素之一，在平衡条件或接近平衡条件的情况下，主要以渗碳体的状态存在于铁碳合金的组织中。随着含碳量的增加，铁碳合金组织中的渗碳体量也相应地增加，同时渗碳体在组织中的形态也随之发生变化。

运用杠杆定律，可以把不同成分的铁碳合金组织中的相组成物及组织组成物定量地分析出来，其结果如图 6-21 所示。

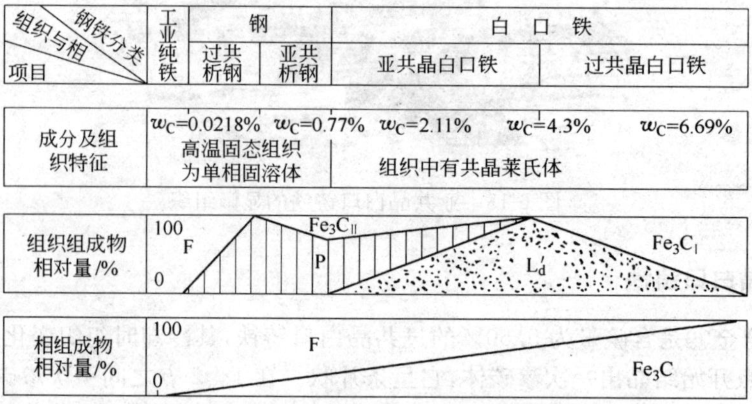

图 6-21　铁碳合金成分与相组成物及组织组成物之间的关系

6.4.2　碳对铁碳合金性能的影响

碳对铁碳合金性能的影响，是通过对组织的影响来实现的。

对于钢来说，不同含碳量的碳钢热轧后的力学性能如图 6-22 所示。由图可见，随着含碳量的增加，钢的硬度直线上升，塑性和韧性降低。对于强度极限，在亚共析钢范围内，随含碳量增加，由于珠光体量增加，强度不断升高，超过共析成分后，组织上开始出现二次渗碳体，含碳量低于 0.9%时，二次渗碳体量少，形不成网状，所以强度继续上升，而含碳量大于 0.9%后，二次渗碳体网状趋于完整，故强度显著降低。对于白口铸铁，由于渗碳体量很多作为基体，所以很硬、很脆，故很少单独使用。

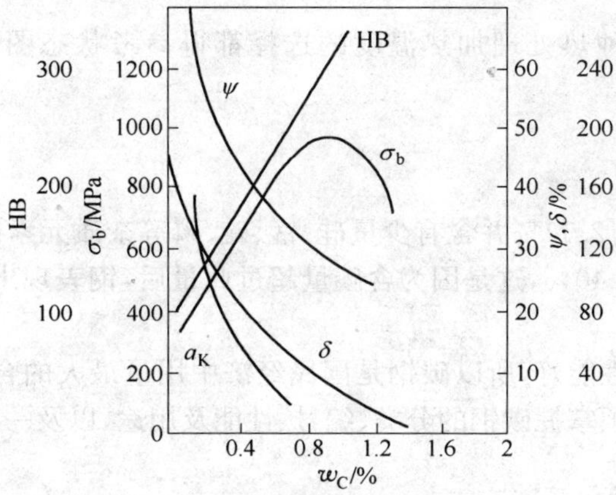

图 6-22 含碳量与钢的力学性能关系

6.4.3 铁碳合金状态图的应用

6.4.3.1 作为合理选择材料的依据

通过对铁碳状态图的分析，可以了解合金组织和性能随成分而变化的规律，这样就能根据零件的工作条件和性能要求来选择材料。

需要塑性、韧性高的材料应选用含碳量低（含碳量为 0.10%～0.25%）的钢；需要强度、塑性和韧性都较好的材料应选用含碳量中等（含碳量为 0.25%～0.60%）的亚共析钢；需要硬度高、耐磨性好的材料应选用含碳量高（含碳量 0.60%～1.40%）的钢。低碳钢和中碳钢一般用来制造机器零件和结构件，高碳钢主要用来制造各种工具、模具。而对于形状复杂的箱体、机器底座等可选用熔点低、流动性好的铸铁来制造。

6.4.3.2 作为制定热加工工艺的依据

铁碳状态图总结了不同成分铁碳合金在缓慢加热或冷却时组织变化的规律，便于制定各种热加工工艺。

(1) 在铸造方面，根据铁碳合金状态图可以确定合适的浇注温度，如图 6-23 所示。

另外，状态图还给出纯铁和接近共晶成分的铁碳合金，凝固温度区间较小，故它们的流动性较好，分散缩孔较少，可使缩孔集中在冒口内，可以得到致密的铸件。共晶成分合金结晶温度较低，操作也方便，因此在铸造生产中接近共晶成分的铸铁得到广泛的应用。

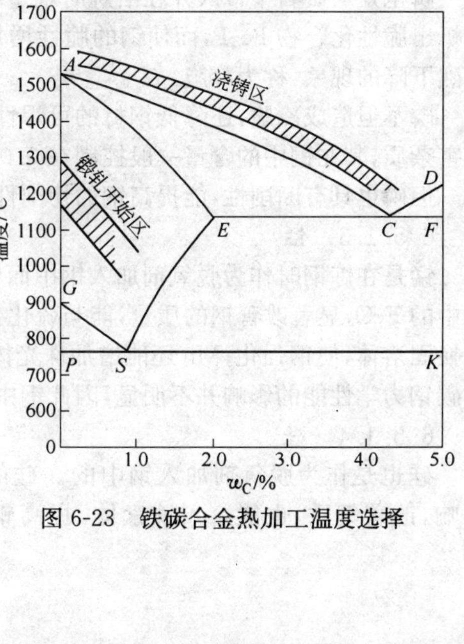

图 6-23 铁碳合金热加工温度选择

(2) 在锻轧生产方面，根据状态图可以确定合理的锻轧温度。钢在室温时组织为两相混合物，塑性较差，变形困难，只有将其加热到单相奥氏体状态，才有较低的强度和较好的塑性。因此，在进行锻造、热轧加工时要把坯料加热到单相奥氏体状态。一般始轧温度控制在固相线以下 100～200 ℃范围内，如图 6-23 所示。而终轧温度，对亚共析钢控制在稍高于 *GS* 线的温度，对过共析钢则控制在

稍高于 *PSK* 线的温度。

(3) 在热处理方面，各种热处理加热温度的选择都得参考状态图，这将在第 8 章中详细讨论。

6.5 碳素钢

碳素钢是指含碳量低于 2.11%并含有少量硅、锰、硫、磷等杂质元素的铁碳合金。工业用的碳素钢含碳量一般不超过 1.40%，这是因为含碳量超过此量后，钢表现出很大的脆性，工艺性能和使用性能都很差。

碳钢的价格低廉、工艺性能好，所以碳钢是国民经济中用量最大的合金。为了合理选择、使用和进一步挖掘其潜力，必须掌握碳钢的分类、编号、性能及用途，以及一些碳钢中常见杂质对碳钢性能的影响。

6.5.1 常见杂质对钢性能的影响

碳钢中常见杂质有硅、锰、硫、磷，此外还有微量的气体元素，如氧、氢、氮等。

6.5.1.1 硫

硫是在冶炼时由矿石与燃料带到钢中并难于除尽的杂质。硫在铁中溶解度极小，而与铁形成化合物 FeS(熔点 1190 ℃)。FeS 与 Fe 能形成低熔点的共晶体(熔点 985 ℃)，分布于晶界上。在热压力加工时，由于 FeS-Fe 共晶体容易熔化，而导致开裂，这种现象叫做热脆。

为了消除硫的有害作用，应使钢中含有一定量的锰，因为锰和硫的亲和力较铁与硫的亲和力大，锰可以优先与硫形成高熔点(1620 ℃)的 MnS，而防止出现热脆。

硫对钢的焊接性也有不良的影响，即容易导致焊缝热裂，另外在焊接过程中，硫易于氧化生成 SO_2，以致焊缝中产生气孔等缺陷。因此，一般将硫看作是钢中的有害杂质，要限制其含量，一般不大于 0.055%。

但硫在钢中作用也可以一分为二，硫在钢中形成的 MnS 经轧制沿轧制方向伸长，在切削时起断削的作用，并且硫化物还能起润滑作用，能减小刀具的磨损，所以硫能改善钢材的切削加工性能，在制造要求表面光洁度较高而强度要求不十分严格的零件时，可采用含硫量较高的钢。

6.5.1.2 磷

磷也是从矿石中带入并在冶炼时难于除尽的杂质。钢中磷的含量即使只有千分之几，也会因析出脆性化合物 Fe_3P，而使钢的脆性增加，特别在低温时更为显著。合金在温度下降时韧性剧烈下降的现象，称为冷脆。

磷不但造成冷脆，还降低钢材的可焊性，含量过高时焊缝易产生裂纹，因此，将磷也看作钢中有害杂质，其在钢中的含量一般控制在 0.045%以下。

但磷也具有断削性，能提高钢的切削性能。磷还能提高钢材的抗蚀性能。

6.5.1.3 锰

锰是在炼钢时作为脱氧剂加入钢中而留在钢中的杂质。锰具有一定的脱氧能力，能够清除钢中的 FeO，显著改善钢的质量，能与硫化合成 MnS，减轻硫的有害作用；还能溶解于铁素体形成置换固溶体，使钢强化；Mn 还能增加珠光体相对量，使组织细化；但是，Mn 作为少量杂质存在时对碳钢力学性能的影响并不明显，因此钢中锰是有益元素。

6.5.1.4 硅

硅也是作为脱氧剂加入钢中的。硅的脱氧作用比锰还强，能有效消除 FeO 对钢的不良影响，改善钢质，也能溶入铁素体，提高钢的强度、硬度和弹性，但使钢的塑性和韧性降低。

当 Si 作为少量杂质存在时，对碳钢的性能影响也不显著。硅作为杂质在钢中含量一般小于 0.5%。

6.5.1.5 氧

炼钢过程实际上是一个氧化过程，需借助氧化把钢液中的夹杂元素去除掉。因此，氧曾起了积极作用，但是，氧对固态钢是有害的。因此在氧的积极作用充分发挥以后，必须把氧除掉。

在钢中，氧几乎全是以氧化物夹杂的形式存在，它使钢的塑性、韧性降低；在钢的抗拉强度较高时，也使钢的疲劳强度降低。氧化物夹杂使钢的耐腐蚀性、耐磨性降低，使冷加工性及切削加工性变坏。氧在钢中引起"热脆"。

6.5.1.6 氢

氢在钢中是有害元素，表现在两个方面：氢溶入钢中使钢的塑性和韧性降低，引起所谓氢脆，氢脆既不在很低温度发生，也不在高温出现，氢脆现象只在－100～100 ℃之间这样一个特定的温度范围内产生。

氢对热加工时钢的塑性没有明显的影响，因为当加热到 1000 ℃左右，氢就部分地从钢中析出。但对某些含氢量较多的钢种，热加工后又较快冷却，会使从固溶体析出的氢原子来不及向钢表面扩散，而集中在晶界和显微空隙处形成氢分子并产生相当大的应力，在组织应力、温度应力和氢析出所造成的内应力的共同作用下会在钢中出现微细裂纹，即"白点"，该现象在合金钢中尤为严重。

6.5.1.7 氮

591 ℃时，氮在铁素体中的溶解度最大，约为 0.1%，但在室温时则降至 0.001%以下。若将含氮量较高的钢自高温较快地冷却时，会使铁素体中的氮过饱和，并在室温或稍高温度下，氮将逐渐以 Fe_4N 的形式析出，造成钢的强度、硬度提高，塑性、韧性大大降低，使钢变脆，这种现象称为时效脆性。所以，对于普通低合金钢来说，时效脆性是有害的，因而氮是有害元素，解决方法是向钢中加入足够数量的 Al，使之除与氧结合外，在热轧以后的缓冷过程中（700～800 ℃）与氮结合形成 AlN，这样就可以减弱或完全消除室温时发生的时效现象。

此外，利用弥散的 AlN 可以阻止钢在加热时奥氏体晶粒的长大，从而获得细晶粒的钢。另外，在一些含有 Al、V、Ni 并同时含有 N 的普通低合金结构钢中，利用形成特殊的氮化物（AlN、VN、NiN）使铁素体强化并细化晶粒，钢的强度和韧性可以显著提高。在这种情况下，氮便从有害变成了有益。

6.5.2 碳素钢的分类

碳钢有多种分类方法，现将几种分类方法简述如下。

6.5.2.1 按含碳量分类

(1) 低碳钢含碳量小于 0.25%。

(2) 中碳钢含碳量在 0.25%～0.60%。

(3) 高碳钢含碳量大于 0.60%。

6.5.2.2 按用途分类

(1) 碳素结构钢：主要用于制造各种工程构件（如桥梁、船舶、建筑用钢）和机械零件（如齿轮、轴、螺钉、曲轴、连杆等），一般含碳量小于 0.77%。

(2) 碳素工具钢：主要用于制造各种刀具、量具、模具，含碳量一般大于 0.77%。

6.5.2.3　按冶炼方法分类

(1) 按冶炼方法及设备分:平炉钢,转炉钢,电炉钢。

(2) 按冶炼浇注时脱氧剂与脱氧程度分:

1) 沸腾钢:钢液仅用弱脱氧剂锰铁不完全脱氧。在钢液中保留相当数量的 FeO,在浇注凝固时,由于碳和 FeO 发生反应,从钢液中不断析出 CO 而沸腾,故称沸腾钢。这种钢集中缩孔小,成材率较高,成本较低,在钢锭表层的细晶粒区较厚,若轧制成板材其表面质量较好,因此含碳量较低的沸腾钢宜于轧制成薄钢板,用来制造冷冲压件。但沸腾钢成分偏析较大,组织不致密,性能不均匀,所以对力学性能要求高的零件不宜采用。

2) 镇静钢:钢液经过完全脱氧,凝固时不沸腾,故称镇静钢,这种钢组织致密,质量较高,但集中缩孔大,成材率较低,成本较高。因镇静钢性能均匀,质量较高,所以大部分情况下都采用它。

3) 半镇静钢:钢液脱氧程度不够充分,介于沸腾钢与镇静钢之间,浇注时产生轻微沸腾,钢的组织和性能介于镇静钢与沸腾钢之间。此类钢在冶炼上较难掌握。

4) 连铸坯:钢液经过连铸机直接生产的钢坯叫连铸坯。与模铸比较有许多优点:省去模铸的整套设备、初轧机和均热炉,节省基建投资约 30%,节能 70%,降低生产成本 10%~25%,提高成材率 10%~15%;改善劳动条件,提高生产率,为实现炼钢和轧钢生产的自动化、连续化创造条件。同时,连铸坯组织较致密,夹杂少。主要缺陷是中心疏松和中心偏析。

(3) 按碳钢质量分类:主要根据钢中杂质硫、磷的含量来划分,可分为普通碳素钢、优质碳素钢和高级优质碳素钢三类,它们的硫、磷的含量一般如下:

1) 普通碳素钢:钢中 $w_S \leqslant 0.055\%$, $w_P \leqslant 0.045\%$。

2) 优质碳素钢:钢中 $w_S \leqslant 0.040\%$,$w_P \leqslant 0.040\%$。

3) 高级优质碳素钢:钢中 $w_S \leqslant 0.03\%$,$w_P \leqslant 0.035\%$。

6.5.3　碳素钢的牌号、性能及用途

碳素钢一般按用途分类进行编号,然后以适当的方式表示其质量情况和冶炼方法。根据质量碳素结构钢又可分为普通碳素结构钢和优质碳素结构钢,而碳素工具钢的质量等级是优质或高级优质。

6.5.3.1　碳素结构钢的牌号、性能及用途

世界各国都有自己的钢种编号,但至今尚无一种完美无缺的钢种编号方法。我国是根据不同钢类、不同用途、不同冶炼方法及不同质量要求对钢种进行编号的。热轧带钢厂常见钢种编号的汉字和符号意义见表 6-2。

A　普通碳素结构钢钢号

普通碳素结构钢采用表 6-2 规定的符号和阿拉伯数字表示,具体地说就是:

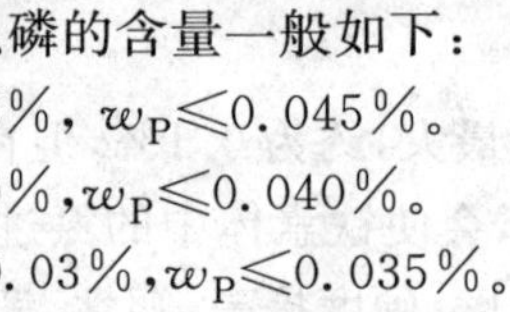

其中:1 表示钢类,即表 6-2 中的 A、B、C(甲、乙、特类钢);2 表示冶炼方法,即表 6-2 中的 Y、J(氧气转炉、碱性空气转炉)。如果是平炉,则不标注;3 是阿拉伯数字,表示不同牌号的顺序号(随平均含碳量的增加,顺序号增大),具体的含碳量请参阅 GB 700—79;4 是表 6-2 中的 F、b(沸腾钢、半镇静钢)。若是镇静钢,则不标注。

表 6-2 钢号中的汉字和符号的意义

名称	汉字	符号	标注位置
甲类钢 乙类钢 特类钢	甲 乙 特	A B C	牌号头
氧气转炉 碱性空气转炉	氧 碱	Y J	牌号中
沸腾钢 半镇静钢	沸 半	F b	牌号尾
易切削钢 碳素工具钢 滚珠轴承钢 焊条钢 铆螺钢	易 碳 滚 焊 铆螺	Y T G H ML	牌号头
高级优质钢 特级钢	高 特	A E	牌号尾

例如：B4 表示的意义为平炉冶炼的乙类 4 号镇静钢；AY3F 表示的意义为氧气转炉冶炼的甲类 3 号沸腾钢；BJ2F 表示的意义为碱性空气转炉冶炼的乙类 2 号沸腾钢。专门用途的普通碳素钢，采用表 6-2 规定的代表产品用途的符号和阿拉伯数字表示。

普通碳素结构钢自 1988 年 10 月 1 日起实施新标准 GB 700—88。从 1991 年 10 月 1 日起，原国家标准 GB 700—79《普通碳素结构钢技术条件》作废。新标准采用五个钢号（Q195、Q215、Q235、Q255、Q275），取消了按甲类钢、乙类钢和特类钢的分类方法。钢的牌号由代表屈服点的字母、屈服点下限值、质量等级符号、脱氧方法符号等四个部分按顺序组成。例如：Q235-A·F

Q——钢材屈服点“屈”字汉字拼音首位字母；

235——屈服点下限值为 235MPa；

A——不做冲击试验，B——做常温冲击试验（V 型缺口），C、D——作为重要焊接结构用。（A、B、C、D 分别为质量等级）；

F——沸腾钢“沸”字汉语拼音首位字母；

b——半镇静钢“半”字汉语拼音首位字母；

Z——镇静钢“镇”字汉语拼音首位字母；

TZ——特殊镇静钢“特镇”两字汉语拼音首位字母。

在牌号组成表示方法中，“Z”与“TZ”代号予以省略。

碳素结构钢 Q195、Q215、Q235，塑性好焊接性好，强度较低，一般轧制成板带材和各种型钢，主要用于工程结构（如桥梁、高压线塔、金属构件、建筑构架等）和制造受力不大的机器零件（如铆钉、螺钉、螺母、轴套及某些农机零件等）。Q255、Q275 的强度较高，可用于制作受力中等的普通零件（如链轮、拉杆、小轴活塞销等）。

B 优质碳素结构钢钢号

优质碳素结构钢的牌号用钢中含碳量的万分之几表示。沸腾钢及半镇静钢应按表 6-2 中的符号特别标明，未加其他说明的为镇静钢，含锰量较高的优质碳结钢，还应将锰元素标出。具体表示方法如下：

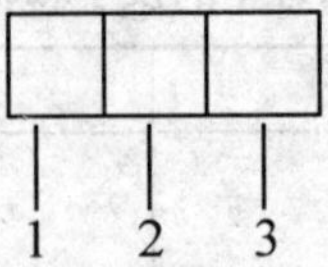

其中：1、2 表示平均含碳量；3 表示沸腾钢、半镇静钢或含锰量较高的特别标注。

例如：牌号 08 表示的意义为平均含碳量为 0.08％的镇静钢；50Mn 表示的意义为平均含碳量为 0.50％，含锰量为 0.7％～1.0％的镇静钢。

优质碳素结构钢的牌号、性能和用途，见表 6-3。

表 6-3　优质碳素结构钢的牌号、性能和用途

牌号	w_S/%	σ_s	σ_b	δ	ψ	HBS		主要用途
		MPa		%		热轧	退火	
		不小于				不大于		
08F	0.05～0.11	175	295	35	60	131	—	塑性好，焊接性好，宜制作冷冲压件、焊接件及一般螺钉、垫圈、螺母、容器、渗碳件（齿轮、小轴、凸轮、摩擦片等）等
08	0.05～0.12	195	325	33	60	131	—	
10F	0.07～0.14	185	315	33	55	137	—	
10	0.07～0.14	205	335	31	55	137	—	
15F	0.12～0.19	205	355	29	55	143	—	
15	0.12～0.19	225	375	27	55	143	—	
20	0.17～0.24	245	410	25	55	156	—	
25	0.22～0.30	275	450	23	50	170	—	
30	0.27～0.35	295	490	21	50	179	—	综合力学性能优良，宜制作承受力较大的零件，如连杆、曲轴、主轴、活塞杆、齿轮
35	0.32～0.40	315	530	20	45	197	—	
40	0.37～0.45	335	570	19	45	217	187	
45	0.42～0.50	355	600	16	40	229	197	
50	0.47～0.55	375	630	14	40	241	207	
55	0.52～0.60	390	645	13	35	255	217	
60	0.57～0.65	400	675	12	35	225	229	屈服点高，硬度高，宜制作弹性元件（如各种螺旋弹簧、板簧等）以及耐磨零件、弹簧垫圈、轧辊等
65	0.62～0.70	410	695	10	30	225	229	
70	0.67～0.75	420	715	9	30	269	220	
75	0.72～0.80	880	1080	7	20	285	241	
80	0.77～0.85	930	1080	6	30	285	241	
85	0.82～0.90	980	1130	6	30	302	255	
15Mn	0.12～0.19	245	410	26	55	163		可制作渗碳零件，受磨损零件及较大尺寸的各种弹性元件等，或要求强度稍高的零件
20Mn	0.17～0.24	275	450	24	50	197		
25Mn	0.22～0.30	295	490	22	50	207		
30Mn	0.27～0.35	315	540	20	45	217	187	
35Mn	0.32～0.40	335	560	18	45	229	197	
40Mn	0.37～0.45	355	590	17	45	229	207	
45Mn	0.42～0.50	375	620	15	40	241	217	
50Mn	0.48～0.56	390	645	13	40	255	217	
60Mn	0.57～0.65	410	695	11	35	266	229	
65Mn	0.62～0.70	430	735	9	30	285	229	
70Mn	0.67～0.75	450	785	8	30	285	229	

C 低合金高强度结构钢钢号

低合金高强度钢的定义是钢中的合金元素总量不超过5%，屈服强度比普通碳素结构钢好，且具有良好的焊接性能和耐腐蚀性能的钢。包括五个钢号（Q295、Q345、Q390、Q420、Q460）。

钢的牌号由代表屈服点的字母、屈服点数值、质量等级符号、脱氧方法符号等四个部分按顺序组成。

例如：Q345-A·F

Q——钢材屈服点“屈”字汉字拼音首位字母；

A、B、C、D、E——分别为质量等级。

6.5.3.2 碳素工具钢牌号、性能及用途

碳素工具钢的牌号用字母“T”或“碳”字后写平均含碳量的千分数表示，如T8，表示平均含碳量为0.8%的碳素工具钢。钢号后面标“A”者为高级优质碳素工具钢，未标注者为优质碳素工具钢。

碳素工具钢的牌号、成分，见表6-4。

表6-4 常用碳素工具钢的成分和用途

牌 号	化学成分/%					主要用途
	C	Mn	Si	S	P	
T7	0.65～0.74	0.20～0.40	0.15～0.35	≤0.030	≤0.035	凿子、模具、锤子、木工工具、石钻（软铅石用）
T7A	0.65～0.74	0.15～0.30	0.15～0.30	≤0.020	≤0.030	
T8	0.75～0.84	0.20～0.40	0.15～0.35	≤0.030	≤0.035	简单模具、木工工具、剪切金属用的剪刀、冲头、煤矿用凿
T8A	0.75～0.84	0.15～0.30	0.15～0.30	≤0.020	≤0.030	
T8Mn	0.80～0.90	0.35～0.60	0.15～0.35	≤0.030	≤0.035	
T8MnA	0.80～0.90	0.35～0.60	0.15～0.35	≤0.020	≤0.030	
T10	0.95～1.04	0.15～0.35	0.15～0.35	≤0.030	≤0.035	刨刀、冲模、丝锥、板牙、手锯锯条、卡尺
T10A	0.95～1.04	0.15～0.30	0.15～0.30	≤0.020	≤0.030	
T10Mn	0.95～1.04	0.35～0.60	0.15～0.35	≤0.030	≤0.035	
T10MnA	0.95～1.04	0.15～0.45	0.15～0.35	≤0.020	≤0.030	
T12	1.15～1.24	0.15～0.35	0.15～0.35	≤0.030	≤0.035	要求较高硬度的工具，如钻头、丝锥、锉刀、刮刀
T12A	1.15～1.24	0.15～0.30	0.15～0.30	≤0.020	≤0.030	

碳素工具钢随其牌号增加，含碳量也增加，其硬度和耐磨性渐增，而韧性逐渐下降。其中，T7、T8一般用于要求韧性稍高的工具，如冲头、凿子等；T9、T10、T11用于要求中等韧性、较高硬度的刀具，如手锯锯条、丝锥、板牙等，也可用作对强度要求不高的模具；T12、T13有高的硬度及耐磨性，但韧性低，用来制作量具、锉刀、钻头、刮刀等。碳素工具钢一般都要经过热处理后使用。

6.5.3.3 铸钢

在重型机械、冶金设备、运输机械、国防工业部门中，不少零件或设备是用钢铸造而成的。铸钢一般用来制造要求具有较高强度和韧性的、形状复杂的零件或大型设备。

从铁碳合金状态图中可看出，钢的凝固温度区间较大，因此其铸造性能较差。钢与铸铁比较其流动性差，并且凝固过程中收缩率较大，所以容易形成分散缩孔、成分偏析、变形和开裂等

缺陷。

一般用提高浇注温度和提高含硅量的方法改善铸钢的流动性能，其中含硅量一般在0.20%～0.45%，常取上限。为防止变形和开裂应控制其成分：含碳量一般在0.15%～0.60%，含硫、磷量0.05%以下，含锰量可适当提高到0.5%～0.8%。

铸钢的牌号、成分及力学性能，如表6-5所示。牌号中“ZG”是“铸钢”两字的汉语拼音字首，其后面的数字为平均含碳量的万分数。

表6-5　铸钢的成分和性能

铸钢牌号	化学成分/%			力学性能				
	C	Mn	Si	σ_s	σ_b	δ	ψ	a_K
				MPa		%		J/cm²
				不小于				
ZG15	0.12～0.22	0.35～0.65	0.20～0.45	200	400	25	40	60
ZG20	0.17～0.25	0.35～0.65	0.20～0.45	220	420	22	35	50
ZG25	0.22～0.32	0.50～0.80	0.20～0.45	240	450	20	32	45
ZG30	0.27～0.35	0.50～0.80	0.20～0.45	260	480	17	30	36
ZG35	0.32～0.42	0.50～0.80	0.20～0.45	280	500	16	25	35
ZG40	0.37～0.45	0.50～0.80	0.20～0.45	300	530	14	25	30
ZG45	0.42～0.52	0.50～0.80	0.20～0.45	320	580	12	20	30
ZG50	0.47～0.55	0.50～0.80	0.20～0.45	340	580	11	20	26
ZG55	0.52～0.62	0.50～0.80	0.20～0.45	350	650	10	18	25

铸钢的质量评定方法也与其他碳钢基本一样，但在其牌号后面标注质量等级。高级优质铸钢在牌号后面加“Ⅰ”，如ZG35Ⅰ，是高级优质35号铸钢，优质铸钢在其牌号后面加“Ⅱ”，如ZG45Ⅱ为优质45号铸钢，普通质量的铸钢可以不标明。

铸钢组织一般比较粗大，容易出现所谓魏氏组织，其特征是铁素体沿奥氏体晶粒中一定晶面以针状析出，如图6-24所示。这是因为铸钢在高温状态奥氏体晶粒粗大，加上冷却速度较快，在冷却过程中铁与碳原子来不及充分扩散，迫使铁素体沿奥氏体晶粒的一定晶面析出的缘故。这种组织使钢的性能显著下降，因此生产中采用正火或退火来加以改善。

图6-24　铸钢的魏氏组织

思考题

6-1 解释下列名词，并说明其显微组织特征和力学性能：
铁素体(F)、奥氏体(A)、渗碳体(Fe_3C)、珠光体(P)、莱氏体(L_d 与 L'_d)。

6-2 何谓共析反应，与共晶反应的区别何在？

6-3 分析 $Fe_3C_Ⅰ$、$Fe_3C_Ⅱ$ 共晶渗碳体、共析渗碳体的异同，各在什么条件下产生？

6-4 画出简化的 Fe-Fe_3C 相图，说明图中主要点、线的意义，填出各相区的相和组织组成物。

6-5 说明铁碳合金的三种基本相的名称、概念、溶碳量、性能特点及其在合金组织中的地位。

6-6 说明珠光体和莱氏体的显微组织和性能上的特点，并应用杠杆定律求解组成它们的各相的相对质量。

6-7 试分析含 $w_C=0.45\%$、$w_C=0.77\%$和 $w_C=1.2\%$的铁碳合金从奥氏体区缓冷到室温时的组织变化过程及最终组织。

6-8 分析 $w_C=5\%$的白口铸铁的结晶转变过程，并应用杠杆定律计算其组织组成物的相对量。

6-9 根据 Fe-Fe_3C 相图填写下表，并说明相组成物和组织组成物的区别。

材 料	纯铁	工业纯铁	亚共析钢	共析钢	过共析钢	亚共晶白口铸铁	共晶白口铸铁	过共晶白口铸铁
含碳量								
室温组织								
室温相组分								

6-10 退火状态下，比较 45 钢、T8、T12 钢的强度、硬度、塑性、韧性的大小，说明其变化原因。

6-11 用杠杆定律求出 $w_C=0.45\%$碳钢在略低于 727 ℃时：(1)相组成物(F+Fe_3C)的相对量；(2)组织组成物(F+P)的相对量；(3)已知珠光体量 w_P，利用杠杆定律求出钢的含碳量(略去 F 中的碳含量)。

6-12 说明 Q215、Q235-A · F、45、60、T10、T12 钢所属钢类，大致含碳量、性能及主要用途。

6-13 求退火钢($w_C=0.45\%$)在室温下的 F 与 P 的相对量，并估算其力学性能 σ_b 及 HBS，已知 Fe_3C 的硬度为 800 HBW，铁素体为 80 HBS，珠光体约为 220 HBS。

6-14 在退火状态下，碳对钢的组织与性能有何影响(可用图表说明)，为什么工业用钢的含碳量一般是 $w_C\leqslant1.4\%$。

6-15 什么叫热脆？分析其产生原因和防止热脆的方法。

6-16 指出磷在钢中的形态以及对钢性能的影响。

6-17 说明：(1)莱氏体的塑性比珠光体差的原因；(2)$w_C=0.77\%$碳钢比 $w_C=1.2\%$碳钢强度高的原因。

6-18 钢中常见的非金属夹杂物有哪些，对钢的性能有什么影响？

6-19 分析氧、氢、氮对钢的影响。

6-20 什么叫碳素钢，下述钢名称是按什么分类来命名的？
高碳钢，沸腾钢，优质钢，工具钢，转炉钢，铸钢或碳素铸钢。

6-21 钢的含碳量与其力学性能有什么关系，为什么？

7 金属的塑性变形与再结晶

工业上使用的大部分金属制品，是在制成铸锭后再经压力加工形成半成品或成品的。由于压力加工中，可借助塑性变形使金属获得一定的形状和尺寸，而且还可以使铸态金属的组织与性能得到改善。因此，研究金属的塑性变形，可改进金属加工工艺，提高质量，合理使用金属。

7.1 金属的塑性变形

7.1.1 金属的变形与断裂

当单晶体受拉力 F 作用时，在一定的晶面分解为垂直于晶面的正应力 σ_N 和平行于晶面的切应力 τ。σ_N 使晶格沿受力方向伸长，当 σ_N 小于等于原子间的平衡力时，去除外力，原子恢复到原状。当 σ_N 大于原子间的平衡力时，晶体断裂，成为脆断。τ 较小时，晶体发生弹性变形。切应力增大到一定值后，晶体一部分相对于另一部分沿着滑移面相对滑移，且移动间距为原子间距的整数倍，切应力很大时，在产生一定塑性变形后也将被切断破坏，成为延性断裂。

7.1.2 单晶体的塑性变形

7.1.2.1 滑移

滑移是在切应力作用下，晶体的一部分相对于另一部分沿着一定的晶面和晶向发生的相对滑动，这种切变既不改变晶格点阵类型，也不影响晶体的取向，只是在晶体表面出现了一系列的台阶状痕迹。

A 滑移面、滑移方向和滑移系

(1) 滑移面：晶体中易发生滑移的晶面。晶体滑移大多优先发生在原子密度最大的晶面上。由于晶面间距是随原子密度的大小而发生变化的，密度越大的晶面，其间距越大，面与面间结合力减小，因此，沿面间距最大的晶面滑移阻力最小，即所需切应力最小。从位错运动看，沿面间距最大的晶面移动，引起的点阵畸变也应该最小，因而所需能量最小。

(2) 滑移方向：易发生滑移的晶向。滑移易于优先发生在沿原子线密度最大的那个晶向。位错扫过晶体时，晶体产生相当于原子间距的切变(或几个)，但晶体内部原子相对位置不能改变，否则不能叫滑移。能满足这个条件的最小切变量当然是沿原子密度最大方向切变一个原子间距，这样做功最小。

(3) 滑移系：晶体中一个可滑移的晶面和其上一个可滑移的晶向组成一个滑移系。滑移系越多，塑性越好。

三种常见金属晶格滑移系如下：

(1) 体心立方：最可能发生滑移的晶面是{110}，其次是{112}，{123}，而最可能发生滑移的晶向只有〈111〉。{110}有 6 组，每组中有 2 个，其滑移系为 $6\times2=12$。

(2) 面心立方：最可能滑移的晶面是{111}面，每个晶面有 3 个密集方向，有 $4\times3=12$ 个滑移系。

(3) 密排六方:最可能滑移的晶面是上下底面,且其上各有 3 个方向,有 1×3=3 个滑移系。

总之,面心立方和体心立方的金属滑移系多,故有较好的塑性,而密排六方的金属仅有三个滑移系,故塑性差。体心立方(常见)和面心立方虽都具有 12 个滑移系,但由于滑移方向对塑性变形比滑移面作用大,故具有较多滑移方向的面心立方晶格的金属塑性好。

B 滑移本质

起初,人们认为滑移是晶体中一部分沿滑移面相对于晶体的另一部分做整体滑动,即滑移面上每一个原子都同时移到与其相邻的另一平衡位置上,也就是刚性移动,但是根据这种刚性滑动算出的开始滑移所需的 $\tau_{理}$ 要比实际所需的大上百倍甚至几千倍。

$\tau_{理}$ 与 $\tau_{实}$ 的巨大差异,说明晶体滑移是刚性滑动是不正确的,后来大量实验证明,滑移变形不是刚性滑动造成的,而是由位错移动而产生的。

如图 7-1 所示,在切应力 τ 的作用下,位错线附近上面的两列原子向右做微量位移进到虚线位置,位错线附近下面的原子向左做微量位移,进到虚线位置,这样使位错向右移了一个原子间距,在 τ 作用下如位错一直向右移到晶体表面,就形成一个原子间距的滑移量,结果晶体产生塑性变形。

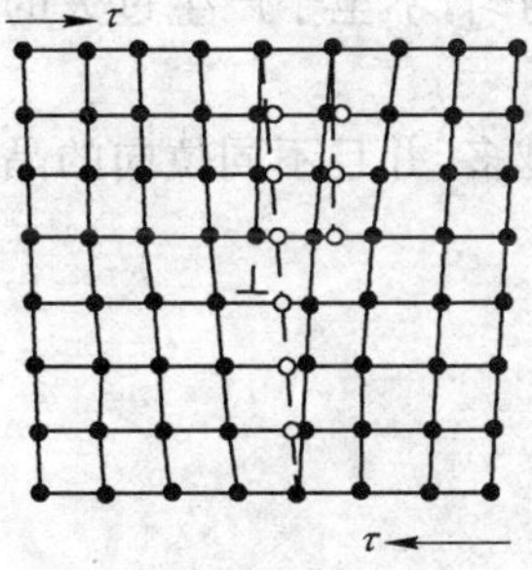

图 7-1 刃型位错运动形成滑移示意图

由图 7-1 可知,晶体通过位错移动而产生滑动时,并不需要整个晶体内的滑移面上全部原子同时滑动,只需要位错附近的少数原子做微量移动,移动距离远小于一个原子间距,因而位错移动所需 τ 就小得多,且与实测基本相符。

因此,滑移的实质是:位错在切应力作用下沿滑移面的运动。

7.1.2.2 孪生

孪生变形主要应用于密排六方晶格的金属,由于该金属滑移系较少,因此依靠滑移变形很微弱。

孪生是指在切应力作用下,晶体的一部分相对于另一部分沿一定的晶面及晶向产生剪切变形,并且该两部分以晶面为对称轴对称,呈镜面对称。

孪生与滑移的区别:

(1) 显微外观:滑移线较细,孪生线较粗。

(2) 晶格取向:滑移前后晶格取向不变,而孪生前后晶格取向发生变化。

(3) 移动间距:滑移移动间距是原子间距的整数倍,而孪生移动间距是原子间距的分数倍。

(4) 发生条件:滑移时只要沿滑移面上的滑移方向的 $\tau > \tau_K$ 即可发生;孪生则是对称性低的易发生,滑移系少的易发生,低温高速下易发生,孪生所需切应力较大。

(5) 组织性能变化:孪生后金属内产生空隙,使塑性、韧性下降,而滑移无此弊端。

7.1.3 多晶体的塑性变形

实际金属材料都是多晶体,在室温,它的塑性变形与单晶体基本相似,即每个晶粒的塑变仍是滑移与孪生。但多晶体由许多形状、大小、位向都不同的晶粒组成,它的塑变要受周围位向不同的晶粒及晶界的影响与约束。因此多晶体塑变要复杂的多。具体表现为以下两方面。

7.1.3.1 变形的不均匀性

多晶体各个晶粒的位向不同,这将使各个晶粒的变形有先有后,并且在变形时,有的互相配合有的互相干扰。多晶体中,滑移变形将首先发生在位向有利于滑移变形的某些晶粒中,但因在已变形晶粒周围尚处于弹性变形阶段,对已变形的晶粒起着阻碍变形的作用,使那些原先位向有利的晶粒滑移进行到一定程度后自行停止。同时，当某些晶粒变形至一定程度时，由于对未变形晶粒造成足够大的应力集中，使原先处于不利位向的晶粒也产生滑移，使应力重新分布。也就是说，随着外力的增加，晶粒将一批一批地逐次进行滑移，而不是一起滑移。结果不均匀变形导致应力集中，而应力集中又将造成不均匀的变形。

7.1.3.2　晶界影响

晶界对塑性变形有较大的阻碍作用，如图 7-2 所示。

(1) 晶界处塑性变形抗力较大。晶界是两晶粒的过渡层，原子排列混乱，晶格畸变大，并且杂质常存在其间，使滑移时位错移动受阻，从而增大变形抗力。

(2) 晶界越多，塑性变形抗力越大。在外力作用下，当某一处于易于变形方向的晶粒要发生滑动时，必然受到周围位向不同的其他晶粒的约束，因而滑移所受阻力变大。金属塑变抗力变大，相邻晶粒位向差越大，滑移阻力越大。

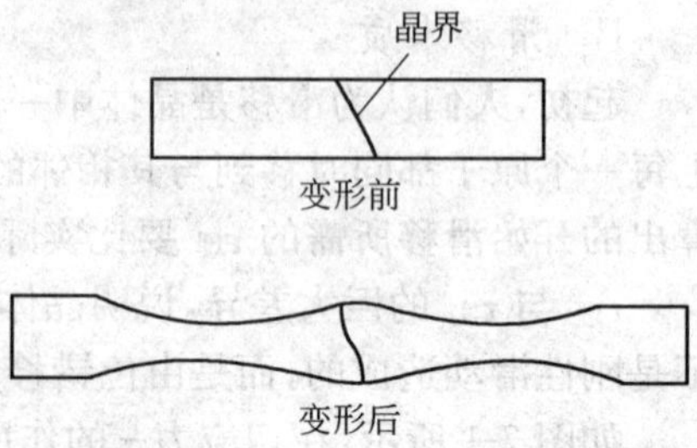

图 7-2　晶界对变形的阻碍作用

(3) 晶粒越小，塑性、韧性越高。晶粒越小，在一定体积内的晶粒数目也越多，在同样的变形条件下，同时参与变形的晶粒数越多，并且每个晶粒内部的变形较均匀，不至于产生过大的应力集中。此外，晶粒越小，晶界数越多，越曲折，不利于裂纹传播。

(4) 晶粒越小，强度、硬度越高。晶粒越小，单位体积内晶界数越多，并且不同位向的晶粒越多，因此强度、硬度越高。

7.1.4　合金的塑性变形

合金组织分为单相固溶体和多相混合物。

7.1.4.1　单相固溶体的塑性变形

单相固溶体的显微组织与纯金属相似，因此塑变也与之相似，但由于溶质原子的溶入，引起晶格畸变，阻碍位错运动，即固溶强化，塑变抗力升高。

7.1.4.2　双相合金的塑性变形

合金混合物中的第二相可能是金属、固溶体或化合物。若第二相为金属或固溶体，它们与基体的塑性变形能力相近，则合金的变形能力为二者的平均值。但是一般工业合金多是以化合物作为强化第二相的（如钢组织中的硬脆相 Fe_3C），而第二相的性能、数量、大小、形状及分布等情况对合金塑性变形的影响有以下几种情况：

(1) 第二相以粒状弥散分布在基体晶粒内。第二相质点在这种情况下可使合金强度显著提高，对塑性及韧性的不利影响较小。这是因为硬脆的质点在晶内弥散分布，导致异相界面显著增多，并使其周围晶格发生畸变而提高变形抗力；再则第二相质点本身成为位错移动的障碍，这就是弥散强化的机理。至于对合金的塑性和韧性的影响，粒状分布比片状分布时要小，这是因为这些细小弥散分布的质点不破坏基体相的连续性，塑性变形时第二相质点可随基体的变形而“流动”，不会造成明显的应力集中所致。

(2) 第二相以层片状分布在基体晶粒内。在这种情况下，第二相对塑性变形的阻碍作用较大，对塑性的不利影响比粒状质点要大。随着片层间距的减小（即弥散度增加），合金的强度、硬度提高，塑性降低。

(3) 第二相以连续网状分布在基体晶粒的边界上。在这种情况下，滑移变形只限于基体晶粒内部，基体晶粒边界上呈网状分布的硬脆第二相几乎不能塑性变形，且严重阻碍基体晶粒内的滑移变形。当基体晶粒变形稍大时，晶界处将产生裂纹，引起合金断裂，大大降低了合金的塑性。

随着第二相数量增加，网状组织也增加(增厚)，致使合金的硬度提高而强度却有所下降，这就是过共析钢在冷加工前要清除网状渗碳体的主要原因。

7.2　冷塑性变形对金属组织和性能的影响

经过冷变形(如冷轧、拉拔和冷冲等)后的金属，由于组织结构的特征表现为加工硬化，随着变形程度的增加，加工硬化现象也将更加显著，其性能也将相应地发生变化。

7.2.1　金属组织的变化

7.2.1.1　晶粒被拉长成纤维状

在冷变形中，随着金属外形的改变，其内部晶粒的形状也大体上发生相应的变化，即均沿最大主变形方向被拉长、拉细或压扁，如图 7-3 所示。

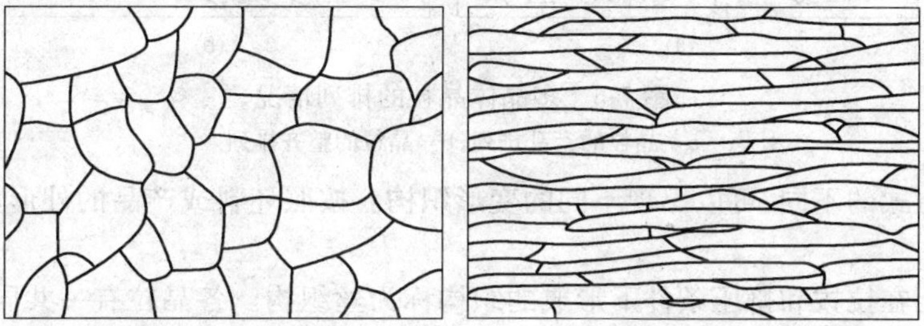

(a)　(b)

图 7-3　冷轧前后晶粒形状变化

a—变形前的退火状态组织；b—变形后的冷轧变形组织

在晶粒被拉长的同时，晶间夹杂物和第二相也跟着被拉长或拉碎呈点链状排列，这种组织称为纤维组织。变形程度越大，纤维组织越明显。由于纤维组织的存在，使变形金属的横向(垂直于延伸方向)力学性能降低，而呈现各向异性。

7.2.1.2　亚结构细化

亚结构是指金属经过冷变形后，其各个晶粒被分割成许多单个的小区域，如图 7-4 所示。在这些小区域的边界上存在有大量位错组成的位错缠结，而这些区域的内部位错密度很低，故晶格的畸变很小。每个小的区域称为亚晶，这种组织称为亚结构。例如，α-Fe 当变形量达到 20%以后，亚结构就十分明显，大小约为 1～2 μm。

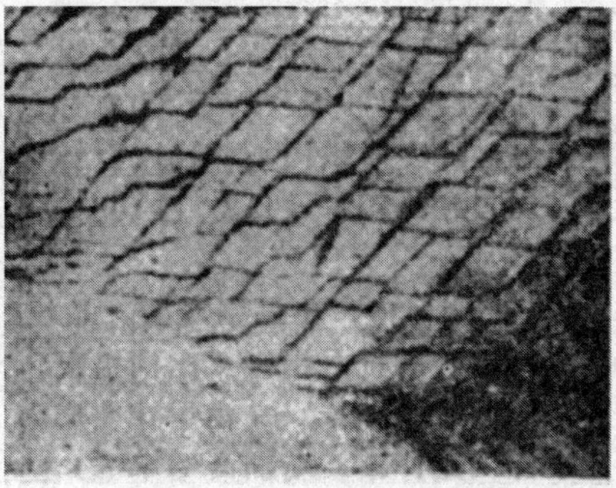

图 7-4　塑性变形时的亚结构

7.2.1.3　变形织构

金属是由许多杂乱分布的晶粒相互不规则的嵌合所组成的，如图 7-5a 所示。平均起来在不同的方向上，具有相同的性质，即所谓伪各向同性。在塑性变形过程中，当达到一定的变形程度以后，晶粒的形状和取向将发生改变，使原来的各向同性消失，而在一定方向上出现择优取向，使晶粒间的晶面和晶向趋于排成一定方向（见图 7-5b），导致各向异性的产生。这种由原来位向紊乱的晶粒到出现有序化，并有严格位向关系的组织结构，称为变形织构。

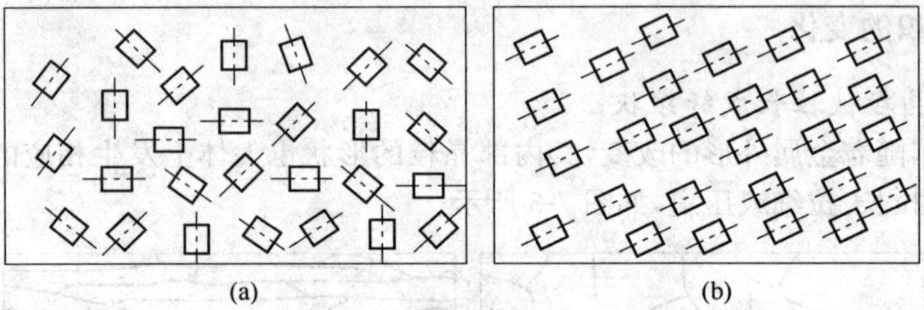

图 7-5　多晶体晶粒的排列情况

a—晶粒的紊乱排列；b—晶粒的整齐排列

随着加工方式的不同，可以出现不同的变形织构。按照坯料或产品的外形可分为丝织构和板织构。

(1) 丝织构：在拉拔和挤压条件下形成的织构称为丝织构。各晶粒有一共同晶向相互平行，并与拉伸轴线一致，以此晶向来表示丝织构。如图 7-6 所示，变形金属中各晶粒经拉拔后，某一特定晶向平行于拉拔方向，形成丝织构。试验资料表明，对面心立方金属如金、银、铜、镍等，经较大变形程度的拉拔后，所获得的织构为〈111〉和〈100〉。对体心立方金属如 α-铁、钼、钨等，经过拉拔后，所获得的织构为〈110〉。

(2) 板织构：对于在轧制过程中形成的织构称为板织构。由于晶面与轧制面平行，晶向又与轧制方向一致（见图 7-7）。因此，板织构用其晶面和晶向来共同表示。例如，体心立方金属，当其(100)晶面平行于轧制面，〈011〉晶向平行于轧制方向时，可简单用(100)〈011〉来表示板织构。

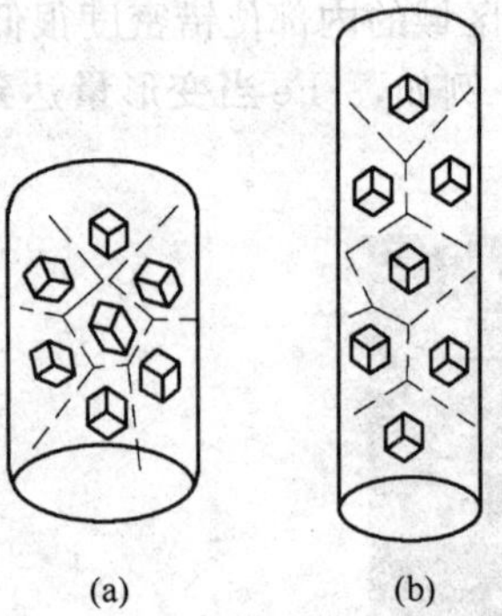

图 7-6　丝织构示意图

a—拉拔前；b—拉拔后

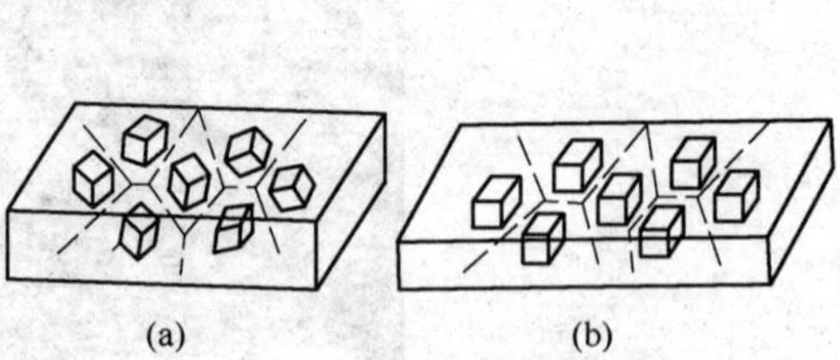

图 7-7　板织构示意图

a—轧制前；b—轧制后

7.2.2　金属性能的变化

7.2.2.1　物理及物理-化学性质的变化

(1) 金属的密度降低，在冷变形过程中，由于晶内及晶间物质的破碎，使变形金属内产生大量的微小裂纹和空隙，因而导致金属的密度降低。例如，退火状态钢的密度为 7865 kg/m³，而经冷变形后，则降低为 7780 kg/m³。

(2) 金属的导电性降低(或电阻增大)，导电性一般随冷变形程度的增加而降低，这种降低在变形程度不大时尤为显著。例如，紫铜拉伸 4%的变形时，其单位电阻增大 1.5%；当变形程度达 40%时，其单位电阻增加为 2%，继续增加变形程度达 85%时，此数值变化甚小。

如果随冷变形程度的增加，使晶间物质破坏，导致晶粒之间彼此直接接触，并且能使晶粒位向有序化，则这种变形的结果可能会使金属的导电性增加，即电阻减小。但由于晶间与晶内的破坏引起电阻增加的作用较大，因此对冷变形后的金属所反映出的导电性能是降低的。

(3) 导热性降低，由上述可知，冷变形可使导热性降低，例如铜的晶体在冷变形后，其导热性降低可达 78%之多。

(4) 化学稳定性降低，金属经冷变形后，使其内部的能量增高，导致其化学性能不稳定而容易被腐蚀。例如，经冷变形后的黄铜，可加速其晶间腐蚀，使黄铜在潮湿，特别是在有氨气的气氛中产生破裂。

(5) 金属与合金经冷变形后所出现的纤维组织及结构，皆会使变形后的金属与合金产生各向异性，即材料的不同方向上具有不同的性能。

7.2.2.2 产生加工硬化

随着塑性变形量的增加，金属的强度、硬度升高，塑性、韧性下降，这种现象称为加工硬化。图 7-8 所示为碳含量 0.27%的碳钢，在冷拔时力学性能的变化曲线。经冷变形后，晶界总面积扩大，亚晶粒细碎，晶格畸变和位错密度增大，导致滑移阻力增加，即金属塑性变形抗力升高，能够滑移变形的潜伏部位减小，即金属的变形能力降低。加工硬化现象具有很重要的现实意义。首先，在生产中把它当做强化金属的一种方法，对于一些不能通过热处理来提高强度的金属或合金，如某些不锈钢、黄铜等，可以采用加工硬化方法达到强化的目的。即使某些经过热处理的钢丝，也可以通过加工硬化进一步提高强度，以充分发挥材料的潜力。其次，加工硬化能保证金属某些工艺性能，并使之得以加工成形。例如，冷拔金属线材时，由于通过模具的断面收缩部位引起加工硬化，所以这些部位的拉伸应力虽然增加，但不至于断裂，使冷拔工艺可持续进行。

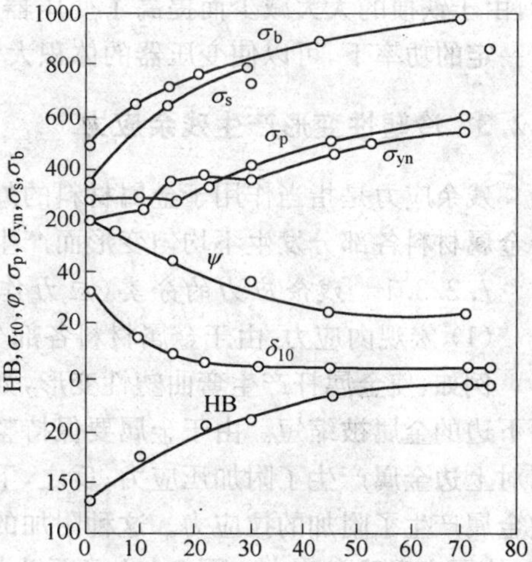

图 7-8 $w_C=0.27\%$的碳钢冷拔时力学性能的变化

σ_b—强度极限；σ_s—屈服极限；ψ—断面收缩率；δ_{10}—伸长率；HB—布氏硬度；σ_{yn}—加工硬化值

加工硬化虽然能使金属的强度提高，但它同时也降低金属的塑性和韧性。此外，在冷加工工艺过程中，加工硬化需要不断增加机械功率，对设备、工具的强度提出了更高的要求。

7.2.2.3 产生织构与各向异性

金属与合金经冷变形后，由于出现织构而使金属呈现各向异性，表 7-1 为硅钢在不同晶向上的力学性能。

在实际工作中，各向异性会引起严重的后果。因为各向异性使金属在不同的方向显示着不同的力学性能，因而导致加工的困难，例如，在深冲的压延中，由于板料塑性有各向异性，使其在某一方向容易拉伸，而另一方向不容易拉伸，因而在边缘产生凸凹不平的形状，如图 7-9 所示。

这种凸凹不平的波形称为“制耳”。很显然，这种“制耳”不仅增加了加工时的困难，而且使废品率提高而增加成本，导致产品收得率降低。

表 7-1 3%硅钢在不同晶向上的力学性能

晶 向	弹性模量/MPa	弹性极限/MPa	屈服极限/MPa	强度极限/MPa
〈100〉	117.6～131.3	282.4	365.6	406.7
〈110〉	197～205.8	290.1	372.4	441
〈111〉	254.8～282.4	372.4	426.3	468.5

在某些情况下，由于织构而形成的各向异性也有一定的好处。例如，变压器用硅钢片（含硅量约为3%），是具有体心立方结构的铁素体组织。如果采用合适的加工过程，可以获得所希望的(110)〈001〉织构板材。这是因为沿着〈001〉方向最易磁化，若将这种板材沿轧制方向切成长条，使轧向与磁场平行而堆垛成芯棒或拼成矩形铁框，可得到磁化率最高的铁芯。显然，由于铁损的大大减少而提高了变压器的功率，或者在一定的功率下，可以使变压器的体积大为减小。

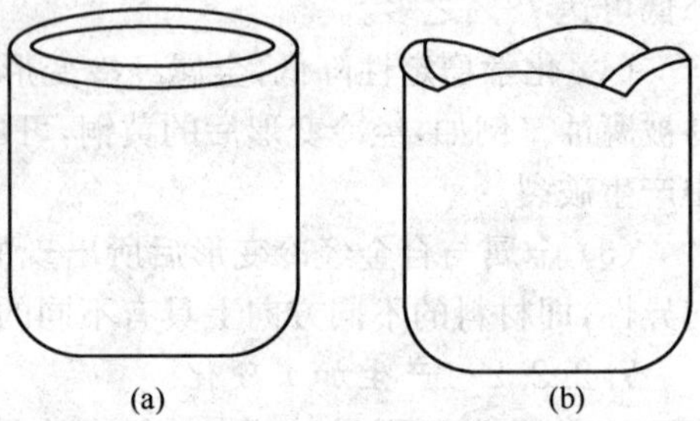
(a) (b)

图 7-9 冲压杯出现“制耳”情况
a—无各向异性；b—有各向异性

7.2.3 冷塑性变形产生残余应力

残余应力是指当作用于金属材料的外力去除后，仍残留于金属材料内的应力。这主要是由于金属材料各部分发生不均匀变形而产生的。

7.2.3.1 残余应力的分类（应力作用范围）

(1) 宏观内应力：由于金属材料各部分变形不均匀而造成的宏观范围内的残余应力。

例如，使金属杆产生弯曲塑性变形，如图 7-10a 所示，则在金属杆中性层上边的金属被拉长，而下边的金属被缩短。由于金属要保持整体性，上边金属的伸长必然受到下边的阻碍，即下边金属对上边金属产生了附加压应力；反之，下边金属的缩短也必然受到上边阻碍，即上边金属对下边金属产生了附加的拉应力。这种附加的拉应力与压应力存在于金属杆整体范围内，并相互平衡，故属宏观残余应力。图 7-10b 所示为拉拔时产生的宏观残余应力，这是由于拉拔时外层金属塑性变形较中心部分小，结果使外层受拉应力，而心部受压应力。

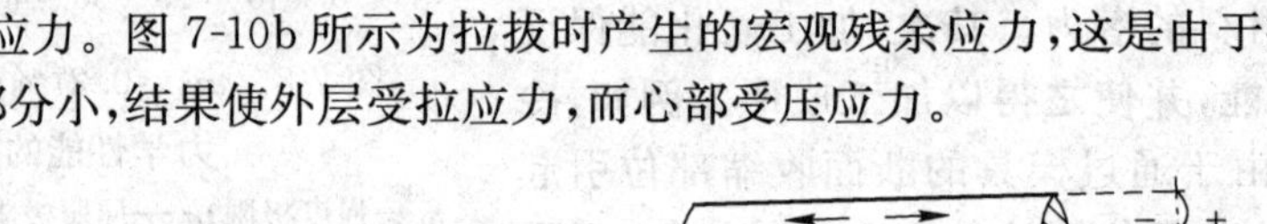

(a) (b)

图 7-10 宏观内应力

(2) 微观残余应力（第二类内应力）：如前所述，多晶体中各晶粒在塑性变形时，将受到周围位向不同的晶粒与晶界的影响与约束。因此，各晶粒或亚晶粒间的变形也总是不均匀的。结果在各晶粒或亚晶粒间也会产生残余应力。如图 7-11 所示的多晶体中 A、B 两晶粒的位向不同。假设在拉力作用下，A 晶粒变形较 B 晶粒大，但由于 A、B 两晶粒是结合在一起的，故 B 晶粒将阻

止 A 晶粒的伸长而对 A 施以压应力，而 A 则对 B 施以拉应力。这种作用于金属晶粒或亚晶粒内的残余应力，称为微观残余应力。

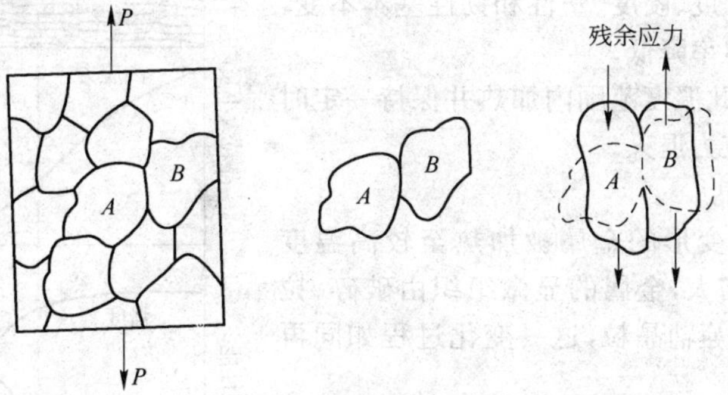

图 7-11 微观内应力

(3) 晶格畸变应力(第三类内应力)：金属在塑性变形后，增加了位错及空位等晶体缺陷，使晶体中一部分原子偏离其平衡位置而造成晶格畸变，这种由于晶格畸变而产生的残余应力，称为晶格畸变应力，它在部分原子范围内相互平衡。它是存在于变形金属中最主要的残余应力。

7.2.3.2 残余应力的危害

(1) 降低工件的承载能力。

(2) 使工件尺寸及形状发生变化。

(3) 降低工件的耐腐蚀性。

7.2.3.3 防止措施

(1) 热处理：退火和回火。

1) 回火可使第一类残余应力大大减小，但不能全部消除，全部消除需退火再结晶，而且有较长的退火时间，但会使晶粒粗大。

2) 在低于再结晶温度下消除第二类残余应力。

3) 只有通过再结晶使点阵完全回复。

(2) 机械处理。

1) 用平整机。

2) 喷丸，使表面形成压应力变形层。

7.3 冷塑性变形金属在加热时组织和性能的变化

7.3.1 冷变形金属在加热时组织和性能的变化

金属材料经过冷变形之后，由于晶粒拉长或破碎、亚晶粒细化，使晶格严重畸变，因而其组织处于不稳定状态，有自发地恢复到稳定状态的趋势。但是在室温下，由于金属原子活动能力太小，这种冷变形加工后的不稳定状态将维持相当长的时间而不发生变化。如果将金属加热，使其温度升高，增大原子的活动能力，就会加速这种不稳定状态的转化，发生一系列的组织结构与性能的变化，如图 7-12 所示。随温度的升高这种变化可分为三个阶段，即回复—再结晶—晶粒长大。现简要介绍如下。

7.3.1.1 回复

回复是指冷变形金属在加热温度较低时，金属中的一些点缺陷和位错的迁移，使晶格畸变逐渐降低，残余应力逐渐减小的过程。

由于回复温度较低，金属晶粒的大小和形状基本保持不变。因此，其强度、硬度、塑性和韧性基本不变，只是内应力减小，电阻率降低。

将冷变形金属在此温度范围内加热并保持一定时间的工艺，称为消除应力退火。

7.3.1.2 再结晶

再结晶是指经冷变形的金属被加热至较高温度时，其原子活动能力增大，金属的显微组织由破碎、拉长的晶粒变为细小的等轴晶粒，这一变化过程如同再进行一次结晶过程。

再结晶时组织由冷纤维状变成等轴状。强度、硬度下降，塑性、韧性升高，加工硬化和残余应力完全消除。

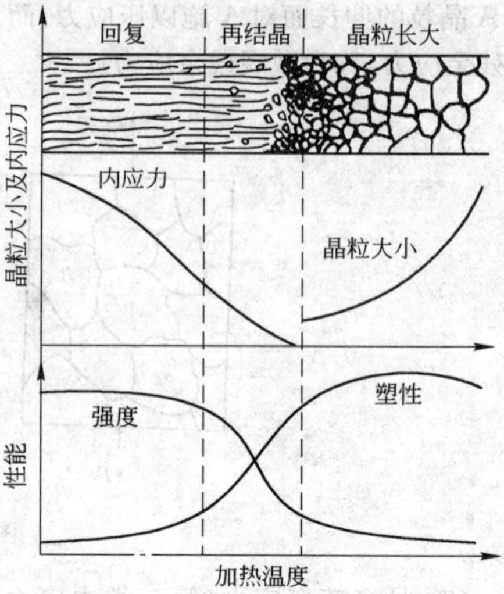

图 7-12 冷变形金属在加热时的组织性能变化

再结晶过程也由形核和核长大组成，形核一般在变形晶粒的晶界或滑移带及晶格畸变严重的地方形成，因为这些部位的原子处于最不稳定状态，向规则排列的倾向最大。

再结晶后形成的新晶粒的晶格类型与旧晶粒的晶格类型相同，所以再结晶不是相变。

7.3.1.3 晶粒长大

晶粒长大是一个自发过程。因为晶粒长大可减小晶界的面积，使表面能降低。

晶粒长大，实质上是一个晶界迁移的过程，通过大晶粒吞并小晶粒来完成。

随着温度的升高，晶粒长大，单位面积内的晶界数量减小，强度、硬度下降，塑性、韧性先升高后下降，这是由于再结晶后温度升高，组织的均匀化从而使塑性、韧性略有升高，若继续升高温度，晶粒粗化而导致塑性、韧性逐渐下降。

7.3.2 再结晶温度

再结晶温度是指经大变形量(大于 70%)后的冷变形金属经一小时保温后能完成再结晶的最低温度。

影响再结晶温度的因素有以下几点：

(1)变形程度的影响，对于各种金属来说，再结晶需要一个最小的变形量，低于这一变形量，就不会产生再结晶。对同一种金属而言，其最小的变形量与杂质的含量、变形时的温度、原始晶粒尺寸等因素有关。图 7-13 所示是电解纯铁和 99%的纯铝在各种变形程度时的再结晶温度。由图中曲线可以看出，随变形程度的增加，再结晶温度就越低，这是因为变形程度增加，储存在变形金属中的畸变能就越多，向稳定的平衡状态过渡所需的能量就会越少。因此，所需的再结晶温度就会越低。随着变形程度的增加，金属开始再结晶的温度将趋于某一恒定值，即所谓金属的最低再结晶温度。

(2) 保温时间的影响，在一定的变形温度条件下，保温的时间越长，或加热的时间越长，再结晶温度就越低。这是因为保温时间越长，原子的扩散移动也就越能充分地进行，所以再结晶温度就越低。图 7-14 表示小变形程度Ⅰ与大变形程度Ⅱ时的退火时间与再结晶温度的关系。

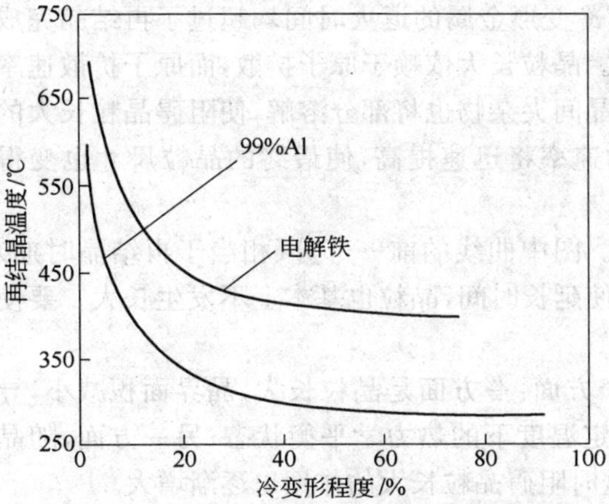

图 7-13 变形程度对再结晶温度的影响

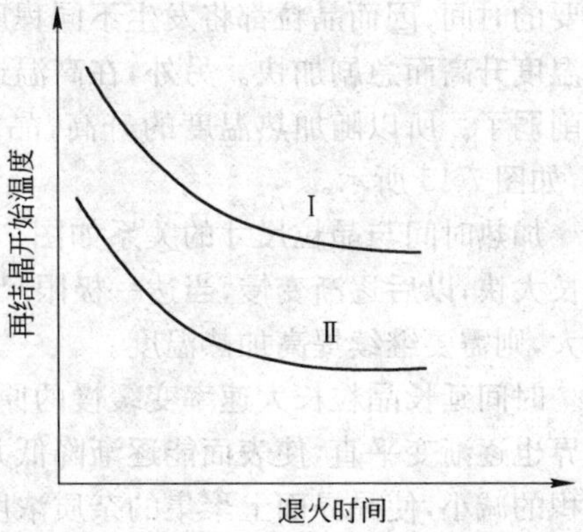

图 7-14 再结晶温度与退火时间的关系

Ⅰ—小变形程度；Ⅱ—大变形程度

(3) 金属中杂质的影响，金属的化学成分对再结晶温度的影响比较复杂。金属的纯度越高，则其再结晶温度就越低。例如，99.0%的纯铝再结晶温度为 290℃，当纯度提高到 99.999%时，则其再结晶温度仅为 80℃。一般来说，金属中的合金元素成分越复杂，再结晶温度就越高。这是由于异类原子与变形中产生的结构缺陷(空位、位错等)的交互作用，阻碍了这些缺陷的运动，从而降低了再结晶速度，于是需要较高的再结晶温度来克服障碍。

(4) 原始晶粒大小的影响，原始晶粒越粗大，其变形抗力就越小，变形后的畸变能也越小，因此，所需的再结晶温度就越高。

7.3.3 再结晶晶粒的大小

再结晶晶粒大小是金属在加工生产中的重要问题之一，它将直接影响金属的使用性能和工艺性能以及表面质量等。影响其大小的因素通常有下面几个主要方面：

(1) 合金成分的影响，一般来说，随合金元素及杂质含量的增加，晶粒尺寸将减小。这是因为合金元素与钢中的碳等元素形成的化合物在退火过程中能最有效地阻碍晶粒长大，使之得到细小的晶粒组织。由此可以推知，合金的纯度越高，晶粒越易粗大。

(2) 原始晶粒大小的影响，原始晶粒越大，则变形与再结晶后的晶粒也粗大。随着变形程度的增加，原始晶粒大小的影响将减弱。表 7-2 中的数据为 99.7%Al 在 600℃经 40 min 加热后的再结晶晶粒尺寸。表中数据指出，当原始晶粒大小相差约 19 倍时，在小变形程度下，再结晶的晶粒尺寸相差约三倍多，在大变形程度(50%)下，相差约 20%。由此可知，在半成品生产中，作为消除加工硬化使加工过程能进一步进行的中间退火工序，对半成品的最终质量也有一定的遗传影响。因此，对中间退火时控制晶粒大小，也应引起足够重视。

表 7-2 原始晶粒大小不同的再结晶晶粒

变形程度	原始晶粒尺寸/mm	
	1.13	0.06
5	2.64	0.75
10	2.05	0.51
50	0.54	0.44

(3) 加热温度及时间的影响,在实际生产中,冷变形金属的退火时间均超过了再结晶完成所需要的时间,因而晶粒都将发生不同程度的长大。晶粒长大依赖于原子扩散,而原子扩散速率又随温度升高而急剧加快。另外,在高温退火时的晶间夹杂物也将部分溶解,使阻碍晶粒长大的能量削弱了。所以随加热温度的升高,晶粒长大的速率将迅速提高,使最终的晶粒尺寸也变得粗大,如图 7-15 所示。

加热时间与晶粒尺寸的关系如图 7-15 所示。图中曲线的前一部分(相当于再结晶时期)晶粒长大快,以后逐渐变慢,当达一极限尺寸后,即使延长时间,晶粒也基本上不发生长大。要使其长大,则需要继续提高加热温度。

时间延长晶粒长大速率变缓慢的原因有两个方面:一方面是晶粒长大,晶界面积减小,导致晶界也逐渐变平直,使表面能逐渐降低并达到一定温度下的热力学平衡状态;另一方面,随晶界面积的减小,使晶界面上聚集的杂质浓度增加,这时阻碍晶粒长大的作用也逐渐增大。

(4) 变形程度的影响,当加热温度一定时,再结晶后的晶粒尺寸和变形程度之间存在着如图 7-16所示的关系。图中的 b 点称为临界变形程度,它的物理意义不仅意味着在该条件下退火时会得到极粗的晶粒,而且还包含着变形程度必须大于它,才能使金属产生再结晶。

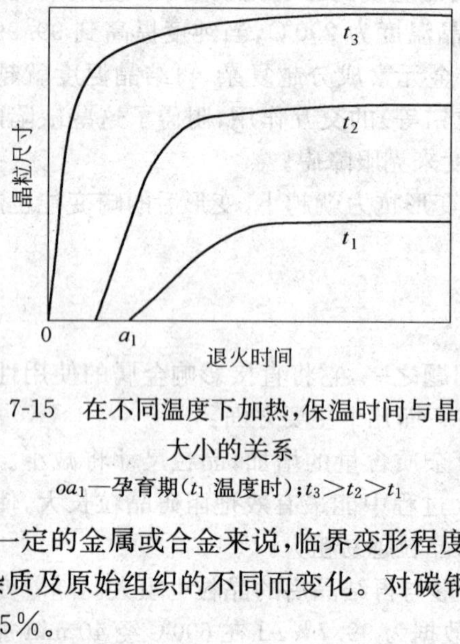

图 7-15　在不同温度下加热,保温时间与晶粒大小的关系

oa_1—孕育期(t_1 温度时);$t_3>t_2>t_1$

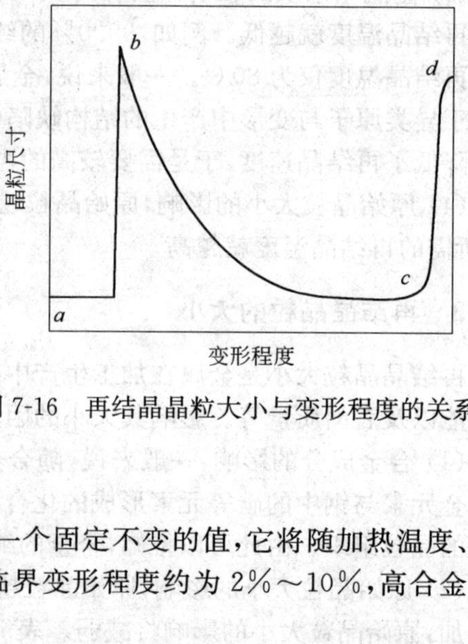

图 7-16　再结晶晶粒大小与变形程度的关系

就一定的金属或合金来说,临界变形程度并不是一个固定不变的值,它将随加热温度、变形温度、杂质及原始组织的不同而变化。对碳钢来说,临界变形程度约为 2%～10%,高合金一般为 0～15%。

实践证明,临界变形程度引起的晶粒粗化机理与超过临界变形程度时的再结晶机理有本质上的差别。金属在临界变形条件下退火时,看不到新晶粒的形核与长大,此时晶粒的粗化,是由于个别的原始晶粒迅速吞并周围晶粒而长大的过程。所以这个过程是单一的晶粒长大而不是再结晶。促使晶粒长大的主要动力,是变形的不均匀而引起相邻晶粒中弹性畸变能的差异;另外也使某些相邻晶粒开始直接接触,这些均有利于晶粒的长大。

变形量小于临界变形程度(曲线的 ab 段)时,由于各个晶粒之间的弹性畸变能很小而不能引起强烈的晶粒长大,并且再结晶的形核率亦很少。因此,金属在该温度下退火时,只有极少数晶粒间界的迁移,使整个晶粒尺寸无明显的改变。

当变形超过临界变形程度(bc 段)时,在曲线的开始部分表明,除发生原始晶粒相互吞并的过程外,在某些区域还可能引起新晶核与核心的长大。随着变形程度的增加,在原始晶粒相互吞并之前,其变形能已普遍地引起新晶粒的形核与长大了,于是在整个金属体积中发生了再结晶。因

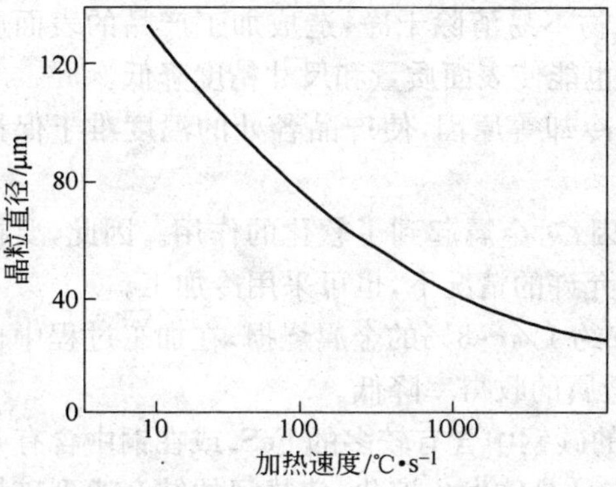

图 7-17 高纯铁晶粒尺寸与加热速度关系

此,随变形程度的不断增加,再结晶生核数将越来越多。所以再结晶后的晶粒尺寸也越小。

曲线中的 *cd* 段,表明变形程度很大(大于 90%)时,晶粒尺寸又很粗大。这是因为很大的变形程度,将产生强烈的变形织构和晶间物质的破坏,使再结晶时的晶粒迅速长大的结果。

(5) 加热速度的影响,由图 7-17 可知,加热速度提高,再结晶后的晶粒细小。加热速度提高能细化再结晶晶粒的主要原因是消除了回复过程的影响。因为在加热过程中,金属达到再结晶开始温度以前,实际上已进行了不同程度的回复。加热速度越慢,回复进行的就越充分。回复消除了部分的点阵畸变和加工硬化,使系统的能量降低,使再结晶形核困难。因此,加热速度提高,使晶粒细小。此外,快速加热能减小阻碍晶粒长大的一些物质(第二相,夹杂等)的溶解过程,使晶粒长大的趋势减弱。

7.4 热加工变形对组织与性能的影响

所谓热加工变形是指变形金属在再结晶温度以上进行的塑性变形。因为各种金属的再结晶温度相差很大,所以热加工的概念也是相对的。例如,对铁来说,在 600℃以上进行的加工叫热加工,而铅在常温下的加工也叫热加工。一般来说,大多数的金属铸锭及钢坯是在热加工的条件下进行塑性加工变形的,这是因为热加工变形所固有的特点。

7.4.1 热加工的变形特点

在一定的条件下,热加工变形较其冷加工方法,具有一系列的优点。

(1) 变形抗力低,在高温时,原子的运动及热振动增强,加速了扩散过程和溶解过程,使金属的临界切应力降低;另外,使许多金属的滑移系数目增多,有利于变形的适应性(或协调性);加工硬化现象因再结晶而完全被消除。因而使加工时金属抵抗能力减弱,降低了能量的消耗。

(2) 塑性升高,产生断裂的倾向性减少。因为变形温度升高后,由于完全再结晶使加工硬化消除,在断裂与愈合的过程中,使愈合的速度加快以及为具有扩散性质的塑性机构的同时作用创造了条件。虽然在热加工的温度范围内,某些合金的塑性有波动,例如,α-Fe 与 γ-Fe 在 800～950℃的相变,使塑性有所下降。但就总体来说,热加工温度范围内的金属塑性还是高的。

(3) 不易产生织构,这是因为在高温下产生滑移的系统较多,使滑移面和滑移方向不断发生变化。因此,在热加工时,在金属内的择优取向或方向性就小。

(4) 生产周期短,在生产过程中,不需要像冷加工那样的中间退火,从而使整个生产工序简化而提高了生产率。

(5) 组织与性能基本满足要求。

虽然热加工变形具有上述的优点,使之在生产实践中得到广泛的应用,但它仍然存在许多不足之处:

(1) 生产细或薄的产品时较困难,对细或薄的加工件,由于散热较快,在生产中要保持热加工的温度条件是很困难的。因此,对于生产细或薄的金属材料,一般仍然采用冷加工(如冷轧、冷拔等)的方法。

(2) 产品表面质量差,产品的表面粗糙度与尺寸精确度较差,这是因为在加热时,金属的表面要生成氧化物(如氧化铁皮等),在加工时,这些氧化物不易清除干净,造成加工产品的表面质量和尺寸的精度不如冷加工好;另外在冷却时的收缩,也能使表面质量和尺寸精度降低。

(3) 组织与性能的不均匀,在热加工结束后,由于冷却等原因,使产品各处的温度难于保持均匀一致,温度偏高处的晶粒尺寸要比低处的大一些。

(4) 产品的强度不高,热加工时,由于温度高的原因,对金属起到了软化的作用。因此,要提高产品的强度,除了改进热加工的工艺措施外,在条件允许的情况下,也可采用冷加工。

(5) 金属的消耗较大,加热时由于表面的氧化而有约1%～3%的金属烧损,在加工过程中也有氧化铁皮的脱落以及由于缺陷造成切损增多等,使金属的收得率降低。

(6) 对含有低熔点的合金不宜加工,例如,在一般的碳钢中含有较多的FeS,或在铜中含有Bi时的热加工,由于在晶界上有这些杂质所组成的低熔点共晶体发生熔化,使晶间的结合遭到破坏而引起金属的断裂。

7.4.2　金属组织性能的变化

7.4.2.1　改善铸锭和坯料的组织性能

通过热变形(通常是轧制和锻压)可使金属锭中的气孔焊合、压实分散缩孔,使材料的致密度增加,由于在温度与压力的作用下扩散速度增快,因而偏析可部分地消除,使成分比较均匀。经过热变形后,一般都会使晶粒细化。当然,能否起到细化晶粒作用,取决于变形量及终轧温度。只要避免"临界变形量"和过高的终轧温度,就可细化晶粒,提高金属材料力学性能。表7-3所示是碳钢在铸造和锻造后力学性能的比较。

表7-3　w_C=0.3%的碳钢在铸造和锻造后力学性能的比较

毛坯状态	σ_b/MPa	σ_s/MPa	δ/%	ψ/%	a_K/J·cm^{-2}
铸　造	500	280	15	27	35
锻　造	530	310	20	45	70

7.4.2.2　热变形时的纤维组织

纤维组织是热变形的一个重要特征,铸态金属在热变形中所形成的纤维组织与金属在冷变形中由于晶粒被拉长而形成的纤维组织是不同的。

在热变形中形成的纤维组织有各种原因,最常见的是由非金属夹杂所造成的。这种夹杂物的再结晶温度较高,在热变形的过程中难于发生再结晶;同时在高温下也具有一定的塑性,变形时将沿着最大延伸方向被拉长而形成线条状。当变形完成后,被拉长的晶粒由于再结晶的作用而变成许多细小的等轴晶粒,而被拉长的夹杂物,则仍保持被拉长的状态而形成纤维组织。这种纤维组织,不像由晶粒拉长所形成的纤维组织。在一般情况下,要减少这种纤维组织的产生,只能在变形过程中通过不断改变变形的方向来避免。例如,直接用铸坯轧成板材时,所采用的角轧、横轧和直轧就是避免纤维组织的产生和减小性能的方向性。

由于纤维组织的出现,会使变形金属在纵向和横向上具有不同的力学性能,即产生力学性能的方向性。从表7-4中可以看出,沿纤维方向(纵向)试样具有较高的强度和塑性。

表7-4　45钢力学性能与纤维方向的关系

钢坯试样方向	σ_b/MPa	$\sigma_{0.2}$/MPa	δ/%	ψ/%	a_K/J·cm^{-2}
纵　向	701	461	17.5	62.8	41
横　向	657	431	10.0	31.0	24

7.4.2.3 热变形中产生的带状组织

带状组织的产生与纤维组织的形成有关，例如，低碳钢在热变形中有时会出现珠光体呈带状排列。这种带状组织的形成，是因为热加工时夹杂物排列成纤维状，经缓慢冷却后，铁素体首先在夹杂物的周围析出而排列成行，珠光体也随后成行析出，形成带状组织。在滚珠轴承钢中，由于在枝状晶的各枝晶间存在有碳化物，这些碳化物经变形后被破碎成颗粒沿金属的延伸方向排列而形成碳化物的带状组织。被加工金属中带状组织的出现，对金属的力学性能也是有影响的。

带状组织使钢材的力学性能呈各向异性，纵向与横向力学性能不同，并降低塑性和韧性，热处理时易产生变形，且使钢材组织、硬度不均匀；带状碳化物还影响轴承和工具的使用寿命。

减轻或消除带状组织的主要措施有：

(1) 提高钢的纯度，降低硫、磷和非金属夹杂物的含量；

(2) 热变形时采用高温加热和长时间保温，以减轻或消除枝晶偏析；

(3) 热加工后提高冷却速度，细化组织。

7.4.2.4 产生魏氏体组织

当亚共析钢从奥氏体相区缓慢冷却时，在 A_{r3}～A_{r1} 温度范围里，铁素体优先沿奥氏体晶界析出并进行长大，降至 A_{r1} 温度时，剩余奥氏体转变为珠光体，最后形成块状铁素体和其间珠光体组织。

如果冷却速度加快，铁素体不仅沿原来的奥氏体晶界析出，而且也在晶粒内部沿一定的晶面和晶向呈针片状析出，在铁素体片之间为珠光体。这种与原先奥氏体成一定晶体学位向关系的针状铁素体称为魏氏体组织。

魏氏体组织形成原因：冷却速度加快，铁素体或渗碳体不仅沿晶界（奥氏体）析出，而且也在晶粒内部沿一定的晶面和晶向呈针状析出，在铁素体或渗碳体片间为珠光体。因此，魏氏体组织往往出现在加工终了温度过高，而冷却速度又比较快的热变形钢中。

魏氏体组织的形成可使钢的强度指标降低，尤其使塑性指标下降。

如何防止：热加工时，严格控制加热温度及终了温度，不使钢过热，以便钢在热加工终了时获得细晶粒；用退火处理来消除魏氏体组织。

7.4.2.5 网状碳化物控制

(1) 形成：过共析钢经热加工后，在冷变形过程中沿奥氏体晶粒边界析出呈连续或断续分布的先共析碳化物。

(2) 对性能影响：大大削弱晶粒间的结合力，使工件在淬火中开裂，刃具在切削加工时容易崩刀，轴承在受冲击载荷时引起碎裂。

(3) 形成因素。1)含碳量大于共析成分是形成的成分因素；2)加工终了温度过高是其形成的加工因素；3)热加工后的冷却情况是其形成的冷却因素。

(4) 防止网状碳化物（控制加工终了温度和冷却速度）。

1) 加工终了温度控制在 A_{cm}～A_1 之间，约 850 ℃左右，使奥氏体边变形边再结晶来改变碳化物析出状况，同时获得细小的奥氏体晶粒，以利于消除或减薄碳化物网，但温度过低，使变形抗力增大，加重磨损；

2) 适当延长钢锭均热时间，使碳化物偏析减小，也利于减轻其形成；

3) 具有细薄的不连续网状碳化物，用正火或退火能减轻或消除。

7.4.2.6 热加工晶粒大小控制

(1) 控制较低的加工终了温度。过高的加工终了温度，难以防止奥氏体在形变和再结晶后晶粒集聚长大；但过低的加工终了温度，将导致加工硬化并增加设备负荷。对低碳钢轧材来说，为获得细小且均匀的铁素体晶粒，保证高的屈服强度和良好的塑性及韧性，适宜的加工终了温度控制在 A_{r3} 附近，约 800～850 ℃。

(2) 控制较大的变形程度。在临近加工终了温度，以不低于临界变形度(15%左右)的变形量进行形变，有助于奥氏体晶粒变细。一般来说，以 20%～40%为宜。

(3) 控制较快的冷却速度。对热轧后的钢材采用快速冷却方式，一方面加速铁素体生核率，使铁素体细化，另一方面可阻止生成的铁素体晶粒长大。对热轧钢材(板、带)，轧后立即喷水冷却可使钢的晶粒细化。

思考题

7-1 解释下列名词：

塑性、滑移、孪生、加工硬化、回复、再结晶、织构、纤维组织、临界变形量、脆性断裂和延性断裂、再结晶温度、带状组织。

7-2 举出两个实际金属零件说明塑性变形行为的重要性。

7-3 为什么在一般条件下进行塑性变形时，在锌中易出现孪晶带，而纯铜中易出现滑移带？

7-4 滑移的实质是什么？

7-5 多晶体的塑性变形特点是什么？

7-6 金属经冷和热塑性变形后的组织和性能有什么变化，能否根据它们的显微组织区别这两种变形？

7-7 低碳钢板冲零件前硬度为 100 HBS，而冲零件后硬度不均匀，有的部位为 100 HBS，有的部位为 150 HBS，说明其原因。

7-8 如何选择再结晶退火温度，什么是热变形和冷变形，钢的再结晶退火温度是多少？

7-9 将三个低碳钢试样变形至 5%、15%和 30%，如果将它们加热至 800℃，指出哪个产生粗晶粒？并说明晶粒对性能的影响。

7-10 锡在室温下变形，钨在 1000℃变形，它们属于热变形还是冷变形，组织和性能会有何种变化？

7-11 (1)由厚钢板机械加工成齿轮；(2)由粗钢棒机械加工成齿轮；(3)由圆棒热锻成齿轮坯，再加工成齿轮。哪种方法较为理想，为什么？

7-12 在制造长的精密丝杆或轴时，常在半精加工之后将其吊挂起来，并用木锤沿全长轻击几遍，再吊 5～7 天，然后再精加工，试解释这样做的目的和原因。

7-13 金属塑性变形造成哪几种残余应力，残余应力对机械零件可能产生哪些利弊？

7-14 说明下列现象产生的原因：

(1) 滑移面是原子密度最大的晶面，滑移方向是原子密度最大的方向；

(2) 晶界处滑移的阻力最大；

(3) 实际测得的晶体滑移所需的临界切应力比理论计算的数值小得多；

(4) Zn、α-Fe、Cu 的塑性不同。

7-15 多晶体的塑性变形特点是什么？

7-16 多相合金塑性变形的特点是什么？

7-17 为什么不同金属有不同再结晶温度，哪些因素会影响金属的再结晶温度？

7-18 影响再结晶后晶粒大小的主要因素有哪些？

7-19 何谓热变形，它对金属的组织和性能有何影响(简述)？

7-20 何谓魏氏组织？简述细针状魏氏铁素体对力学性能影响如何。

7-21 热变形中产生的纤维组织与冷变形中产生的纤维组织是否相同，在生产中如何消除和利用？

8 钢的热处理

热处理是通过加热和冷却固态金属的操作方法来改变其内部组织结构，并获得所需性能的一种工艺。

热处理不仅可以强化金属材料、充分发挥其内部潜力、提高或改善工件的使用性能和工艺性能，而且还是提高加工质量、延长工件和刀具使用寿命、节约材料、降低成本的重要手段。所以，机械、交通、能源以及航空航天等工业部门的大多数零部件和一些工程构件，都需要通过热处理来提高产品质量和性能。例如，机床工业的60%～70%零件，汽车、拖拉机的70%～80%零件，飞机的几乎全部零件都要热处理。

根据热处理的目的、要求以及加热和冷却条件的不同，金属材料热处理可分为退火、正火、淬火、回火及表面热处理等五种基本方法。

8.1 钢的热处理原理

钢的热处理原理主要是利用钢在加热和冷却时内部组织发生转变的基本规律，根据这些基本规律和要求来确定加热温度、保温时间和冷却介质等有关参数，以达到改善材料性能的目的。

热处理方法虽多，但任何一种热处理都是由加热、保温和冷却三个阶段组成的，因此可以用“温度-时间”曲线图表示，如图8-1所示。

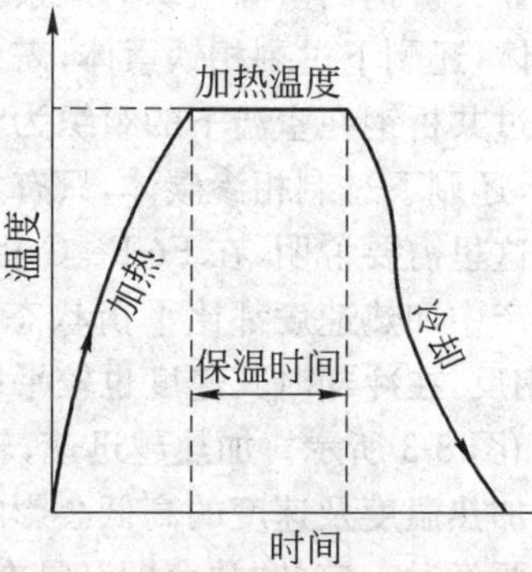

图8-1　热处理的基本工艺曲线

8.1.1 钢在加热时的组织转变

碳钢的室温组织基本上是铁素体和渗碳体两个相组成，只有在奥氏体状态才能通过不同冷却方式使钢转变为不同组织，获得所需性能。所以，热处理时需将钢加热到一定温度，使其组织全部或部分转变为奥氏体。现以共析碳钢为例讨论钢的奥氏体化过程。

8.1.1.1　奥氏体的形成

根据Fe-Fe_3C相图，共析碳钢的室温组织为珠光体，其奥氏体化的温度应在A_1线以上。因此，奥氏体的形成必须经过原来晶格（铁素体和渗碳体）的改组和铁、碳原子的扩散来实现。从室温组织珠光体向高温组织奥氏体的转变，也遵循“形核与核长大”这一相变的基本规律。其奥氏体形成的全过程应包括下面四个连续的阶段，如图8-2所示。

(1) 奥氏体形核。钢在加热到A_1时，奥氏体晶核优先在铁素体与渗碳体的相界面上形成，这是因为相界面的原子是以铁素体与渗碳体两种晶格的过渡结构排列的，原子偏离平衡位置处于不稳定状态，具有较高能量；再则，与晶体内部比较，晶界处碳的分布是不均匀的，这些都为形成奥氏体晶核在成分、结构和能量上提供了有利条件。

(2) 奥氏体晶核长大。奥氏体形核后的长大，是新相奥氏体的相界面向着铁素体和渗碳体

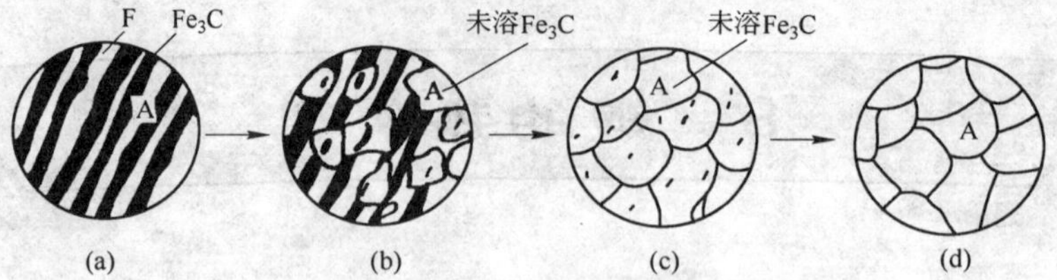

图 8-2　共析碳钢的奥氏体形成过程示意图

a—A 形核；b—A 长大；c—残余 Fe_3C 溶解；d—A 均匀化

这两个方向同时推移的过程。通过原子扩散，铁素体晶格先逐渐改组为奥氏体晶格，随后通过渗碳体的连续不断分解和铁原子扩散而使奥氏体晶核不断长大。

（3）残余渗碳体的溶解。由于渗碳体的晶体结构和含碳量与奥氏体差别很大，所以，渗碳体向奥氏体的溶解必然落后于铁素体向奥氏体的转变。在铁素体全部转变消失之后，仍有部分渗碳体尚未溶解，因而还需要一段时间继续向奥氏体溶解，直至全部渗碳体消失为止。

（4）奥氏体成分均匀化。奥氏体转变刚结束时，其成分是不均匀的，在原来铁素体处含碳量较低，在原来渗碳体处含碳量较高，只有继续延长保温时间，通过碳原子扩散才能得到均匀成分的奥氏体组织，以便在冷却后得到良好组织与性能。

亚共析钢和过共析钢的奥氏体形成过程基本上与共析钢是一样的，所不同之处是有过剩相的出现。

亚共析钢的室温组织为铁素体和珠光体，因此当加热到 A_1 以上保温后，其中珠光体转变为奥氏体，还剩下过剩相铁素体，需要加热超过 A_3，过剩相才能全部消失。

过共析钢在室温下的组织为渗碳体和珠光体。当加热到 A_1 以上保温后，珠光体转变为奥氏体，还剩下过剩相渗碳体，只有加热超过 A_{cm}后，过剩渗碳体才能全部溶解。

这里需要说明，在 Fe-Fe_3C 相图中，A_1、A_3，A_{cm}是平衡时的转变温度，称为临界点。但在实际生产中加热速度都比平衡状态下的快，因此相变的临界点要高些，分别以 A_{c1}，A_{c3}，A_{ccm} 表示；相反，在冷却时其速度也较平衡状态的快，因而相应的临界点下降，分别以 A_{r1}，A_{r3}，A_{rcm} 表示，如图 8-3 所示。加热越迅速，转变温度越高；冷却越快，转变温度越低。

加热温度及速度的高低会影响奥氏体形成的速度，如图 8-4 所示。从图上可知，奥氏体的形成需要经过一定的“孕育期”（是在第一个奥氏体体积形成之前的一段准备时间）。加热温度越高，孕育期越短，全部形成奥氏体所需时间也越短。例如，采用高频加热，奥氏体的形成只需几秒，用激光加热时所需时间则更短。

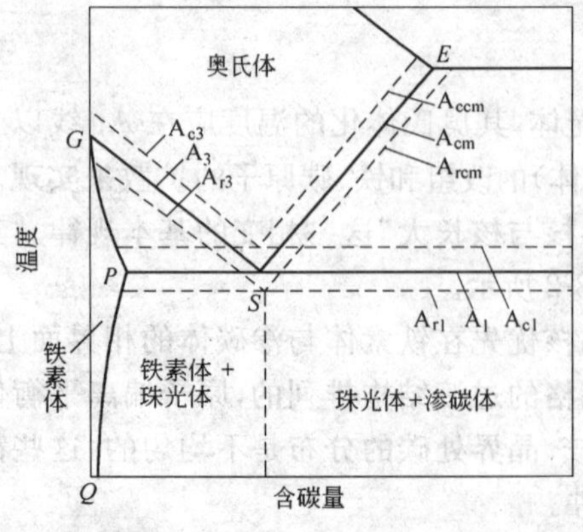

图 8-3　加热和冷却时 Fe-Fe_3C 相图上临界点位置图

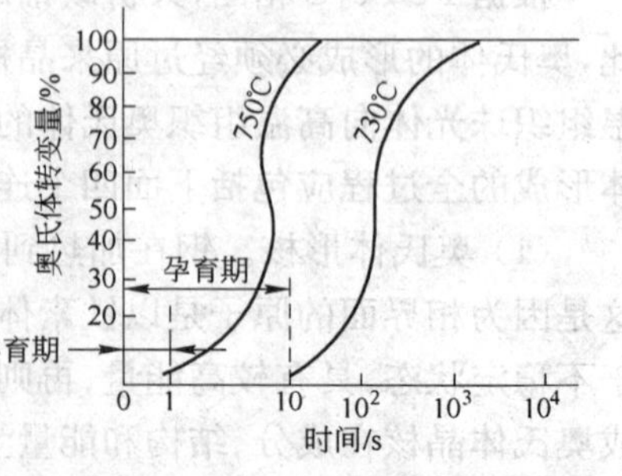

图 8-4　奥氏体转变量与温度、时间的关系

8.1.1.2　奥氏体晶粒的长大及控制

A　奥氏体晶粒的长大

当珠光体向奥氏体转变刚完成时，由于奥氏体是在片状珠光体的两相（铁素体与渗碳体）界面上形核，晶核数量多，获得细小的奥氏体晶粒，称为奥氏体起始晶粒度。

随着加热温度升高或保温时间延长，奥氏体晶粒就长大，因为高温下原子扩散能力增强，通过大晶粒“吞并”小晶粒可以减少晶界表面积，从而使晶界表面能降低，奥氏体组织处于更稳定的状态。由此可见，奥氏体晶粒长大是个自然过程，而高温和长时间保温只是个外因或外部条件。加热温度越高，保温时间越长，奥氏体晶粒就长得越大。钢在某一具体加热条件下实际获得的奥氏体晶粒，称为奥氏体实际晶粒度，其大小直接影响到热处理后的力学性能。

B　奥氏体晶粒度（晶粒大小的尺度）

奥氏体晶粒大小通常采用晶粒度等级来表示。按照 GB 6394—86 规定，标准晶粒度分为 10 级，如图 8-5 所示。在生产中，是将钢试样在金相显微镜下放大 100 倍，全面观察并选择具有代表性的晶粒与国家标准晶粒度等级图进行比较，以确定其级别。若已知晶粒度等级 G，便可按下列公式计算每 645 mm^2（1 平方英寸）试样面积上的平均晶粒数 n，即

$$n=2^{G-1}$$

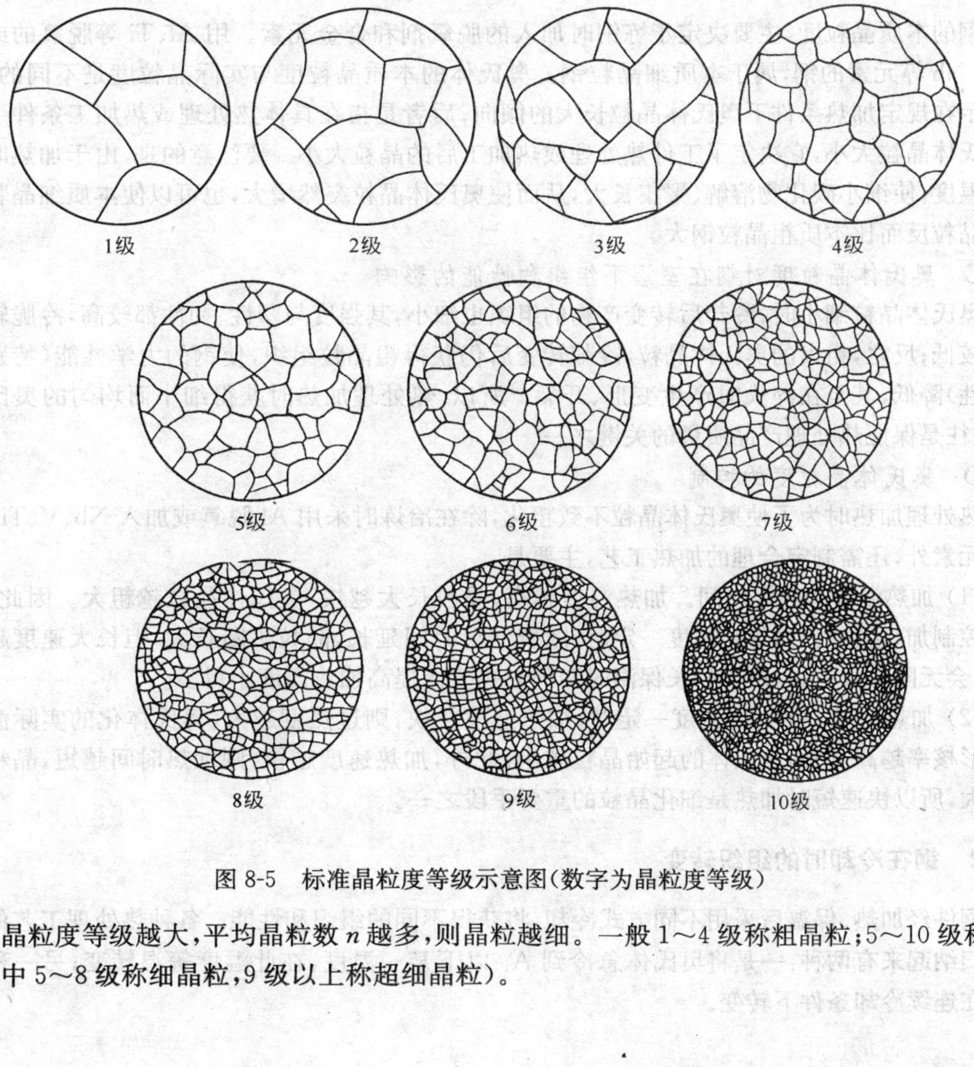

图 8-5　标准晶粒度等级示意图（数字为晶粒度等级）

显然，晶粒度等级越大，平均晶粒数 n 越多，则晶粒越细。一般 1～4 级称粗晶粒；5～10 级称细晶粒（其中 5～8 级称细晶粒，9 级以上称超细晶粒）。

不同钢的奥氏体晶粒，加热时长大的倾向也不同。奥氏体晶粒随温度升高而迅速长大的钢，称为本质粗晶粒钢；奥氏体晶粒随温度升高长大倾向小，只有加热到 930～950 ℃才显著增长的钢，称本质细晶粒钢，如图 8-6 所示。

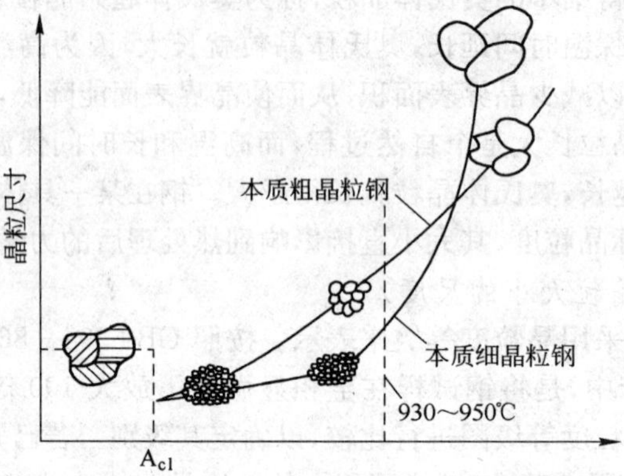

图 8-6　奥氏体晶粒随加热温度变化趋势示意图

钢的本质晶粒度，主要决定于炼钢时加入的脱氧剂和合金元素。用 Al、Ti 等脱氧的或加有 W、V、Nb 等元素的钢，属于本质细晶粒钢。奥氏体的本质晶粒度与实际晶粒度是不同的，前者只表示在规定加热条件下奥氏体晶粒长大的倾向；后者是指在具体热处理或热加工条件下获得的奥氏体晶粒大小，它决定了工件热处理或热加工后的晶粒大小。要注意的是，由于加热时超过某一温度，使细小碳化物溶解、聚集长大，从而使奥氏体晶粒突然增大，也可以使本质细晶粒钢的实际晶粒反而比本质粗晶粒钢大。

C　奥氏体晶粒度对钢在室温下组织和性能的影响

奥氏体晶粒细小时，冷却后转变产物的组织也细小，其强度与塑性、韧性都较高，冷脆转变温度也较低；反之，粗大的奥氏体晶粒，冷却转变后仍获得粗晶粒组织，使钢的力学性能（特别是冲击韧性）降低，甚至在淬火时产生变形、开裂。所以，热处理加热时获得细小而均匀的奥氏体晶粒，往往是保证热处理产品质量的关键之一。

D　奥氏体晶粒度的控制

热处理加热时为了使奥氏体晶粒不致粗化，除在冶炼时采用 Al 脱氧或加入 Nb、V、Ti、Zr 等合金元素外，还需制定合理的加热工艺，主要是：

(1) 加热温度和保温时间。加热温度越高，晶粒长大越快，奥氏体晶粒越粗大。因此，必须严格控制加热温度。当加热温度一定时，随着保温时间延长，晶粒不断长大，但长大速度越来越慢，不会无限长大下去，所以延长保温时间的影响要比提高加热温度小得多。

(2) 加热速度。当加热温度一定时，加热速度越快，则过热度越大（奥氏体化的实际温度越高），形核率越高，因而奥氏体的起始晶粒越小；此外，加热速度越快，则加热时间越短，晶粒来不及长大，所以快速短时加热是细化晶粒的重要手段之一。

8.1.2　钢在冷却时的组织转变

钢件经加热、保温后采用不同方式冷却，将获得不同的组织和性能。各种热处理工艺的冷却方式归纳起来有两种：一是将奥氏体急冷到 A_1 以下某一温度，在此温度等温转变；另一种是奥氏体在连续冷却条件下转变。

8.1.2.1 过冷奥氏体的等温转变

A 等温转变曲线的建立

选用 $w_C=0.77\%$的共析钢制成很多薄片试样。将试样均加热到 727 ℃以上，经过保温后急冷至低于 727 ℃以下的某一温度，这时奥氏体不立即发生转变，需有一个孕育期后才开始转变，这种在孕育期暂时存在的奥氏体称为过冷奥氏体。在等温过程中观察不同过冷奥氏体的变化，测出奥氏体什么时候开始转变，什么时候转变终了，确定转变产物的组织特征与性能。然后将测试结果以温度为纵坐标，以时间为横坐标，画成曲线。

例如，将试样过冷到 700 ℃（见图 8-7），在此温度等温停留，在 a 点开始转变为珠光体，b 点完全转变为珠光体。如此类推，可获得一系列 a_1、a_2、a_3…点，b_1、b_2、b_3…点。将所有开始转变点和终了转变点分别用光滑曲线连接起来，便获得该钢的等温转变曲线。由于其形状类似“C”，故亦称 C 曲线。

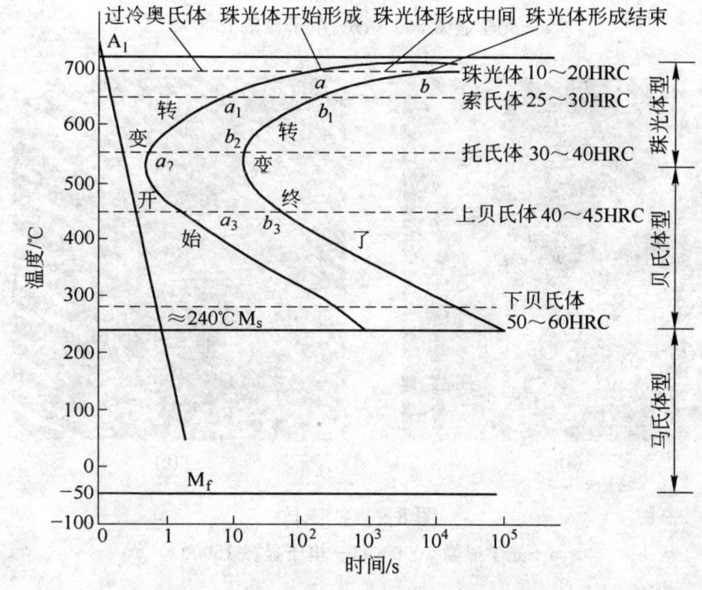

图 8-7 共析碳钢的奥氏体等温转变曲线

B 奥氏体等温转变产物与性能

奥氏体转变产物的组织和性能，决定于转变温度。在图 8-7 中可将 C 曲线分为三个温度范围。

(1) 珠光体转变区域（A_1～550 ℃）。过冷奥氏体在 A_1～550 ℃范围内，将分解为珠光体型组织。其中在 A_1～650 ℃温度范围形成珠光体 P。这时由于过冷度小，转变温度高，形成珠光体的渗碳体和铁素体呈片状。在 650～600 ℃温度范围，转变得到较薄的铁素体和渗碳体片，只有在高倍显微镜下才能分清此两相，称为索氏体，用符号 S 表示。其显微组织照片如图 8-8 所示。在 600～550 ℃范围内，获得更薄的铁素体和渗碳体片，用电子显微镜才能分清此两相，称这种组织为托氏体，用符号 T 表示，其显微组织照片如图 8-9 所示。

珠光体型组织的力学性能，主要决定于其粗细程度，即珠光体层片厚度。珠光体型组织中层片越薄，则塑性变形的抗力越大，强度及硬度就越高，而塑性及韧性则有所下降，在珠光体型组织形态中，托氏体组织最细，即层片厚度最小，因而它的强度和硬度就较高，如硬度可达 300～450 HBS，比珠光体的硬度大得多。

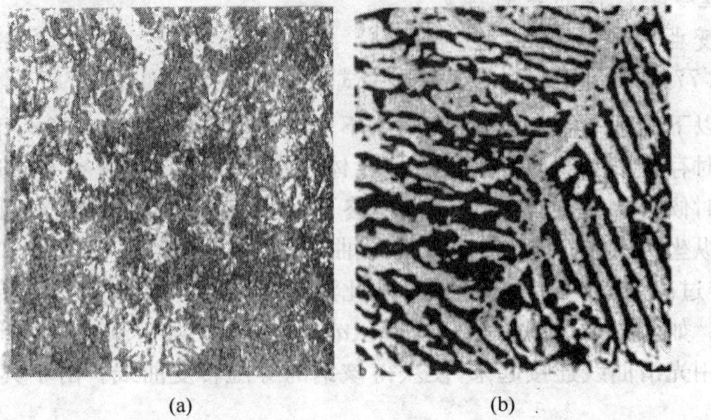

(a) (b)

图 8-8 索氏体

a—光学显微 500×；b—电子显微 1500×

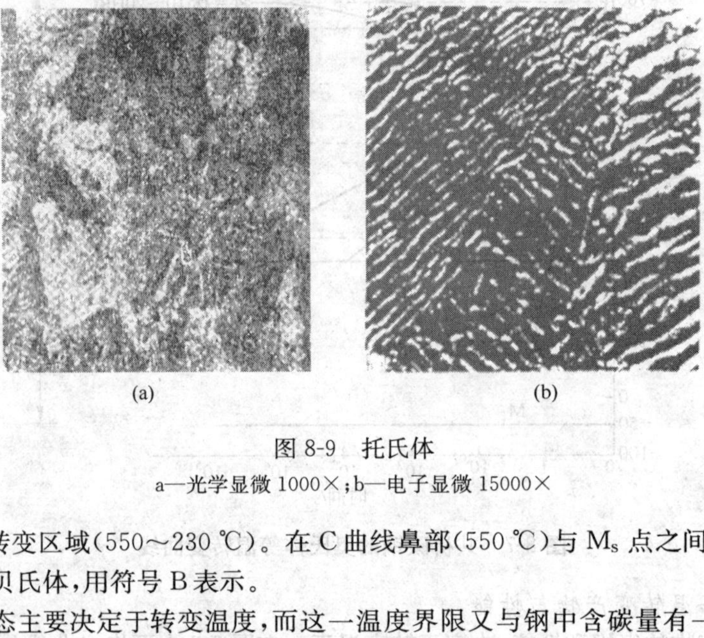

(a) (b)

图 8-9 托氏体

a—光学显微 1000×；b—电子显微 15000×

(2) 贝氏体转变区域(550～230 ℃)。在 C 曲线鼻部(550 ℃)与 M_s 点之间的范围内，过冷奥氏体等温分解为贝氏体，用符号 B 表示。

贝氏体的形态主要决定于转变温度，而这一温度界限又与钢中含碳量有一定关系。含碳量 $w_C>0.7\%$ 以上的钢，大致以 350 ℃为界(钢的成分变化时，这一温度变化不大)，高于 350 ℃的产物，组织呈羽毛状，称为上贝氏体，如图 8-10 所示；低于 350 ℃的产物，组织呈针叶状，称为下贝氏体，如图 8-11 所示。

从性能上看，上贝氏体的脆性较大，基本上无实用价值；而下贝氏体则是韧性较好的组织，是热处理时(如采用等温淬火)经常要求获得的组织。对某些钢种来说，形成下贝氏体组织是钢材强化的一条途径。如果用电子显微镜观察，上贝氏体中的碳化物渗碳体呈较粗的片状平行分布于铁素体板条间(见图 8-10b)，而下贝氏体中的碳化物是 $Fe_{2.4}C$(ε 碳化物)呈细小颗粒状或短杆状均匀地分布在铁素体针叶内(见图 8-11b)，且针叶状铁素体的碳量也有较高过饱和。由于上贝氏体的渗碳体分布在铁素体板条之间，且又不均匀，使板条容易发生脆断，故硬度虽高，但塑性和韧性差，裂纹容易扩展。下贝氏体的强度、塑性、韧性均高于上贝氏体，这是由于碳化物均匀弥散分布在铁素体针叶内造成沉淀硬化，以及铁素体本身过饱和造成固溶强化综合作用的结果。

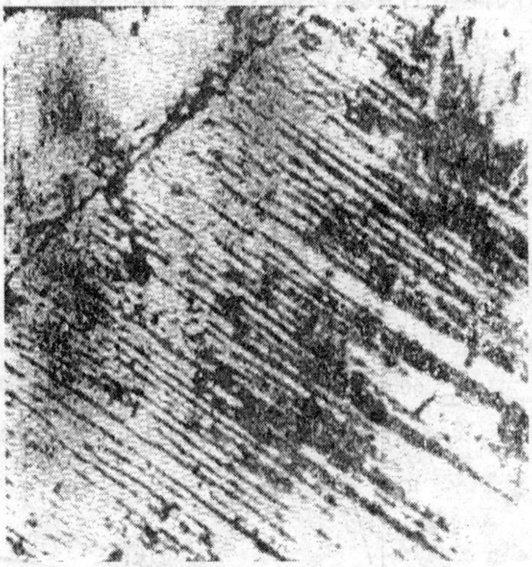
(a)

(b)

图 8-10 上贝氏体

a—光学显微 500×；b—电子显微 10000×

(a)

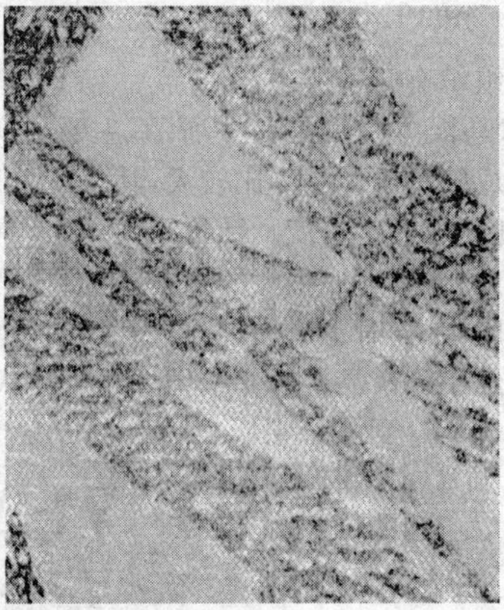
(b)

图 8-11 下贝氏体

a—光学显微 500×；b—电子显微 10000×

(3) 马氏体转变区域。在图 8-7 上有两条水平线，一条是约 240 ℃，一条为－50 ℃。若将奥氏体过冷到这样低的温度，它将转变为另一种组织，称为马氏体，用符号 M 表示。M_s 表示马氏体转变开始温度，M_f 表示马氏体转变终了温度。

钢的马氏体转变是一种非扩散性转变，因为在这样低的温度下，一方面铁原子不能发生扩散移动；另一方面由于马氏体形成的速度极大，碳原子也来不及扩散移动，所以转变只能通过切变（原子间相对移动）过程来实现。转变前后，母相和新相成分基本相同，没有成分上的变化。因此，马氏体实际上是碳在 α-Fe 中的过饱和固溶体。

马氏体的晶格模型如图 8-12 所示，碳原子嵌在 α-Fe 晶格的空隙。由于马氏体中溶有过量的碳，故使 α-Fe 晶格由体心立方变为体心正方。马氏体中含碳量越高，其晶格畸变越大，相应地马氏体硬度就越高，但塑性、韧性下降。图 8-13 所示为马氏体含碳量与其硬度之间的关系。阴影区域表明由于残余奥氏体的形成导致硬度降低的范围。

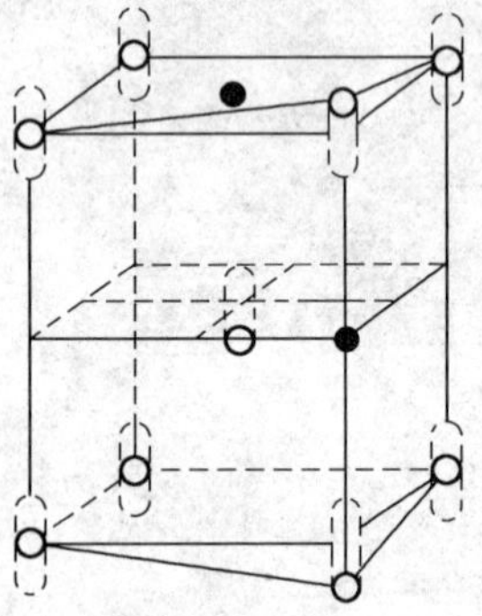

图 8-12　马氏体晶格

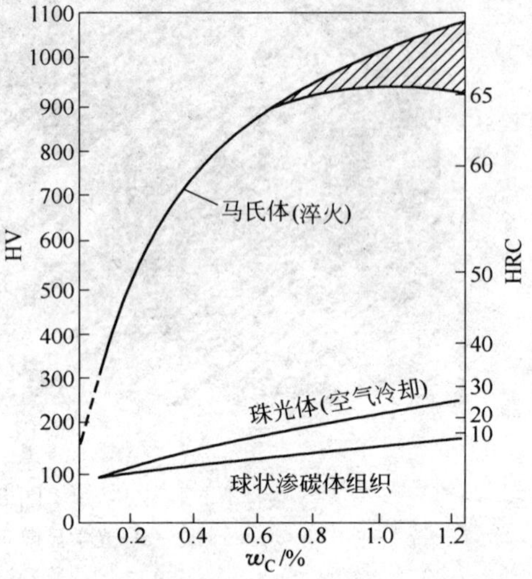

图 8-13　马氏体硬度与含碳量的关系

马氏体组织有两种形态：

1）针状马氏体。如图 8-14 所示，主要出现在高碳钢中，所以又称高碳马氏体。最先在奥氏体晶粒内形成的马氏体晶体比较大，其长度可以贯穿奥氏体晶粒。针状马氏体晶体是一批一批形成的，彼此间成一定角度。针状马氏体组织硬度高、脆性大。由于马氏体形成的速度极大，马氏体晶体彼此相遇，造成很大的撞击，因而在马氏体晶体内部或晶界地方容易出现显微裂纹，这就又增加了脆性，同时也增加了淬火开裂的危险。通过高倍透射电子显微镜分析证明，马氏体针内充满大量细小的孪晶带的亚结构，因此，针状马氏体又称孪晶马氏体。

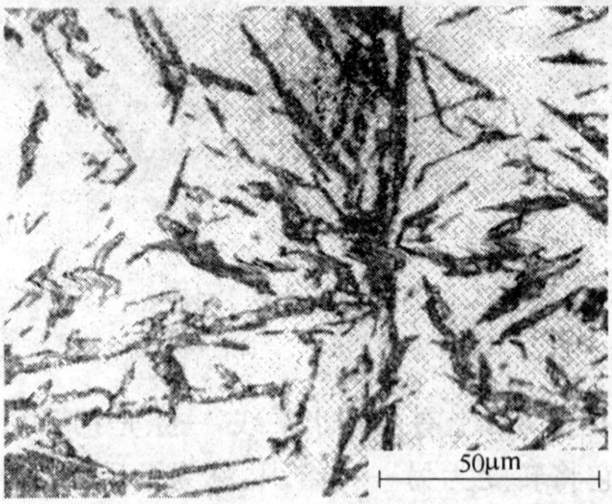

图 8-14　针状马氏体 400×（w_C＝1.3%钢）

2）板条马氏体。如图 8-15 所示，主要出现在低碳钢中，故又称低碳马氏体，它是由许多呈板条的马氏体群所构成的。在一个马氏体群里，又有许多长而窄的大致相互平行的马氏体晶体（板条）。在一个奥氏体晶粒内，通常可形成几个马氏体群，先形成的马氏体群的领域大，后形成的则小。

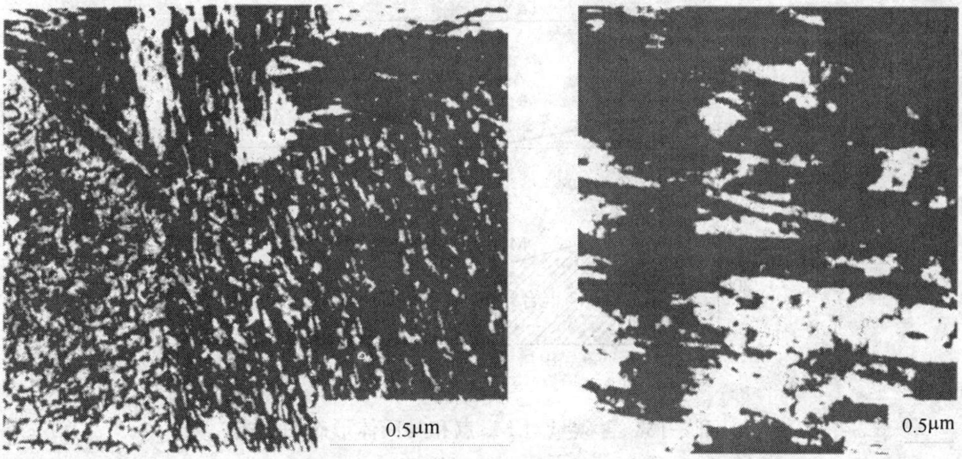

(a) (b)

图 8-15 低碳板条马氏体

a—光学显微 400×；b—电子显微 800×

由高倍透射电子显微镜的观察表明，在板条马氏体内有大量位错存在，因此这种马氏体也称为位错马氏体。

板条马氏体提高了强度和硬度的同时，塑性和冲击韧度，甚至断裂韧度均不降低。它打破了马氏体"硬而脆"的传统概念。近年来，随着对板条马氏体研究的不断深入，在生产中已日益广泛地采用低碳钢和低碳合金钢进行马氏体淬火，使获得良好力学性能的低碳马氏体组织，这在节约钢材、减轻机械质量和延长使用寿命等方面都具有很大意义。

表 8-1 所示为含碳量 $w_C=0.10\%\sim0.25\%$ 和 $w_C=0.77\%$ 的碳钢淬火后获得的马氏体组织的性能。

表 8-1 板条马氏体和针状马氏体性能比较

$w_C/\%$	马氏体形态	σ_b/MPa	σ_s/MPa	HRC	$\delta/\%$	$\psi/\%$	$a_K/J\cdot cm^{-2}$
0.10～0.25	板条状	1020～1330	820～1330	30～50	9～17	40～65	60～80
0.77	针状	2350	2040	65	≈1	30	10

一般认为，$w_C<0.2\%$ 的钢淬火后主要呈板条马氏体；$w_C>1.0\%$ 的钢淬火后主要为针状马氏体；$w_C=0.2\%\sim1.0\%$ 的钢淬火后为上述二者的混合，如图 8-16 所示。通常淬火钢是两种组织兼而有之。含碳量越低，板条马氏体越多；反之，含碳量越高，针状马氏体越多。

马氏体转变时，带来了体积增加。其原因一方面是由于晶格改变引起体积膨胀；另一方面是由于晶格畸变也会引起体积增加。所以马氏体比容（比体积）比其他组织比容大，而且含碳量越高，其比容越大。马氏体比容的增大，是造成钢在热处理时变形、开裂的主要原因之一。

板条马氏体内部含有极高密度的位错，有很强的位错强化效应；马氏体形成时把奥氏体分割成很多小块，使组织大大细化；碳及合金元素，特别是碳，除使马氏体固溶强化外，回火时析出碳化物呈弥散状态，出现第二相析出强化，且具有一定韧性。因此，获得马氏体并加上回火，是钢最经济且最有效的综合强化手段。

从图 8-7 还可以看出，马氏体转变是在一个温度范围内进行的，含碳量对 M_s 和 M_f 点有较大影响，从图 8-16 可看出，含碳量越高，则马氏体转变点 M_s 越低。当过冷奥氏体达到 M_f 终点

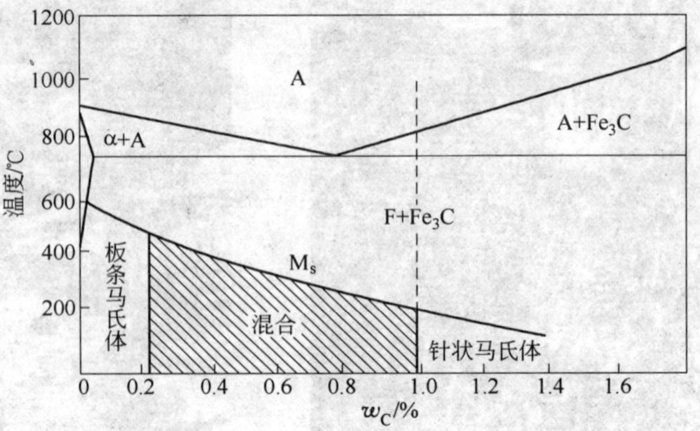

图 8-16 含碳量对 M_s 点和马氏体形态的影响

时，仍然有一部分奥氏体不能发生转变，因此马氏体转变不能完全进行，而且 M_f 点越低，未转变的奥氏体越多。这种未转变的奥氏体，称为残余奥氏体。在高碳钢的淬火显微组织里，位于马氏体针叶之间存在着的白色小块，便是残余奥氏体。

残余奥氏体对钢性能的影响，应根据具体情况具体分析，不能一概而论。总的来说，它可降低硬度、强度和耐磨性，但可提高钢的塑性和冲击韧度，甚至在一定条件下对提高断裂韧度 K_{IC} 亦有利。

C 碳对 C 曲线的影响

在正常加热条件下，w_C＜0.77％时，随着含碳量的增加，C 曲线右移；而当 w_C＞0.77％时，随着含碳量增加 C 曲线左移。故碳钢中以共析钢过冷奥氏体最稳定。此外，含碳量还影响 C 曲线的形状，如图 8-17 所示。从图可以看出，亚共析和过共析钢 C 曲线鼻尖上部区域比共析钢的 C 曲线多一条曲线。这条曲线表示过冷奥氏体转变为珠光体类型组织之前，已经开始发生相变或析出新相，即形成先共析相。亚共析钢形成先共析铁素体，而过共析钢形成先共析渗碳体。

从图 8-17a、c 可以看出，亚共析和过共析钢奥氏体化后，如果过冷到 C 曲线的最不稳定的鼻尖部分，则无先共析相析出，奥氏体可以直接转变为托氏体。这时钢的组织与共析钢一样，但钢并非共析成分，称为“伪共析组织”。

8.1.2.2 过冷奥氏体在连续冷却条件的转变

在实际生产中，过冷奥氏体的转变大多是在连续冷却过程中进行的。钢在连续冷却过程中，只要过冷度与等温转变的相对应，则所得到的组织与性能也是相对应的。因此生产上常常采用 C 曲线来分析钢在连续冷却条件下的组织。

结合图 8-7 来分析，图 8-18 中曲线①是共析钢加热后在炉内冷却，冷却缓慢，过冷度很小，转变开始和终了的温度都比较高，当冷却曲线与转变终了曲线相交，珠光体的形成即告结束，最终组织为珠光体，硬度最低 180 HBS，塑性最好。曲线②为在空气中冷却，冷却速度比在炉中快，过冷度增加，在索氏体形成温度范围与 C 曲线相割，奥氏体最终转变产物为索氏体，硬度比珠光体高(25～35 HRC)，塑性较好。曲线③是在强制流动的空气中冷却，比在一般的空气中冷却快，过冷度比曲线②大，所以冷却曲线相交于托氏体形成温度范围，最终组织是托氏体，硬度较索氏体高(35～45 HRC)，而塑性较其差。曲线④表示在油中冷却，比风冷更快，以致冷却曲线只有一部分转变为托氏体，而剩下的部分奥氏体冷却到 M_s～M_f 范围内，转变为马氏体。所以最终组织是托氏体＋马氏体，其硬度比托氏体高(45～55 HRC)，但塑性比其低。曲线⑥系在水中冷却，因为冷却速度很快，冷却曲线不与转变开始线相交，不形成珠光体型组织，直接过冷到 M_s～M_f 范围转变为马氏体，其硬度最高(55～65 HRC)，而塑性最低。

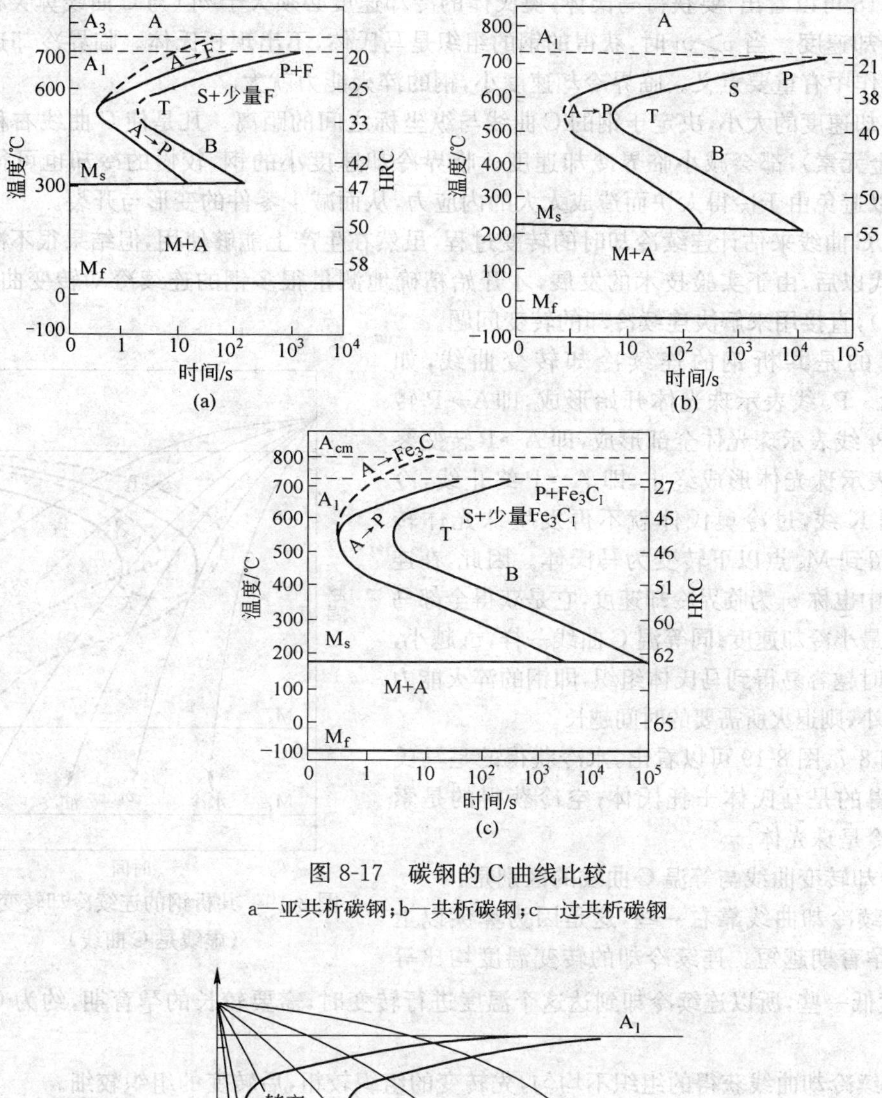

图 8-17 碳钢的 C 曲线比较

a—亚共析碳钢；b—共析碳钢；c—过共析碳钢

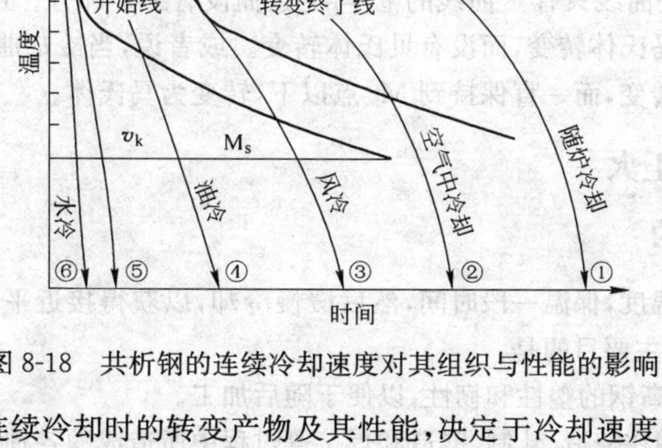

图 8-18 共析钢的连续冷却速度对其组织与性能的影响

由上可知，奥氏体连续冷却时的转变产物及其性能，决定于冷却速度。随着冷却速度增大，过冷度增大，转变温度降低，形成的珠光体弥散度增大，因而硬度增高。当冷却速度增大到一定值后，奥氏体转变为马氏体，硬度剧增。

从图 8-18 可以看出，要获得马氏体，奥氏体的冷却速度必须大于 v_k（与 C 曲线鼻尖相切），称 v_k 为临界冷却速度。当 $v>v_k$ 时，获得的钢的组织是马氏体，不出现托氏体。临界冷却速度在热处理实际操作中有重要意义。临界冷却速度小，钢的淬火能力就大。

临界冷却速度的大小，决定于钢的 C 曲线与纵坐标之间的距离。凡是使 C 曲线右移的因素（如加入合金元素），都会减小临界冷却速度。临界冷却速度小的钢，较慢的冷却也可得到马氏体，因而可以避免由于冷得太快而造成太大的内应力，从而减少零件的变形与开裂。

用等温 C 曲线来估计连续冷却时的转变过程，虽然在生产上能够使用，但结果很不准确。20 世纪 50 年代以后，由于实验技术的发展，才开始精确地测量很多钢的连续冷却转变曲线（又称“CCT”曲线），直接用来解决连续冷却的转变问题。

最简单的是共析钢的连续冷却转变曲线，如图 8-19所示。P_s 线表示珠光体开始形成，即 A→P 转变开始线；P_f 线表示珠光体全部形成，即 A→P 转变终了线；K 线表示珠光体形成终止，即 A→P 终止线，冷却曲线碰到 K 线，过冷奥氏体就不再发生珠光体转变，而是保留到 M_s 点以下转变为马氏体。因此，在连续冷却曲线中也称 v_k 为临界冷却速度，它是获得全部马氏体组织的最小冷却速度；同等温 C 曲线一样，v_k 越小，钢件在淬火时越容易得到马氏体组织，即钢的淬火能力越大。v_k 越小，则退火所需要的时间越长。

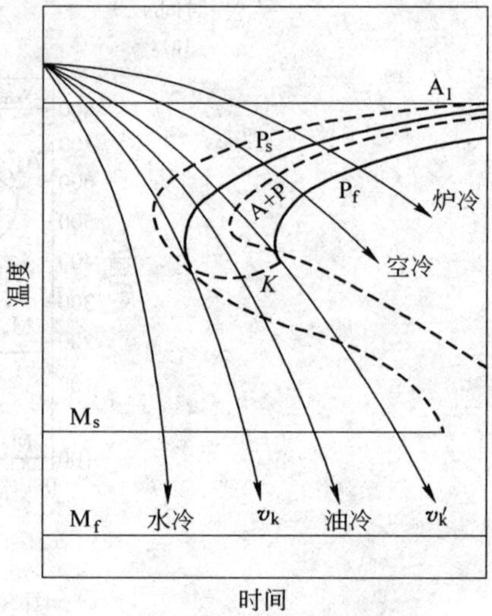

图 8-19　共析钢的连续冷却转变曲线（虚线是 C 曲线）

结合图 8-7、图 8-19 可以看出，水冷获得的是马氏体；油冷获得的是马氏体＋托氏体；空冷获得的是索氏体；而炉冷是珠光体。

连续冷却转变曲线与等温 C 曲线的区别是：

(1) 连续冷却曲线靠右一些，这是因为鼻尖以上温度越低，孕育期越短。连续冷却的转变温度均比等温转变温度低一些，所以连续冷却到达这个温度进行转变时，需要较长的孕育期，约为 C 曲线的 1.5 倍。

(2) 连续冷却曲线获得的组织不均匀，先转变的组织较粗，后转变的组织较细。

(3) 连续冷却转变曲线只有 C 曲线的上半部分，而没有下半部分。这就是说，共析钢在连续冷却时只有珠光体和马氏体转变，而没有贝氏体转变。或者说，当冷却曲线碰到 K 线时，过冷奥氏体不再发生珠光体转变，而一直保持到 M_s 点以下，转变为马氏体。

8.2　钢的退火与正火

8.2.1　钢的退火目的

把钢加热到一定温度，保温一段时间，然后缓慢冷却，以获得接近平衡状态组织的热处理方法，称为退火。退火的主要目的是：

(1) 降低硬度，提高钢的塑性和韧性，以便于随后加工。

(2) 改善或消除钢在铸造、轧制、锻造和焊接等过程中所造成的各种组织缺陷。

(3) 细化晶粒，改善钢中碳化物的形态及分布，为最终热处理作好组织和性能上的准备。

(4) 消除内应力，以减小变形和防止开裂。

8.2.2 退火工艺

8.2.2.1 完全退火

A 完全退火的目的

把钢加热到 A_{c3} 以上，保温一定的时间，使其完全转变成奥氏体并使奥氏体均匀化，然后缓慢冷却的退火方法叫完全退火。完全退火的目的是：

(1) 细化晶粒。在由于铸件自高温液态缓慢冷却，热加工时终轧（或终锻）温度过高，热处理时加热温度过高以及焊接的焊缝附近受焊接热的影响等原因常常出现晶粒粗大和组织不均的情况下，采用完全退火，即把工件加热到 A_{c3} 以上保温，使原先粗大的晶粒通过重结晶转变为细小的奥氏体晶粒，在随后冷却时便能获得细晶粒组织。

(2) 降低钢的硬度使之易于切削加工。由于退火是把钢重新加热和随后缓冷，这就使得钢件因变形或快冷而造成的残余应力，能通过高温下原子扩散和组织转变予以消除。

B 完全退火工艺参数的确定

(1) 加热温度的确定。完全退火温度必须适当地高于 A_{c3} 点，原则上是碳钢为 A_{c3}＋(30～50)℃，合金钢为 A_{c3}＋(50～70)℃，并经一定时间的保温才能使钢完全奥氏体化，并得到细小均匀的奥氏体组织。但是退火加热温度又不能太高，否则会引起奥氏体晶粒长大，以致使冷却后得到粗大的铁素体和珠光体组织，常用结构钢的退火温度及退火后的硬度如表 8-2 所示。

表 8-2 常用结构钢的退火温度及退火后的硬度

钢号	A_{c1}/℃	A_{c3}/℃	退火温度/℃	退火后硬度 HB
35	724	802	850～880	≤187
45	724	780	820～840	≤197
40Cr	743	782	830～850	≤207
40Mn2	713	766	820～850	≤217
35CrMo	738	799	830～850	≤229
40CrNiMo	732	774	840～860	≤229
38CrMoAl	800	940	840～870	≤229
50CrVA	752	788	840～900	≤201
60Si2Mn	765	810	815～870	≤229

(2) 加热速度的确定。对一般形状不太复杂，尺寸不很大的碳钢及低合金钢工件，加热速度可不预控制。但对中、高合金钢工件，特别是大件，则多采用低温装炉（≤250 ℃），分段升温的方法，其升温速度在 600 ℃以下时宜控制在 30～70 ℃/h，高于此温度时可控制在 80～100 ℃/h。

(3) 保温时间。应依照工件形状、尺寸、钢种、原始组织状态、装炉量和加热设备等因素来确定。在一般情况下，碳钢可按工件厚度 25 mm/h 计算。对合金钢，由于还要考虑奥氏体均匀化时间，可按工件厚度 20 mm/h 计算。

(4) 冷却速度。冷却速度根据钢种和性能要求而定。总的原则是使其组织在珠光体区域进行转变。若冷却太快，会使生成的珠光体片层太薄，硬度过高，不利于切削加工，若冷却太慢，则会降低生产率并出现粗大块状铁素体。冷却大致可这样控制，碳钢为 100～200 ℃/h，合金钢为 50～100 ℃/h。总之，退火后的冷却应当充分缓慢，以保证奥氏体在 A_1 温度以下不大的过冷情况下进行珠光体转变，否则将因过冷度较大而获得弥散度较大的珠光体组织，使硬度偏高，温度降至 500 ℃以下时，奥氏体向珠光体的转变已经完成，工件可出炉空冷。

完全退火工艺如图 8-20 所示。

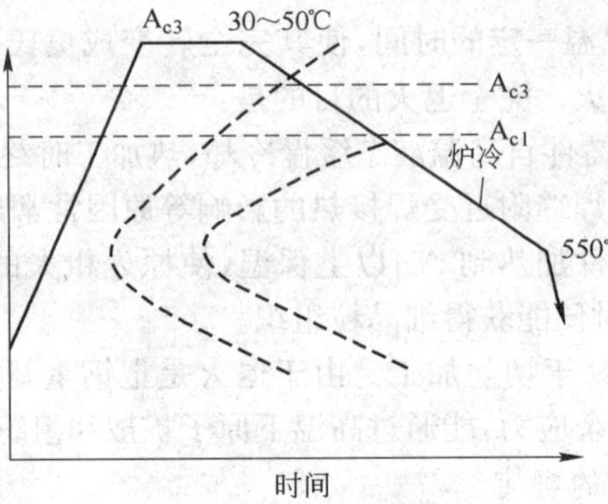

图 8-20　完全退火工艺

8.2.2.2　不完全退火

不完全退火是将钢加热至 A_{c1}～A_{cm}之间(或 A_{c1}～A_{c3}之间)，保温后缓慢冷却的退火方法。

在进行不完全退火时，如钢被加热到 A_{c1}～A_{c3}之间，得到的组织是铁素体加奥氏体，钢被加热至 A_{c1}～A_{cm}之间，得到的组织是渗碳体加奥氏体。加热和冷却时，先共析铁素体和二次渗碳体都没有变化，只有珠光体向奥氏体或相反的方向转变，不完全退火工艺如图 8-21 所示。

不完全退火主要用于过共析钢，对亚共析钢，如果原始组织晶粒细小，只是为了消除内应力或降低硬度，也可用不完全退火代替完全退火以降低成本。

8.2.2.3　球化退火

球化退火是使共析钢和过共析钢的片状珠光体和渗碳体组织球化的一种热处理工艺，球化退火后的组织如图 8-22 所示。

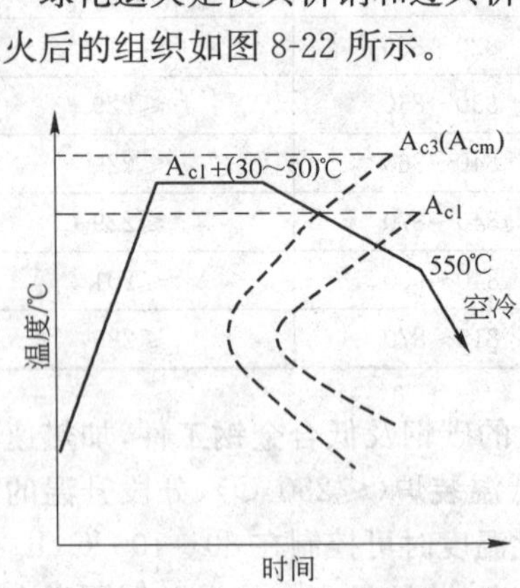

图 8-21　不完全退火

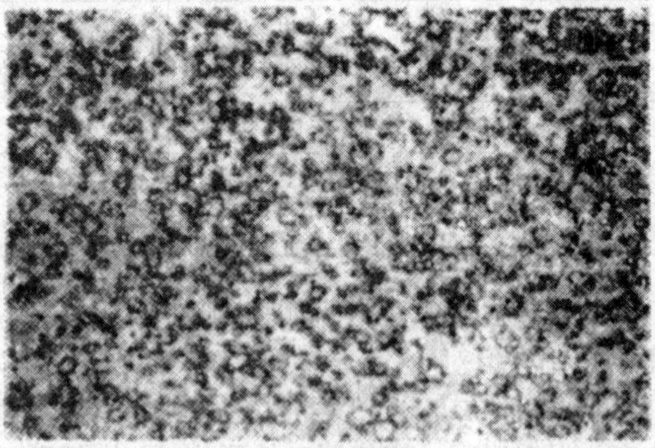

图 8-22　球化组织的金相形态 500×

A　球化退火的目的

(1) 降低硬度，改善加工性能。球化组织比片状珠光体的硬度低，因而更有利于采用高速切削，提高生产效率，节省刀具，改善切削加工表面质量。

(2) 为淬火作好组织准备。与片状碳化物相比，球状碳化物在淬火加热时较难溶解，碳化物相可阻止奥氏体晶粒长大，使钢不易过热；同时，球化退火后的组织比较均匀，这些都可以减少工件的变形和开裂倾向。

(3) 提高工件淬火回火后的耐磨性。以球状珠光体为原始组织的钢，加热时渗碳体不易溶解；淬火后可以得到在马氏体基体上均匀分布的细小坚硬的碳化物颗粒，这样就能充分地提高工件的耐磨性。

B 球化退火的原理

球化退火是依靠片状渗碳体的自发球化倾向和聚集长大，我们已经知道，原始组织为片状的珠光体在加热至 A_{c1} 温度以上时，渗碳体开始溶解，但并未完全溶解，如图 8-23 所示。一片碳化物断开为许多细的点状碳化物，弥散地分布在奥氏体基体上，同时由于加热温度较低及碳化物的不完全溶解，造成奥氏体的成分极不均匀，在随后的缓慢冷却中，或以原有的细碳化物为核心，或者在奥氏体中碳富集的地方产生新的碳化物核心，均匀地形成颗粒状的碳化物。刚形成的碳化物颗粒很小，在缓慢冷却或等温保温过程中，发生碳化聚集，由于碳化物呈片状表面积很大，若呈球形则有最小的表面，促使能量状态降低，所以最后长成一定尺寸的球状碳化物。

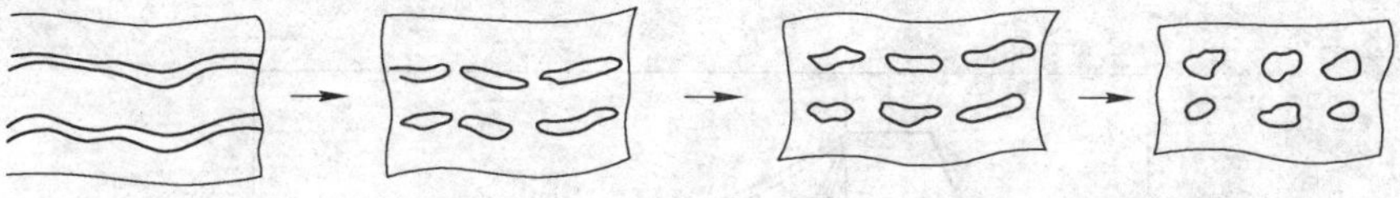

图 8-23 碳化物由片状向球状的转化示意图

C 球化退火的基本工艺

(1) 普通(缓冷)球化退火。它是将钢加热至 A_{c1}+(20～50) ℃，保温后以 20～50 ℃/h 的速度缓冷至 500 ℃以下出炉空冷。这种方法只有在工件截面大或装炉量多的情况下采用，因为它需要的时间最长。

(2) 等温球化退火。它是将钢加热至稍高于 A_{c1} 的温度，保温后冷却到 A_{r1} 以下 10～30 ℃等温一段时间，然后随炉冷至 500 ℃以下空冷，这种方法可缩短退火周期，并得到比较均匀的组织，应用较广。

(3) 周期球化退火。这种工艺的特点是加热至 A_{c1} 与 A_{r1} 之间上下周期摆动，每阶段保温 0.5～1 h。这样获得的球化效果比较好，但是由于该工艺在大件与大批量生产中难以实现，所以使用较少。各种球化退火工艺曲线如图 8-24 所示。

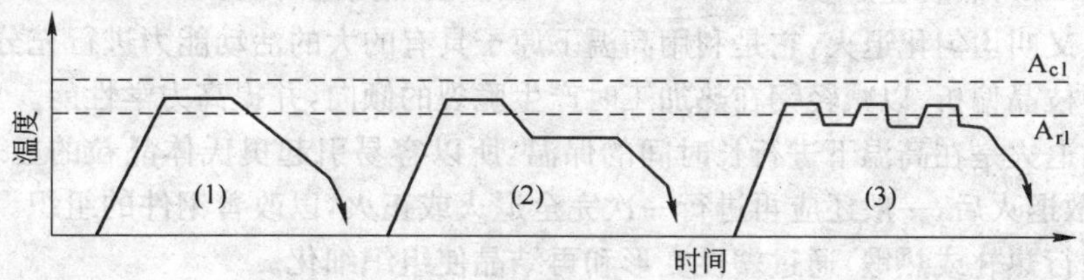

图 8-24 常用球化退火工艺曲线示意图

D 影响球化退火质量的因素

(1) 加热温度。在 A_{c1} 以上的加热温度是影响珠光体是否球化和球化好坏的主要因素。一般来说，加热温度过高，则碳化物溶解太多，奥氏体成分均匀，在随后的缓慢冷却过程中，将形成片状珠光体。若加热温度过低，则碳化物溶解不够，可能使珠光体中的部分片状碳化物被保留下来，得到细粒状组织与片状组织的混合物，使钢退火后硬度偏高。

(2) 保温时间。若保温时间过长，则得到的球化组织不均匀；若保温时间过短，则原始组织中的片状碳化物难以破碎，都达不到良好的球化效果。由于球化温度较低，故保温时间比完全退火时稍长。

(3) 冷却速度。退火时的冷却速度主要是控制碳化物的弥散度，即球状碳化物的颗粒大小，因而决定了硬度的高低。冷却速度越大，珠光体在较低温度下形成碳化物颗粒细小弥散，而且碳化物聚集作用小，硬度高，所以球化退火时，冷却速度要比普通退火慢些。

8.2.2.4 等温退火

等温退火就是将钢加热到 A_{c1} 或 A_{c3} 以上的温度，保温后将奥氏体迅速过冷到 A_1 以下某一温度等温，待其全部转变为珠光体后，出炉空冷。它主要用于过冷奥氏体在珠光体转变区内稳定性大的合金钢。

等温退火工艺曲线如图 8-25 所示。它有如下优点：(1)与普通退火相比，等温退火可以缩短时间，提高生产率；(2)可借助于对等温温度的选择来获得预期的组织和性能，并且因组织转变是在恒温下完成的，故退火后组织和性能比较均匀一致；(3)使合金钢工件退火后可以得到较低的硬度。

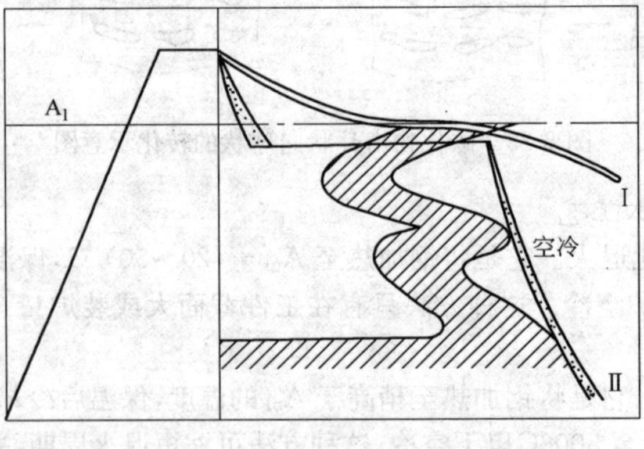

图 8-25 等温退火和普通退火示意图

8.2.2.5 扩散退火

扩散退火是把钢加热到远高于 A_{c3} 或 A_{ccm} 的温度（通常为 1100～1200 ℃），经长时间保温（一般为 10～20 h），然后随炉缓冷至 500～350 ℃出炉的热处理工艺。

扩散退火又叫均匀化退火，它是利用高温下原子具有的大的活动能力进行充分扩散，消除钢锭或铸件中的枝晶偏析，以减轻钢在热加工时产生脆裂的倾向，并提高力学性能。

因为扩散退火是在高温下进行长时间的保温，所以容易引起奥氏体晶粒的显著粗化。对铸钢件来说，扩散退火后，一般还应再进行一次完全退火或正火，以改善钢件的组织。对于钢锭，在扩散退火后进行热轧或热锻，通过塑性变形和再结晶使组织细化。

8.2.2.6 消除内应力退火

消除内应力退火是将钢加热到低于 A_{c1} 温度（一般为 500～600 ℃），保温适当时间后缓冷。

在消除内应力退火过程中，钢的组织不发生变化，它的目的在于消除铸件或某些焊接件的内应力，以减少和防止工件在使用或加工过程中产生变形或开裂。

处理中温度的影响是主要的，加热温度越高，应力消除程度越好。通常加热到 600 ℃以上便可消除绝大部分残余应力。为了避免冷却时重新造成较大的热应力，保温后应缓冷。

8.2.3 钢的正火

将钢加热至 A_{c3} 或 A_{ccm} 以上 30～50 ℃，保温后用适当的速度冷却，以得到珠光体或细小的珠光体型的索氏体（亚共析钢是索氏体和铁素体）组织的工艺过程，称为正火。

正火后得到的珠光体组织弥散度和冷却速度密切相关。冷却速度越快，过冷度越大，转变温度越低，所获得的珠光体组织将越细致（组织弥散度大）。

8.2.3.1 正火目的

对于低碳钢退火后硬度太低，切削加工性能不好，正火时用较快的冷却速度，能改变其显微组织，提高硬度，改善切削性能。对于含碳量在 0.25%～0.5%的中碳钢，正火能细化晶粒，使组织均匀，同时硬度也不高，切削性能良好，与退火相比成本也较低，另外正火还有细化奥氏体晶粒，消除魏氏组织的作用。亦可消除网状渗碳体组织。

8.2.3.2 正火工艺

如图 8-26 所示是正火和各种退火的加热温度范围，对于正火加热温度，一般推荐为 A_{c3} 或 A_{ccm} 以上 30～50 ℃，但实际都要高于这个温度范围。特别是对一些含有碳化物形成元素的钢，为了使碳化物能较快地溶入奥氏体中，常采用较高的温度。

正火的保温时间与完全退火大致相同，但当加热温度较高时，保温时间可缩短。

8.2.3.3 正火和退火比较

如图 8-27 所示是正火和退火冷却速度的比较，正火冷却速度一般比退火大，故能得到比较细小的珠光体组织，如图 8-28 所示，从而使得到的强度及硬度性能也好于退火状态，但塑韧性不如退火状态（见表 8-3）。

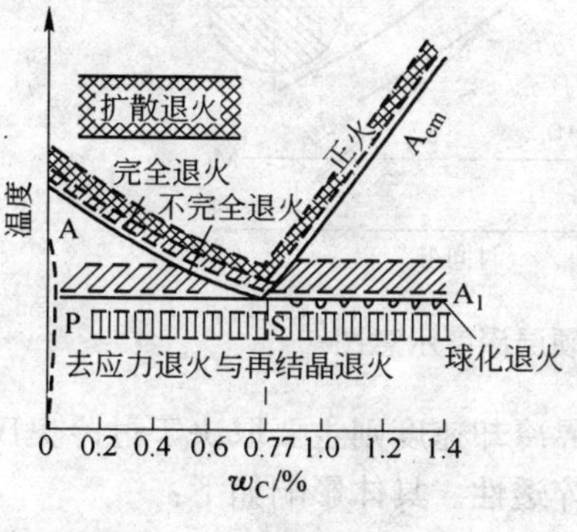

图 8-26 正火及各种退火的加热温度范围示意图

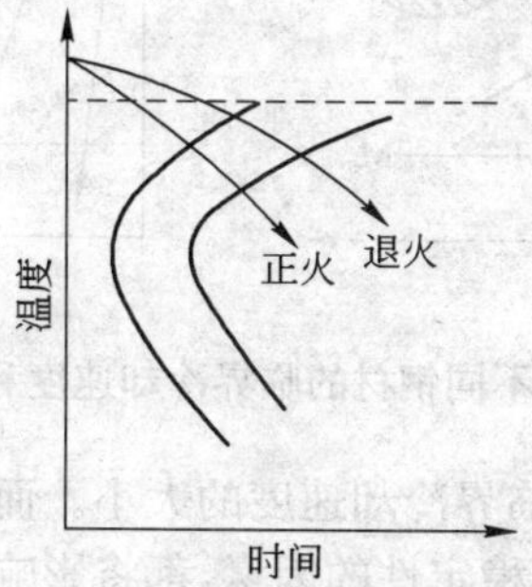

图 8-27 正火和退火冷却速度的比较

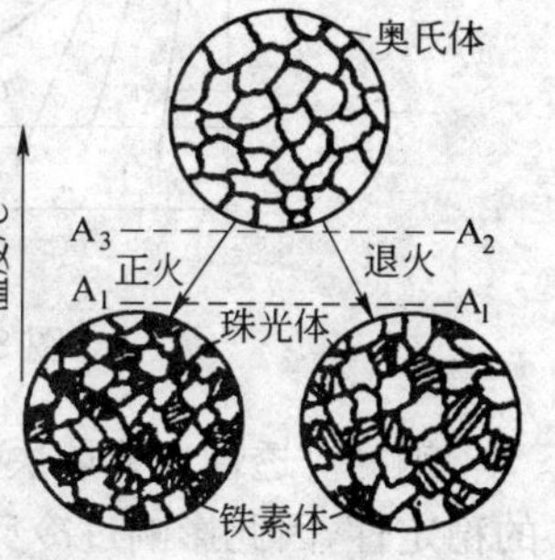

图 8-28 正火和退火组织的比较示意图

表 8-3 45 号钢退火和正火后的力学性能比较

热处理	σ_b/MPa	σ_s/MPa	δ/%	ψ/%	a_K/J·cm^{-2}	HB
退火状态	≥550	≥320	≥13	≥40	—	≤207
正火状态	≥620	≥360	≥17	≥40	≥80	≤229

8.3 钢的淬火与回火

钢的淬火是把钢加热到临界温度（A_{c3} 或 A_{c1}）以上温度，保温一定的时间，然后以超过临界冷却速度的冷速快速冷却，以获得马氏体组织的一种热处理工艺方法。

8.3.1　淬火的目的

钢淬火的主要目的是把奥氏体工件全部淬成马氏体,提高钢的强度、硬度、耐磨性,以便在适当的温度回火之后,获得所需要的组织和性能。

另外,淬火还能使工件获得某些特殊的物理性能或化学稳定性,例如,提高不锈钢的耐腐蚀性,增强磁钢的永磁性等。

8.3.2　钢的淬透性和淬硬性

8.3.2.1　淬透性的概念和影响淬透性的因素

所谓钢的淬透性,就是钢在淬火时能够获得马氏体的能力,它是钢材本身固有的一个属性。

由于钢件淬火时,热量总是由心部向表层散发,所以沿整个截面的温度下降速度是不一致的,表面层的冷却速度最大,中心层的冷却速度小,因而在淬火后表面与心部有可能得到不同的组织;若工件心部冷速小于临界淬火速度,则淬火后表面为马氏体组织,心部将形成部分贝氏体,甚至还可能出现铁素体及珠光体组织,显然,如果工件表面层和中心层的冷却速度都大于临界淬火速度,则沿工件整个截面都得到马氏体组织,因此,当工件尺寸与淬火规范一定时,不同钢材淬火后得到的淬硬层深度将不同,如图 8-29 所示。

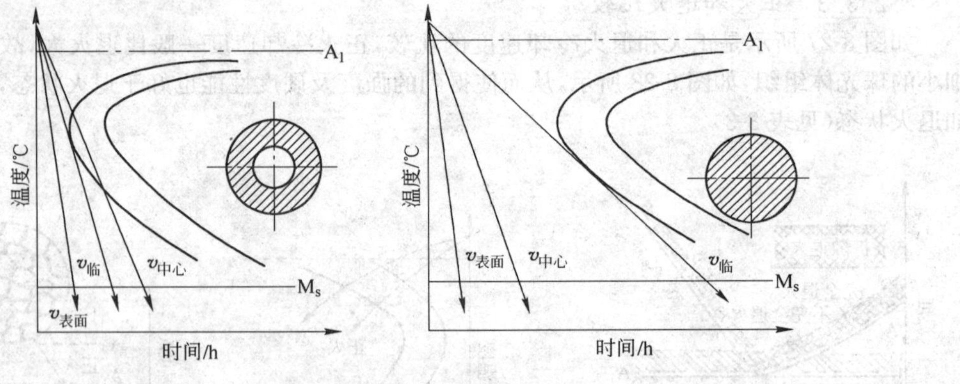

图 8-29　不同钢材的临界冷却速度和淬硬层深度示意图

钢的淬透性主要取决于其临界冷却速度的大小。而临界冷却速度则主要取决于过冷奥氏体的稳定性,因此影响过冷奥氏体稳定性的因素,都将影响其淬透性。具体影响如下:

(1) 合金元素的影响。除 Co 元素外,大多数合金元素渗入奥氏体使 C 曲线右移,从而提高钢的淬透性。

(2) 奥氏体化条件。奥氏体化温度越高,保温时间越长,由于奥氏体晶粒粗大,成分均匀,各种碳化物溶解彻底,使过冷奥氏体稳定,淬火临界冷却速度小,故钢的淬透性增大。但粗晶粒并不适宜,因为它引起强度和塑性下降,开裂倾向增大。

(3) 原始组织的影响。由于珠光体的类型及碳化物分布的不同,在奥氏体化时将会影响到奥氏体的均匀性,从而影响钢的淬透性。碳化物越细小,溶入奥氏体越迅速,越有利于钢的淬透性的提高。

在影响淬透性的因素中,起主要作用的是钢的化学成分,尤其是钢中的合金元素,这也是合金钢的淬透性一般都比碳钢好的原因。

8.3.2.2 淬透性与淬硬性的区别

淬硬性是与淬透性截然不同的一个概念，所谓淬硬性是指钢淬火后马氏体所能达到的最高硬度，它主要取决于钢中的含碳量，而与合金元素的含量关系不大，含碳量越高，钢的淬硬性越好。但淬硬性高的钢，不一定淬透性就好，例如，高碳低合金钢。而淬硬性低的钢，也可能具有好的淬透性，例如，低碳高合金钢。

8.3.3 淬火工艺

8.3.3.1 淬火加热温度的选择

碳钢的淬火加热温度范围如图 8-30 所示。

通常亚共析钢的淬火加热温度为 A_{c3} +(30～50)℃。这是因为对亚共析钢来讲，室温下的平衡组织是珠光体+铁素体。当加热到 A_{c3} 以上时，铁素体才能全部溶于奥氏体中，故淬火温度为 A_{c3} +(30～50)℃，只有这样，在加热时才能得到单一的奥氏体组织，而在随后的冷却中能得到马氏体组织。如温度选择在 A_{c1}～A_{c3}之间，组织中仍有一部分低硬度的先共析铁素体存在，则经淬火后，奥氏体转变为马氏体，而铁素体被保留下来，铁素体的存在，不仅使钢达不到应有的高硬度，并且经回火后，由于碳化物分布不均，力学性能尤其是韧性得不到提高，因此，亚共析钢的淬火温度必须在 A_{c3} 以上。但是也不能把淬火加热温度定在远高于 A_{c3} 以上，因为这样除了加剧钢的氧化和脱碳以外，还会引起奥氏体晶粒显著粗化，并在淬火冷却时，增加钢的变形和开裂倾向。

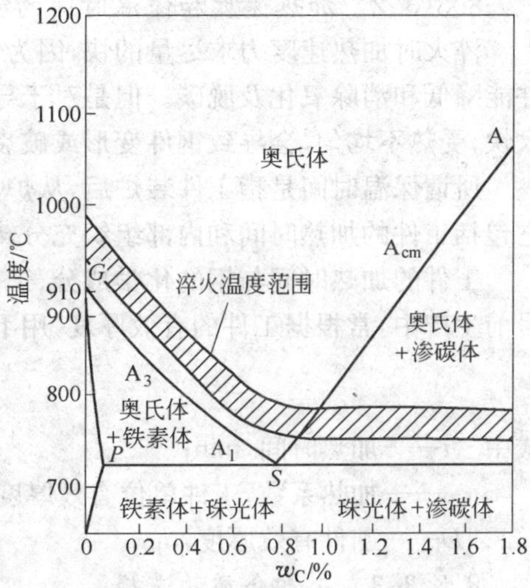

图 8-30 碳钢的淬火加热温度范围

共析钢和过共析钢的淬火加热温度一般为 A_{c1} +(30～50) ℃，这是因为在此温度加热，经淬火冷却后，得到马氏体和渗碳体组织(有少量残留奥氏体)。由于渗碳体的硬度比马氏体还高，故它的存在会使钢的耐磨性大大增加，对于主要作为工具钢使用的过共析钢，这种组织和性能是很适合的。但是在淬火前，渗碳体必须呈细粒状分布，而不允许以片状，更不允许以网状形式存在，因为这样会增加钢的脆性，促进淬裂倾向。如果加热至 A_{ccm} 以上，先共析渗碳体全部溶入奥氏体，使奥氏体的含碳量增加，奥氏体晶粒长大，马氏体转变点 M_s 点和 M_f 点降低，淬火后得到粗大的马氏体组织，而且还保留了大量的残余奥氏体。因而使钢的脆性增加，耐磨性及韧性降低。另外，由于淬火加热温度高，钢的氧化脱碳，变形开裂的倾向也变得严重。因此，过共析钢不能采用过高的淬火加热温度，但如果温度过低，又会降低奥氏体的稳定性，淬火后就有可能得到非马氏体组织(如珠光体、贝氏体等)，使硬度达不到要求。

对于低合金钢，可根据其临界温度 A_{c1} 和 A_{ccm} 按上述原则来确定。若钢中含有强碳化物形成元素，如钒、铌及钛等，其奥氏体晶粒粗化温度高，淬火温度应偏高一些，以加速这类元素所形成的碳化物溶解，提高奥氏体中含碳量和合金元素含量，从而提高过冷奥氏体的稳定性。

除了化学成分以外，淬火加热温度还与其他因素有关。首先是工件的尺寸和形状的影响，一般来说大尺寸的工件宜用较高的淬火温度，小尺寸的则采用较低的淬火温度，这是因为大工件加热慢，温度低容易造成加热不足，使钢不易淬硬，因而适当提高淬火温度可以避免上述缺点，并增加工件的淬硬层深度，小工件加热快，温度高容易引起过热，同时变形也增大，故应适当降低淬火温度(即取下限)。从工件的形状来看，形状简单的，淬火温度过一些也无妨，而形状复杂的则应尽可能采用较高的淬火温度。还有就是冷却介质的影响，对于冷却能力较强的冷却介质(如水及水基溶液)，应采用较低的淬火温度，而采用冷却能力较小的油及熔盐作为冷却介质，则宜采用较高的淬火温度。

最后是原始组织的影响，在一般情况下，原始组织的弥散度较大(如细片状珠光体，龟状珠光体等)时，淬火加热温度应低一些，若工件原始组织中有带状组织或断续网状碳化物者，则淬火加热温度宜稍高一些。另外，对本质细晶粒钢，淬火温度可以适当提高，相反对本质粗晶粒钢淬火温度应低一些。

8.3.3.2 加热速度和保温时间的确定

淬火时加热速度力求尽量的快，因为快速加热可以提高热处理车间的生产效率和降低成本，并能降低和消除氧化及脱碳。但是对于导热性差的合金钢或大型钢材，一定要经过预热，若加热太快，受热不均匀，会导致钢件变形或破裂。

所谓保温时间是指工件装炉后，从炉温上升到淬火温度算起到工件出炉为止所需要的时间。它包括工件的加热时间和内部组织充分转变所需要的时间。

工件的加热时间与钢的化学成分、工件形状、尺寸或重量、加热介质、炉温等许多因素有关。目前生产中，常根据工件的有效厚度，用下列公式来确定加热时间

$$t=\alpha D$$

式中 t——加热时间，min；

α——加热系数，工件单位有效厚度所需要的加热时间，min/mm；

D——工件有效厚度，mm。

8.3.3.3 冷却介质的选择

钢在加热获得奥氏体后需要用一定冷却速度的介质冷却，保证奥氏体过冷到 M_s 点以下转变为马氏体。如果介质的冷却能力太大，虽易于淬硬，但容易变形和开裂；而冷却能力太小，钢件又淬不硬。常见的淬火介质有油、水、盐水、碱水等，其冷却能力依次增强。

由钢的过冷奥氏体等温转变曲线可知，钢在淬火冷却时，并不是在整个降温过程中(即由淬火温度至室温区间)都需要急速冷却。而只是在珠光体和贝氏体相变孕育期最短的“鼻子”温度处需要快冷，以免过冷奥氏体发生珠光体或贝氏体分解，而在其余的温度区间，尤其在马氏体相变温度区间则希望缓慢冷却，以免钢件发生淬火变形与开裂。如图 8-31 所示即为淬火过程的理想淬火冷却曲线。

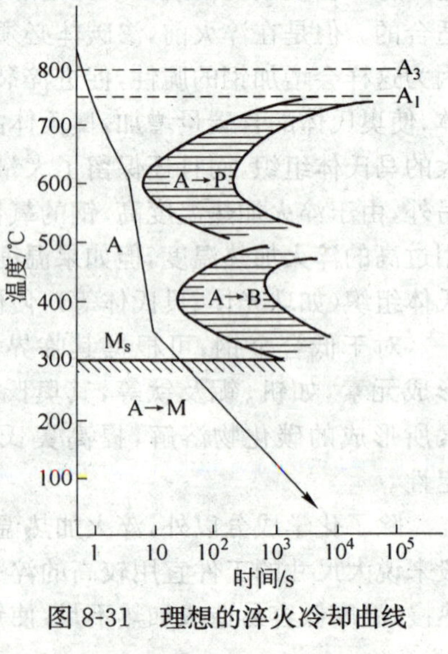

图 8-31 理想的淬火冷却曲线

目前很难找到这样的理想淬火介质。不过若能对淬火介质合理选用，并配以适当的淬火方法，还是可以基本满足工件对冷却速度的不同要求，在保证淬硬的情况下做到减少变形和防止开裂。为此需了解常用淬火介质及其性能：

(1) 水是应用最普遍的淬火介质。在 650～500 ℃范围内具有很强的冷却能力，但在 300～200 ℃需要慢冷时，它的冷却能力仍很强，所以水淬时，工件容易发生变形或裂纹，这是水的主要缺点。淬火时水温 15～40 ℃。水温超过

40 ℃，在 650～550 ℃区间冷却能力降低，而 300 ℃以下的冷却能力仍然很强；此外，较大的碳钢工件在水中淬火时，容易在工件表面形成蒸汽膜，如果没有及时清除破坏它，便降低局部冷却速度，造成软点。

由于水价廉便宜，使用安全、洁净，故目前仍是碳钢最常用的淬火介质。

(2) 盐水和碱水。如果在水中添加能溶于水的盐、碱等物质，则淬火时，水中的盐和碱会在炽热工件的表面析出和爆裂。这不仅能破坏蒸汽膜，而且工件表面的氧化皮也可被炸成碎片，使工件得到迅速冷却。

不同浓度的食盐水溶液的冷却能力也不同，浓度不能过高，否则不仅不能增加冷却能力，相反还会由于黏度增加，导致冷却速度的下降；浓度也不能过低，否则冷却能力降低。所以使用食盐水溶液时要注意调整其浓度。盐水被广泛用于碳钢的淬火。

浓度为 10%～15%的 NaOH 水溶液，在高温下其冷却能力比水和盐水都高，而在低温区域其冷速则比水和盐水都低，而且随着浓度的增加，其低温区域的冷却速度更为减小，但是在高温区却仍具有足够的冷却速度。

在碱液中淬火，不仅易于得到高而均匀的硬度，而且工件的变形、开裂倾向也较小。特别是在高浓度、中浓度的碱水溶液，这种优越性表现得更为突出。另外，碱水溶液对已经氧化的工件表面发生还原反应，析出氢使氧化皮容易脱落，因此碱液中淬火的工件不仅具有外观较好的银白色表面，而且可以免除氧化皮的清理工序。

与纯水或盐水相比，碱水溶液的缺点是：价格昂贵，腐蚀性较强，对工件及设备都有腐蚀作用，淬火时有刺激性气体，容易飞溅伤人，溅在皮肤上对皮肤有刺激作用，所以，尽管它具有上述优点，但在生产上的应用却不如盐水溶液广泛，而且其在使用过程中稳定性也较差，容易吸收空气中的二氧化碳，从而导致其成分的改变，冷却能力降低，故在使用过程中也需要经常检查并及时更换。

(3) 油是很常用的冷却介质之一，最早采用的油是动物油、植物油，其冷却能力虽然比水要弱，但仍具有一定的冷却能力，且油温升高时对淬火能力影响不大，因此较为理想。但由于它来源困难，价格高，产量有限，容易老化，故现在基本上已用矿物油所代替。

用油作为淬火介质的最重要优点是低温冷却段冷却速度特别慢，淬火工件可以缓慢通过马氏体相变温度区间，因而可以显著减少组织应力和热应力，从而对防止变形和开裂是十分有利的。但是在 500～650 ℃的高温区的冷却能力不足，对截面较大的碳钢及低合金钢不易淬硬，而且在油中淬火后表面容易沾污，不够光洁，所以使用上有一定的局限性，因此，在油中淬火只能适用于过冷奥氏体稳定性较好的中小型合金钢工件的淬火。

为了改善油的冷却能力，还可采用适当提高油温，强力搅拌循环以及加入添加剂等方法。

提高油温后，油的黏度显著下降，流动性增加，从而有助于油的对流传热，提高其冷却能力，但过高的温度也是不适宜的，一则将使其冷却能力降低，再则有使油引起燃烧的危险。

在生产上淬火用的油多数是 10 号、20 号、30 号机油，其号数越高，则黏度越大，冷却能力越低，但使用温度也可较高。

8.3.3.4 淬火方法

将工件加热到淬火温度，用不同的方法进行冷却，以达到淬火的目的，这种不同的热处理操作方法称作淬火方法。

在淬火过程中，为了避免由复杂的内应力所引起的变形和开裂等淬火缺陷的发生，除了正确制定加热规范外，正确地选择冷却方法也是避免或减少变形及淬火开裂的重要措施。现将常用的淬火方法及其特点简述如下：

(1) 单液淬火。它是将加热奥氏体化后的工件放入一种淬火介质中，一直冷却到转变结束为止的方法。如图 8-32 所示。一般来说，碳钢多用水或水溶液淬火，而合金钢常用油淬。但是水淬常常容易引起过大的变形，甚至开裂，而油淬则不一定总能保证淬硬。因此单液淬火，不管水淬还是油淬，都有很大缺点。不过单液淬火操作简单易于掌握，而且便于实现机械化。故对一些形状简单，尺寸不大，变形要求不严的工件常采用单液淬火。

(2) 双液淬火。为克服单液淬火的缺点，在高温区选用冷却能力较强的介质，低温时转入冷却能力较弱的介质中，即将两种介质结合起来运用，此即双液淬火，如图 8-33 所示，此方法也常称作水淬油冷，它多用于形状较复杂的碳钢工件或某些大截面工件。

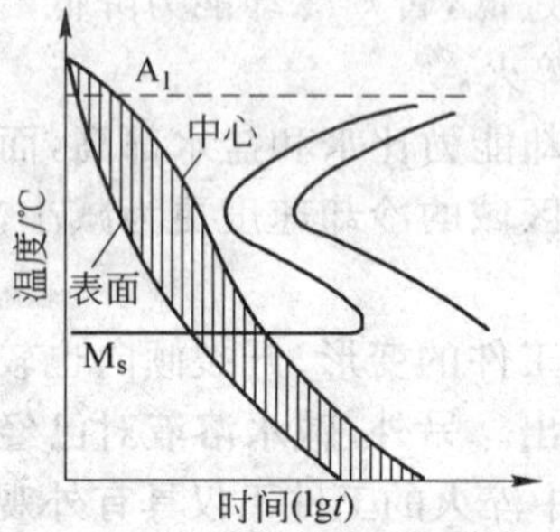

图 8-32　单液淬火法示意图

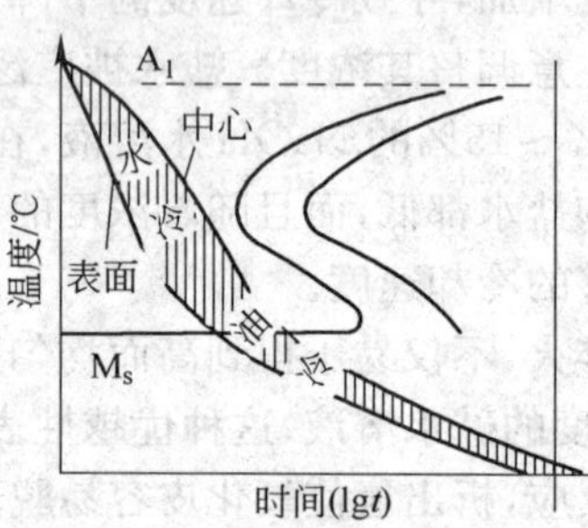

图 8-33　双液淬火法示意图

这种方法常用的是水-油双液淬火，开始时因为水冷速太快，使工件能迅速躲过 C 曲线的鼻尖部分，当工件温度下降到稍高于 M_s 点的温度（300～400 ℃），再立即转入冷却能力较低的油中冷却。直至马氏体转变结束，这样能减少工件内部的温差，防止淬火过程中的变形和开裂。此法特别适合高碳工具钢。同理也可以采用油-空气淬火。

双液淬火的关键是要准确控制工件在第一种介质中停留的时间，或者说工件由第一种介质转入第二种介质时的温度。若在第一种介质中停留的时间过短，容易形成珠光体型组织；在第一种介质中停留的时间过长，则变成单液淬火。

(3) 分级淬火。把加热奥氏体化后的工件放入温度略高（也可略低）于 M_s 点的淬火介质中停留一段时间，使工件表面的温度与中心的温度基本均匀一致，在奥氏体开始分解之前，取出在空气（或油）中冷却，使奥氏体转变为马氏体，这种淬火方法称作分级淬火，其冷却曲线如图 8-34 所示。

工件进行分级淬火有很多优点，首先分级淬火缩小了工件与冷却介质之间的温差，因而明显减小了工件在冷却过程中产生的热应力，由高温状态淬入 200 ℃左右（略高于 M_s 点）的浴炉，产生的热应力比双液淬火还要小，其次是通过分级保温，整个工件温度趋于均匀，使工件在随后的冷却过程中表面和心部马氏体转变的不同时性明显减少，再则由于恒温停留所引起的奥氏体稳定化作用，增加了残余奥氏体量，从而减少了在马氏体转变时所引起的体积膨胀。

分级淬火的缺点是在 200 ℃左右的盐浴炉中冷速缓慢，对淬透性较低的钢，容易在分级过程中形成珠光体，故一般只适用于截面尺寸不大，形状较复杂的碳钢和合金钢工件。为了克服这个缺点，在生产中有时采用 M_s 点以下的分级淬火，图 8-34 所示，它的特点是第一段的冷却速度加大，适用于低淬透性钢而尺寸较大的零件，并能保证较小的内应力。

(4) 等温淬火。等温淬火是指把工件加热到奥氏体化后，冷却到 M_s 点以上某一温度等温一段时间，使奥氏体转变成下贝氏体的淬火方法。其冷却曲线如图 8-35 所示。

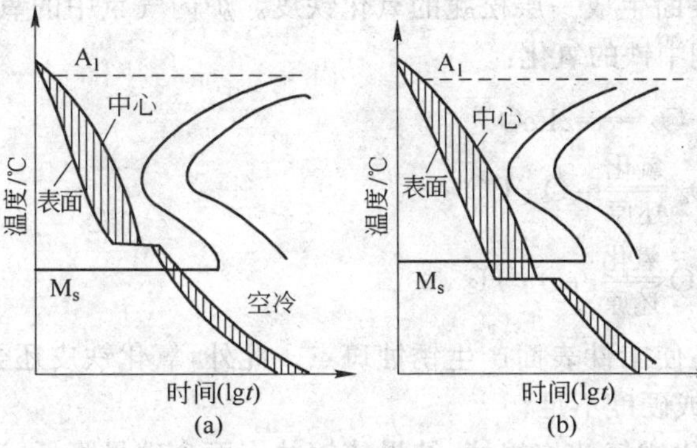

图 8-34　分级淬火示意图

a—高于 M_s 点的分级淬火；b—低于 M_s 点的分级淬火

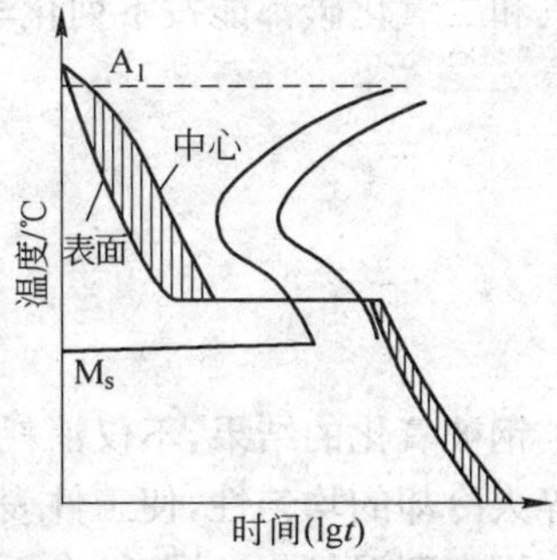

图 8-35　等温淬火示意图

等温淬火产生的内应力很小，工件不易发生变形与开裂，而且下贝氏体组织具有较高的强度、硬度、耐磨性和韧性。一般情况下，等温淬火后可不再进行回火处理。

由于盐浴或碱浴的冷却能力低，故等温淬火只适用于处理形状复杂或尺寸要求精确而较小的工件。对于一些硬度要求很高的工件，采用等温淬火往往达不到要求。

8.3.3.5　冷处理

高碳钢及一些合金钢，由于 M_f 点位于零度以下，淬火后组织中有大量残留奥氏体。若将钢继续冷却至零度以下，会使残余奥氏体转变为马氏体，这种操作称为冷处理。其工艺曲线如图8-36所示。

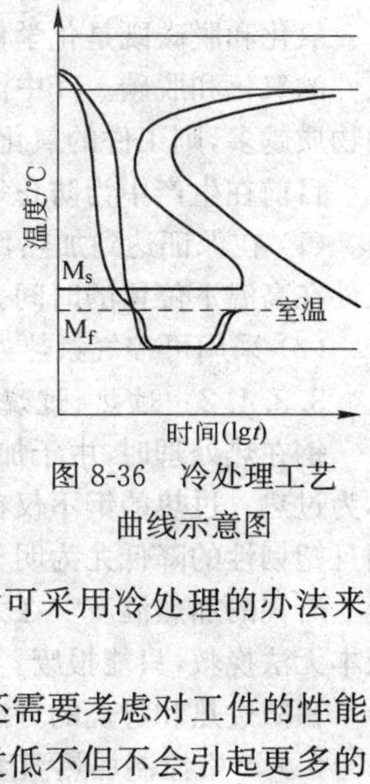

图 8-36　冷处理工艺曲线示意图

冷处理的目的是最大限度地减少残余奥氏体，从而进一步提高工件淬火后的硬度和防止工件在使用过程中因残余奥氏体的分解而引起的变形。通常可以把冷处理看作是淬火的继续。

由于进行冷处理使残余奥氏体的量减少，所以它具有如下优点：

(1) 增加钢的硬度。如用于各种工具钢以及渗碳钢件可提高其耐磨性与使用寿命。

(2) 可增加工件的尺寸稳定性。由于基本消除了引起尺寸变化的因素(残留奥氏体)，致使尺寸得到稳定。

(3) 利用残留奥氏体向马氏体转变而发生体积增大的原理，有时可采用冷处理的办法来挽救因尺寸缩小而报废的产品。

冷处理温度的确定主要是根据钢的马氏体转变终了点 M_f，同时还需要考虑对工件的性能要求和设备条件等因素。通常冷处理温度选在 M_f 点附近。因为温度过低不但不会引起更多的残留奥氏体向马氏体转变，而且还可能引起更大的内应力，降低钢的韧性。

冷处理一般多在工件淬火后进行，否则由于奥氏体的稳定化现象，将减弱冷处理效果。为了减少冷却过程中的应力，对于有些形状复杂的工件应随冷却设备同时从室温冷至处理温度。冷处理以后务必进行回火或时效，以获得更稳定的回火马氏体组织，并使残余奥氏体进一步转变和稳定化，同时使淬火应力充分消除。

8.3.4　淬火缺陷及防止措施

8.3.4.1　氧化和脱碳及其防止措施

钢材的氧化与脱碳是加热到高温时，炉气中的气体成分与钢材表面发生化学反应的结果。

所谓氧化，就是指铁的氧化，即在工件表面生成一层松脆的氧化铁皮。炉内气氛中的氧、水蒸汽和二氧化碳都能按下列化学反应引起钢中铁的氧化：

$$2Fe+O_2 = 2FeO$$

$$Fe+CO_2 \underset{\text{还原}}{\overset{\text{氧化}}{\rightleftharpoons}} FeO+CO$$

$$Fe+H_2O \underset{\text{还原}}{\overset{\text{氧化}}{\rightleftharpoons}} FeO+H_2$$

钢被氧化的结果，不仅消耗金属，有时还使工件表面产生锈蚀斑点。此外，氧化铁皮还会影响淬火冷却的均匀性，使工件表面硬度不均或硬度不足。

钢在高温氧化的同时，表面碳分已被氧化成气体烧损掉，结果使钢的表面含碳量降低，这种现象称为脱碳。

脱碳使工件表面层的含碳量降低，从而使工件淬火后硬度和耐磨性，尤其是疲劳强度下降。

在实际生产中，工件的氧化和脱碳经常是同时出现的，但是随着外界气氛氧化作用的强弱不同，二者发展的程度也将不同。总的来说，炉气中含有 H_2O、CO_2 与 O_2 越多则氧化性越强，同时，氧化性的气氛其脱碳作用也强，因为主要的氧化气体如 H_2O、CO_2、O_2 也是强烈的脱碳气体。

氧化和脱碳是热处理过程中不可避免的，但是当氧化与脱碳的程度达到严重损害工件热处理后的使用性能和寿命时，它们即成为不可允许的缺陷了，甚至还导致工件的报废。

氧化和脱碳既是化学作用过程，又是原子扩散过程，所以温度的增加和时间的延长都将加剧工件的氧化和脱碳。其中温度的影响尤为剧烈。加热介质中 O_2、CO_2、H_2O、SO_2 及 CO 等氧化性物质越多，则工件的氧化脱碳就越严重。此外，碳钢的含碳量越高，其脱碳倾向越强。

目前在生产中为防止氧化脱碳，常用以下的办法。

(1) 在保证达到加热目的的前提下，选择加热规范时，应尽量采用较低的温度，尽可能缩短工件在高温下停留的时间。采用预热或高温入炉等方法，都能缩短加热时间，减少氧化、脱碳。

(2) 采用可控气氛热处理。

8.3.4.2　过热、过烧及其防止措施

钢在热处理时，由于加热温度过高或高温停留时间过长，造成奥氏体晶粒显著粗化的现象，称为过热。过热的钢不仅在淬火时容易引起变形和开裂，更重要的是明显地降低了其力学性能，而且塑韧性的降低尤为明显。

若钢的加热温度实在太高，故使晶界被严重氧化甚至熔化的现象，称为过烧。钢一旦过烧，根本无法挽救，只能报废。

预防过热和过烧的方法是：

(1) 严格控制加热温度和保温时间。

(2) 经常检查仪表的准确程度，防止因仪表失灵而超温。

(3) 经常观察炉膛火色，看其是否与所需的加热温度相符。

过热的工件，应进行 1～2 次正火或退火处理，使钢的晶粒变细后，再按正确工艺淬火。但这样并不是在任何情况下都是可行的。仅仅是多次高温加热所引起的氧化、脱碳以及变形，对好些工件来说，都是不能允许的，所以最重要的还是在加热过程中，恰当地选择加热规范则过热完全是可以防止的。

8.3.4.3　淬火变形、开裂及其防止措施

淬火马氏体的比容较其他组织都大，淬火后的工件均发生体积膨胀，由于体积变化和在工件各部分加热冷却的不均匀，形成的淬火应力将导致工件发生不均匀的塑性变形，从而使工件发生

畸变或弯曲。当淬火应力在工件内超过材料的强度极限时，在应力集中处将导致开裂，可见淬火内应力的存在是造成工件变形与开裂的根本原因。

淬火内应力根据其产生原因，可分为两大类：

(1) 热应力。它是在加热或冷却时，由于工件各部分之间存在的温差所造成的热胀冷缩先后不一致而产生的内应力。工件自高温冷却时体积要收缩。由于表面冷却快，温度低，收缩大，而心部冷却慢，温度高，收缩小，使表面受压力，心部受拉应力，一般变形趋势呈腰鼓形状如图8-37所示，立方体各面凸起，棱角变圆，长圆柱体长度缩短，直径变粗，扁平圆板高度增大，直径缩小。此种变形的主要原因是温度分布不均匀造成的。

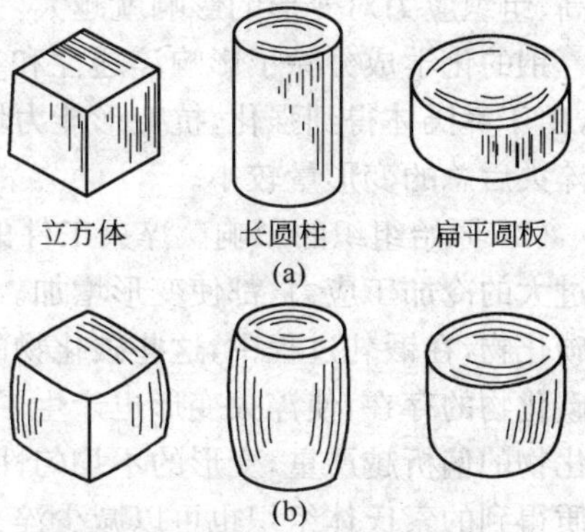

图 8-37 简单形状工件在热应力作用下的变形趋向

a—原始形状；b—多次淬火后的形状

如果淬火冷却速度越快，淬火加热温度越高，工件截面积越大和钢的导热性越差，则变形量越大。而凡属影响传热，并妨碍均匀加热和冷却的因素，都会造成由于热应力引起的工件变形。

(2) 组织应力。钢中各基本组织的比容是各不相同的。其比容按马氏体、回火马氏体、下贝氏体、托氏体、索氏体、珠光体及奥氏体的顺序，依次减小，所以钢中因温度变化而进行相变时，必定伴随有体积变化。由于工件的表层和心部冷却速度和温度的不一致，则表里的相变不可能同时进行，或者不是进行同一种转变，形成了不同的组织，从而使得内外体积变化不一，产生了内应力，这种由于工件表里或各种部分之间组织转变的时间先后不同而造成的内应力，称为组织应力。

当淬火快冷时，工件各部分的冷却速度不一致，工件表层(或薄处)先冷到 M_s 点以下，发生组织转变和体积膨胀，而此时中心部分(或厚处)却尚未开始发生转变和膨胀，这种组织转变的不同时性使各部分互相制约而产生组织应力。另外，如果工件淬火时心部冷却达不到临界冷却速度，淬火后表层为比容最大的马氏体，心部则为比容较小的珠光体(或贝氏体)型组织，这种组织转变的不一致性也会引起组织应力。

淬火过程中组织应力的变形情况恰好与热应力相反，表现为工件沿最大尺寸方向伸长，力图使平面内凹，棱角突出。如图 8-38 所示。这种变形主要是组织转变所引起的，如果奥氏体中的含碳量和淬火形成的马氏体量越多，则体积变形越大，若残余奥氏体量多，则体积变形程度减轻。

影响淬火变形的因素有以下几点：

(1) 钢的化学成分的影响。钢的成分主要通过对淬透性及 M_s 点的影响而影响工件的变形。钢的淬透性高时，临界冷却速度较小，如淬火时可采用较缓慢的冷却介质，因而其热应力就相对小一些，淬透性低时，淬火时要采用较为剧烈的冷却介质，因而在工件截面造成的温度差也增大，变形加剧。

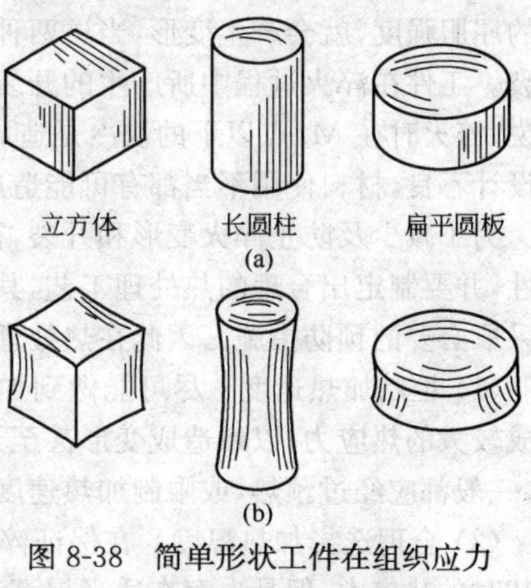

图 8-38 简单形状工件在组织应力作用下的变形趋向

a—原始形状；b—多次淬火后的形状

M_s 点的高低对淬火钢热应力大小并没有什么影响，却对其组织应力有很大影响，当 M_s 点较低时，工件淬火后冷至 M_s 点以下时工件的整个截面的温差较小，残留奥氏体量较多，因而其组织应力较小，再则由于温度较低，钢的塑性变形抗力增大，故 M_s 点低，由组织应力引起的变形就需要克服更大的塑性变形抗力，此时工件就易于保留由热应力引起的变形趋势。如 M_s 点较高时，马氏体转变时工件温度仍然较高，尚处于较好的塑性状态，可以转变时的体积膨胀很容易引起变形。所以 M_s 点越高、组织应力对变形的影响就越大。

钢的化学成分除了影响淬透性和 M_s 点以外，还影响奥氏体的强度。合金元素含量较高的钢，由于奥氏体得到强化，抗变形能力增强，在同样冷却条件下，由内应力引起的应力便较小，因而淬火后总的变形量较小。

(2) 原始组织的影响。淬火工件的原始组织中，带状碳化物、碳化物偏析、粗大的珠光体以及过大的冷加工应力，都使变形增加。在某些工模具钢中，为了增加耐磨性，常使钢中含有较多的碳化物，在锻轧过程中，这些碳化物的分布往往具有方向性，形成所谓"带状碳化物"。由于带状碳化物的存在，使淬火变形也产生了方向性，即沿带状方向伸长较多，垂直带状方向伸长较少。碳化物的偏析越严重，变形的不均匀性也越显著。此外，球化组织比片状珠光体的淬火变形小，调质得到的索氏体组织也可以减少淬火后的变形。

(3) 淬火温度的影响。随着淬火温度的提高，将使热应力增大，在实际生产中，为了减少热应力经常用预冷的办法。对于碳钢与低合金钢来说，提高淬火温度，淬透性也增加，从而使大截面的工件淬硬层的深度增加，同时，组织应力也增加。对于中、高合金钢，提高淬火温度，使 M_s 点较明显地下降，故淬火后残留奥氏体量增加，组织应力减少。

(4) 工件大小及形状的影响。工件的壁厚越大，则在一定的条件下其淬透层越薄，因而热应力的作用就越大，反之，则以组织应力引起变形为多。一般来说，当工件截面对称，厚薄相差不大时，变形比较规则。而截面不对称，厚薄相差悬殊时，工件各个部分的冷却很不均匀，则将引起很大的热应力和组织应力，从而造成工件的不规则变形，工件的形状千变万化，难以得出确切的变形规律。通常棱角和薄边部分冷却较快，凹角和较窄的沟槽冷却较慢。

(5) 淬火冷却介质及淬火方法的影响。在获得相同硬度及相同组织的情况下，比较缓和的冷却介质所引起的淬火变形总是要小一些(包括热应力和组织应力引起的变形)。因此在尽可能的情况下，应取冷却速度较小的淬火介质。

在淬火方法中，分级淬火、等温淬火以及预冷淬火等都有效地减少淬火变形。

综上所述，每个淬火工件，在热处理过程中既有热应力，又有组织应力，这两种应力可以部分或全部抵消，也可以相互叠加，当这两种应力在热处理过程的某一瞬时的综合效应大于钢在该瞬间的屈服强度，就会产生变形，当这两种应力的综合效应超过了钢的强度极限时，则将引起工件开裂。工件在淬火过程中所产生的开裂称作淬火裂纹，它多数是在淬火冷却的后期产生的，一般来说，淬火时在 M_s 点以下的快冷是造成淬火裂纹的主要原因。但是原始组织中存在的缺陷，结构设计不良，材料使用不当都有可能造成淬火裂纹或促使其形成。

为了减少及防止淬火变形和开裂，首先要提出合理的要求，设计工件时要注意结构形状的对称性，并要制定出合理的热处理工艺，其次要严格执行热处理工艺规范，并在容易变形的工艺环节采取必要的预防措施。因此在热处理方面必须注意下述问题：

(1) 控制加热速度。尽可能做到加热均匀，减少加热时的热应力，如果加热速度过快，必然造成较大的热应力，以致造成变形甚至开裂。对于大截面、高合金钢，形状复杂，变形要求高的工件，一般都应经过预热，或限制加热速度。

(2) 合理选择加热温度。在保证淬硬的前提下，一般应尽量选择低一些的淬火温度，以减少冷却时的热应力，但是也存在适当提高淬火温度有助于防止变形开裂的情况，特别是对于高碳合金钢(如 CrWMn、Cr12Mo 等)工件，可以通过对加热温度的调整来改变钢的 M_s 点，以控制奥氏体的数量,从而达到使工件变形最小的目的。

(3) 正确选择淬火介质和淬火方法。在可能的情况下,应尽量选用冷却能力较小的淬火介质,并采用分级淬火、等温淬火、预冷淬火和双液淬火等淬火方法。

8.3.4.4 淬火软点及其防止措施

工件淬火后表面硬度不均,个别地方出现低于技术要求的硬度值,称为淬火软点。这种缺陷可能是由于原始组织过于粗大及不均匀(例如有严重的组织偏析,存在大块碳化物或大块自由铁素体);淬火介质被污染(如水中有油珠悬浮);工件表面有氧化皮或工件在淬火液中未能适当运动致使局部地区形成蒸汽膜阻碍了冷却等因素造成。产生淬火软点的主要原因大致如下:

(1) 局部冷却速度太低。当工件表面附有气泡,渣子或工件之间互相接触,使工件在淬火冷却时局部区域未达到临界冷却速度,造成过冷奥氏体向珠光体型组织转变。

(2) 局部脱碳或氧化。局部脱碳或氧化后,使该部位含碳量易降低。淬火后得到硬度不高的低碳马氏体或非马氏体组织。

(3) 淬火加热工艺不当。如果淬火加热工艺不当,那么同样出现软点,例如,亚共析碳钢加热温度偏低,保温时间过短,则势必造成先共析铁素体溶解不充分或奥氏体成分没有均匀化,这样就使得淬火组织不可能得到均匀一致的马氏体,故容易出现软点。

要防止淬火软点的出现,必须针对产生原因采取相应措施。如加大冷却速度,将工件表面清洗干净,防止工件氧化和脱碳,严格执行淬火加热、保温和冷却等工艺规范,要彻底消除组织与成分的不均匀性。

对已产生软点的工件,在一般情况下,除因局部脱碳形成外,一般均可返修,方法是通过正火及重新加热淬火,这时采用的淬火加热温度比正常淬火加热温度高些,并要加大淬火剂的冷却能力。

8.4 钢的回火

所谓回火是把淬火的工件加热到 A_1 以下的某一温度,保温一定的时间,然后以一定方式冷却(通常是空冷)的热处理工艺。

由于淬火工件的组织极不稳定,内应力和脆性都很大,所以为消除淬火工件的内应力,调整硬度,改善韧性以达到所要求的综合性能,必须对淬火工件进行回火。

8.4.1 回火的目的

淬火钢回火的主要目的是:

(1) 降低零件脆性,消除或降低内应力。钢件淬火后存在很大的内应力和脆性,如不及时回火往往会产生变形甚至开裂。

(2) 调整工件的力学性能。因为钢件淬火后大多数硬度高、脆性大,不能满足对工件的性能要求,通过回火,可以使钢的强度、硬度、塑性与韧性适当配合,得到需要的性能。

(3) 稳定工件的组织和尺寸。淬火后组织一般为马氏体加少量残留奥氏体,两者都是不稳定的组织,并能自发地逐渐发生转变,从而引起工件的形状、尺寸以及性能发生变化。通过回火能够稳定工件的组织与尺寸,这样可以保证在以后的使用中不再发生变形。

8.4.2 淬火在回火时的组织转变

淬火钢的组织在回火升温过程中,在不同温度范围内将发生一系列变化,以共析碳钢为例,下面分述如下：

(1) 马氏体的分解。马氏体是碳在 α 铁中的过饱和固溶体，从室温到 200 ℃附近，发生马氏体分解，在马氏体内部，一部分过饱和的碳，以碳化物的形式析出，并分布在马氏体基体上，这种与马氏体晶体保持共格的碳化物称为 ε 碳化物。由于此阶段温度较低，马氏体中的过饱和的碳也不可能全部析出。但部分析出的碳，仍能减小晶格畸变，使内应力得到部分消除。马氏体和极细的 ε 碳化物所组成的混合组织称为回火马氏体。

(2) 残余奥氏体的分解。在 200～300 ℃的温度范围内，在马氏体继续分解的同时，残余奥氏体也发生分解。转变产物与过冷奥氏体的转变产物相同，可能是下贝氏体，也可能是马氏体，转变成的马氏体在此温度会立即被回火，故产物仍是回火马氏体。

(3) 碳化物的转变。当温度继续升高，在 300～400 ℃回火，随着过饱和碳从 α 固溶体内继续析出，晶格畸变逐渐消失，内应力大大减小。α 固溶体恢复为铁素体。同时在较低温度下析出的碳化物转变为细粒状的渗碳体，这时候，马氏体便完全分解为铁素体与细粒状渗碳体的机械混合物，一般称为回火托氏体。

(4) 碳化物的聚集球化和 α-Fe 的再结晶。在回火温度超过 400 ℃时，α 固溶体的含碳量已降至平衡浓度。此时，α 固溶体已由体心正方晶格变为体心立方晶格，内部亚结构发生回复与再结晶，淬火所产生的强化作用已完全消失，碳化物发生明显的聚集球化过程。温度越高，碳化物集聚得越大。

必须指出，上述几个过程并不是截然分开的，尽管它们在一定的温度范围内进行，显示出一定的阶段性，但这些过程进行的温度又是互相交叉重叠的。

碳钢在回火各阶段所形成的组织大致为：

(1) 回火马氏体。淬火钢在 250 ℃以下回火时即形成回火马氏体，它是由极细小的 ε 碳化物和过饱和程度较低的马氏体组成的混合物。回火转变产物的组织从形状上看和淬火时得到的马氏体差不多，但是，它比较容易被腐蚀。

(2) 回火托氏体。在 350～500 ℃进行中温回火后所得的组织为回火托氏体，它是有尚未再结晶的 α 铁素体和细粒状的渗碳体组成的机械混合物。

(3) 回火索氏体。在 500～650 ℃高温回火后，所得到的回火组织称为回火索氏体，它是由已发生再结晶的 α 铁素体和均匀分布的较细的碳化物颗粒(比回火托氏体的碳化物粗)组成的机械混合物。它具有良好的综合力学性能。

8.4.3　回火时力学性能的变化

淬火钢回火后的力学性能既与其回火过程中的一系列转变有关，又与淬火组织的马氏体形态有关。一般来说，随着回火温度升高，钢的硬度和强度逐渐降低，而塑性和韧性逐渐增高。

如图 8-39 所示，表示不同含碳量的碳钢硬度与回火温度的关系。由图可以看出，在低温(100 ℃左右)的范围内，硬度变化不大，由于有极微细的 ε 碳化物析出，反而使硬度略有提高。温度升高，硬度开始下降，但在 200～250 ℃左右，高碳钢的硬度下降趋势变得平缓，这一现象与软的残余奥氏体分解为较硬的组织有关。当温度高于 250 ℃，硬度便随回火温度的升高而不断下降。

如图 8-40 所示为含碳量为 0.4％的碳素钢回火温度与力学性能的关系。由图可看出，力学性能总的变化趋势是：随着回火温度升高，强度和硬度下降，而塑性和韧性提高，这是由于当回火温度超过 300 ℃后，随着马氏体分解终止和渗碳体颗粒长大，α 固溶体与碳化物相接触界面减少，即钢的变形抗力——抗拉强度和硬度降低，同时由于晶格恢复正常状态，内应力降低，即钢的变形能力——塑性和韧性增加。

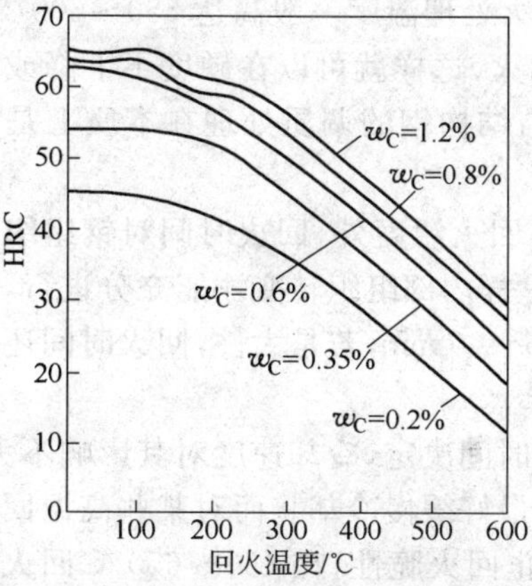

图 8-39 钢的硬度随回火温度的变化

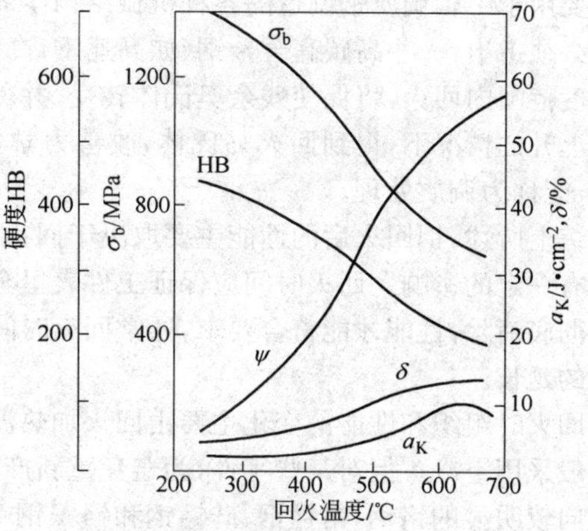

图 8-40 回火温度对碳钢(w_C＝0.4%)力学性能的影响

需要指出,钢的韧性不一定总是随回火温度的升高而提高,实践证明,有些钢在回火时,冲击韧性随温度的变化不是平缓一致的,而是有起伏的。当回火温度升至 300 ℃左右时,冲击韧性出现明显的下降,而钢的脆性增加。这种在回火中出现的脆化现象,称为回火脆性,引起钢回火脆性的原因很复杂,现在有些还不十分清楚,但在实际生产中常见的回火脆性有以下两种:

(1) 第一类回火脆性也称为低温回火脆性。它出现在 250～400 ℃回火温度范围内,几乎所有淬火形成马氏体的钢,在 300 ℃左右回火时都毫无例外的出现第一类回火脆性,这类回火脆性一旦出现便无法挽回,故亦称它为不可逆回火脆性。

(2) 第二类回火脆性它又称高温回火脆性,其温度范围为 450～650 ℃或更高的温度,实验表明,高温回火脆性与低温回火脆性不同,如果已经产生了高温回火脆性,重新加热至 600 ℃以上然后快速冷却,则可以消除此类脆性,但若将已经消除了第二类回火脆性的工件再重新加热产生第二类回火脆性的温度,则脆性又将出现,故第二类回火脆性又称可逆回火脆性。

8.4.4 回火种类及应用

在生产中,常根据对工件性能的不同要求,按加热温度的不同,把回火分为低温回火、中温回火和高温回火三种。

(1) 低温回火(150～250 ℃)。回火后获得回火马氏体组织(还有残留奥氏体和下贝氏体),其目的是保持高硬度和高耐磨性,降低淬火内应力和脆性。它主要用于中、高碳钢制造的各类工模具、滚动轴承、渗碳零件,回火后硬度可达 58～64 HRC。

(2) 中温回火(350～500 ℃)。回火后得到回火托氏体组织,其目的是获得高屈服强度、弹性极限和较高的韧性。主要用于各种弹簧和模具的处理。为避免发生第一类回火脆性,一般中温回火温度不宜低于 350 ℃,回火后硬度可达 35～50 HRC。

(3) 高温回火(500～650 ℃)。回火后得到回火索氏体组织,它的主要目的是获得既有一定的硬度、强度,又有良好冲击韧性的综合力学性能,淬火钢经高温回火,习惯上将淬火加高温回火称为调质处理。主要用于飞机、汽车、拖拉机、机床等重要的结构零件,如连杆、齿轮、螺栓和各种轴类。

调质处理后，在硬度相同的条件下比正火的屈服强度、塑性、韧性都有明显提高，因此高温回火主要用于中碳调质钢制造的各种机械结构零部件。

必须指出，一些高碳高合金钢（如高速钢，高铬钢）的回火处理温度一般高达 550～600 ℃，在此温度范围内回火，将促使残余奥氏体转变，并使马氏体回火，这样就可以在硬度不下降或反而稍有上升的情况下，得到回火马氏体，改善力学性能。这与结构钢的调质处理在本质上是不同的，不能称为调质处理。

综上所述，钢回火后的性能主要取决于回火温度，除了回火温度外，回火时间对钢组织和性能也有一定的影响。回火时间应保证工件表里全部热透，这样内部组织转变才能充分进行，应力才能彻底消除，性能才能符合要求，通常回火时间不少于 45～60 min，若是大件，回火时间还需要适当的延长。

回火时组织和性能的变化主要由回火加热温度及保温时间决定，冷却速度对其影响不大，回火一般采用空冷。但对某些零件，为避免重新产生内应力，最好缓慢冷却。而对某些高温回火脆性倾向较明显的铬钢，铬锰钢、硅锰钢和铬镍钢等，为了防止回火脆性，在 450～650 ℃回火后则需要快冷（水冷或油冷），这样可以消除或减少回火脆性的产生，在快冷过程中所产生的内应力，必要时可再进行一次低温回火加以消除。

8.5 钢的表面热处理

在动力载荷及摩擦条件下工作的齿轮、曲轴、活塞销、凸轮等，它的表面层承受着比心部高的应力，在有摩擦的情况下还要受磨损。因此必须提高这些零件表面层的强度、硬度、耐磨性和疲劳强度，而心部仍保持足够的塑性和韧性，使其能承受冲击载荷。在这种情况下，若采用前述的热处理方法，就很难满足要求，这就需要进行表面热处理，主要分为表面淬火和表面化学热处理两大类。

8.5.1 表面淬火

表面淬火是将工件的表面层淬硬到一定深度，而心部仍保持未淬火状态的一种局部淬火法。常用的方法有：

8.5.1.1 火焰表面淬火

火焰表面淬火法是用乙炔-氧或煤气-氧的混合气体燃烧的火焰，喷射在零件表面上，快速加热，当达到淬火温度后，立即喷水或用乳化液进行冷却的一种方法，如图 8-41 所示。

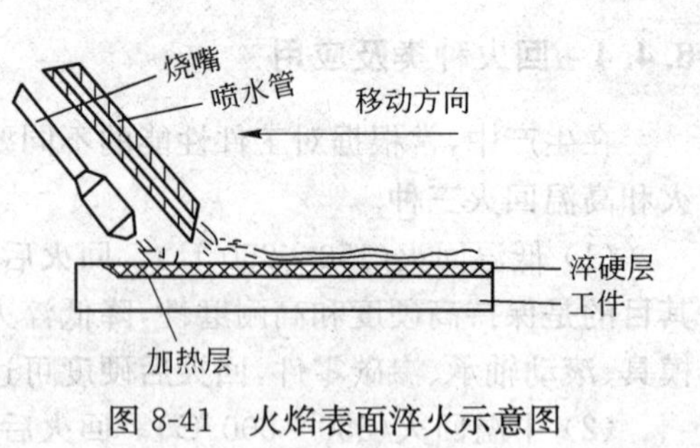

图 8-41 火焰表面淬火示意图

火焰表面淬火适用于含碳量在 0.3%～0.7%的钢，常用的有 35、45 号钢，以及合金结构钢，如 40Cr、65Mn 等。如果含碳量太低，淬火后硬度低，而碳和合金元素含量过高，则容易淬裂。火焰表面淬火的淬透层深度一般为 2～6 mm，火焰淬火的设备简单，淬硬速度快，变形小，适用于局部磨损的工件，如轴、齿轮、轨道、行车走轮等，用于特大件更为经济有利。但火焰表面淬火容易过热，淬火效果不稳定，因而在使用上有一定的局限性。

8.5.1.2 感应加热表面淬火

原理如图 8-42 所示。把零件放在纯铜管做成的感应器内（铜管中通水冷却），使感应器通过一定频率的交流电以产生交变磁场，结果在零件内产生频率相同、方向相反的感应电流，称为“涡流”。涡流能使电能变成热能，使工件加热。涡流主要集中在工件的表面，频率越高，电流集中的表面层越薄，这种现象称为“集肤效应”。利用这个原理，把工件放入感应器中，利用感应电流，使工件表面层快速加热到淬火温度后立即喷水冷却，从而获得细针状马氏体组织，这种方法称为感应加热表面淬火法。

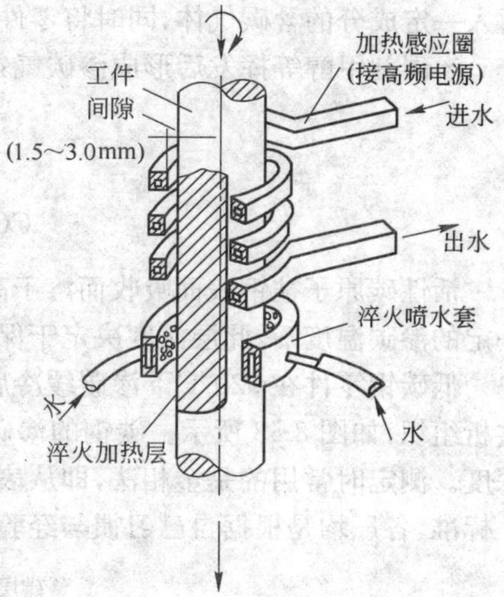

图 8-42 感应加热表面淬火示意图

按电流频率的不同，感应加热表面淬火可分为：高频感应加热（频率为 100～500 kHz）、中频感应加热（频率为 500～10000 Hz）和工频感应加热（频率为 50 Hz）。一般说，高频淬火得到 1～2 mm深的淬硬层，中频淬火则得到 3～5 mm 深的淬硬层，工频淬火能达到大于等于 10～15 mm 深的淬硬层。

感应加热的速度快，通常工件由室温加热至淬火温度只需要几秒或几十秒。它与普通加热淬火相比，有如下特点：

(1) 加热速度极快。

(2) 加热时间短，淬火后表面层能获得细小的针状马氏体，并可显著减少零件的氧化和脱碳，其力学性能良好。

(3) 淬火零件表面层存在的残余压应力，可提高疲劳极限，且变形小。

(4) 感应加热设备昂贵，维修调整比较难，形状复杂的感应器不易制造，也不适宜小量生产。

(5) 生产率高，易实现机械化和自动化。

8.5.2 钢的化学热处理

化学热处理是将工件置于某种化学介质中，通过加热、保温、冷却的方法，使化学介质中的某些元素渗入钢件表面层，从而改变钢件表面层的化学成分和组织，进而改变表层性能的热处理工艺。

化学热处理工艺种类较多，根据渗入钢件表面元素不同和钢件表面性能不同，可分为：渗碳、渗氮、碳氮共渗。

各种化学热处理都是依靠介质元素的原子向零件内部扩散来进行的，在零件加热到一定温度后，都要进行以下三个过程：

(1) 由介质分解出渗入元素的活性原子。

(2) 零件表面吸收活性原子，进入晶格内形成固溶体或形成化合物。

(3) 在一定温度下，由表面向内部扩散，形成一定厚度的扩散层。

8.5.2.1 渗碳

渗碳是向钢件表面层渗入碳原子的过程，目的是使表面层的碳浓度升高，提高表面硬度和耐磨性，而心部仍保持一定强度及较高的塑、韧性。根据渗碳介质的状态不同，可分为固体渗碳、液体渗碳和气体渗碳，而以气体渗碳应用最为广泛。渗碳通常适用碳含量在 0.15%～0.20%的低碳钢或合金渗碳钢，主要用于表面要求高硬度、耐磨，心部具有足够强度和韧性，具有高的疲劳强度的工件，如齿轮、活塞销、轴类零件等。

(1) 气体渗碳法。把零件装入渗碳炉中，炉中滴入煤油、丙酮、甲醇、苯等液体渗碳剂，也可通入一定成分的含碳气体，同时将零件加热到 900～950 ℃。零件便在这一温度下进行渗碳。

渗碳剂甲醇等挥发后形成渗碳气氛，在高温下分解出活性原子，即

$$CH_4 = 2H_2 + [C]$$
$$2CO = CO_2 + [C]$$
$$CO + H_2 = H_2O + [C]$$

活性碳原子被钢表面吸收而溶于高温奥氏体中，并向钢的内部进行扩散而形成渗碳层。在一定的渗碳温度下，此层深度决定于保温时间的长短。保温时间越长，渗碳层越深。

低碳钢零件在 920 ℃下渗碳缓冷后，渗碳零件由表面层向内是：过共析组织、共析组织和亚共析组织，如图 8-43 所示。碳钢的渗碳层深度的确定，一般是指从表面到含碳量 w_C＝0.4％的深度。测定时常用的是金相法，即从表面测到 50％珠光体＋50％铁素体处为止，但目前尚无统一标准，各厂均是根据自己习惯与经验进行评定。

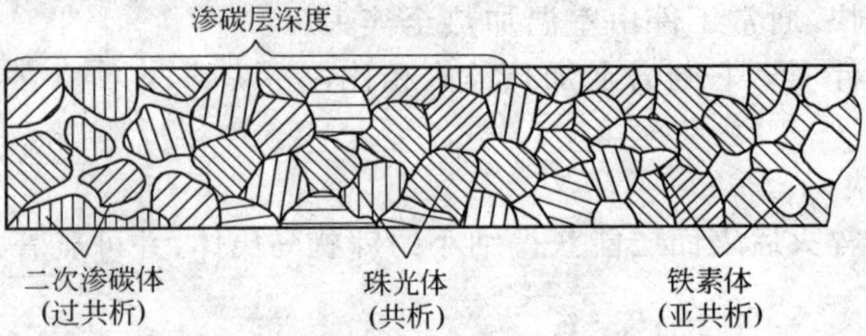

图 8-43　缓冷渗碳层组织示意图

(2) 渗碳零件的技术要求。决定渗碳层质量的主要指标是渗碳层的含碳量、深度和组织，这对渗碳件的使用寿命起着极为重要的作用。

渗碳层的表面含碳量适宜在 w_C＝0.35％～1.05％范围内。表面层含碳量过低，则淬火和回火后得到的是含碳量较低的回火马氏体，其硬度、耐磨性和疲劳极限均较低；若表面含碳量过高，渗碳层会出现大量的块状或网状渗碳体，使其变脆、易剥落。此外，使淬火组织中残余奥氏体量增加，结果表面硬度、耐磨性下降，而且残余压应力减少，导致疲劳极限显著降低。

渗碳件的疲劳极限、抗弯强度和耐磨性随渗碳层深度的增加而增大；但当渗碳层深度超过一定限度后，疲劳极限反而随渗碳层深度的增加而降低。而且渗碳层过深，会大大降低零件的冲击韧度。因此，应根据零件具体尺寸及工作条件确定渗碳层深度 h，下列经验公式可供参考：

轴类 $h=(0.1\sim0.2)R$，R 为半径，mm

齿类 $h=(0.2\sim0.3)m$，m 为模数，mm

薄片零件 $h=(0.2\sim0.3)\delta$，δ 为厚度，mm

若零件在工作条件下磨损较小，h 值取小些；磨损较大时，h 值取大些。

渗碳层一般应能按零件轮廓均匀分布，不需渗碳部位应在图样上注明，可采用镀铜方法来防止渗碳，或者多留加工余量，渗碳后（在淬火前）再切去该部位的渗碳层；也可用其他防护层，如涂防渗涂料等。

(3) 渗碳后的热处理。渗碳层的组织在缓冷后是珠光体和网状渗碳体，硬度并不高，没有达到表面硬而耐磨的要求。此外，在高温下长时间保温，往往引起奥氏体晶粒长大。因此零件渗碳后必须进行热处理，其方法有三种：

1) 直接淬火法。零件渗碳出炉缓冷至约 830 ℃直接放入冷却介质中淬火，然后进行低温回火。预冷的温度应略高于 A_{r3}，以免心部析出铁素体。此法适用本质细晶粒钢，其成本低，操作简便。

2) 一次淬火法。渗碳零件出炉缓慢冷却后，再加热到淬火温度进行淬火和回火。此法也适用于本质细晶粒钢。

3) 双重淬火法。这种方法如图 8-44 所示，第一次淬火(或正火)是为了细化心部组织和消除网状渗碳体，加热温度应在 A_{c3} 以上；第二次淬火是为了改善渗碳层的组织和性能，使其获得细针状马氏体和均匀分布的碳化物颗粒，加热温度应选在 A_{c1} 以上。

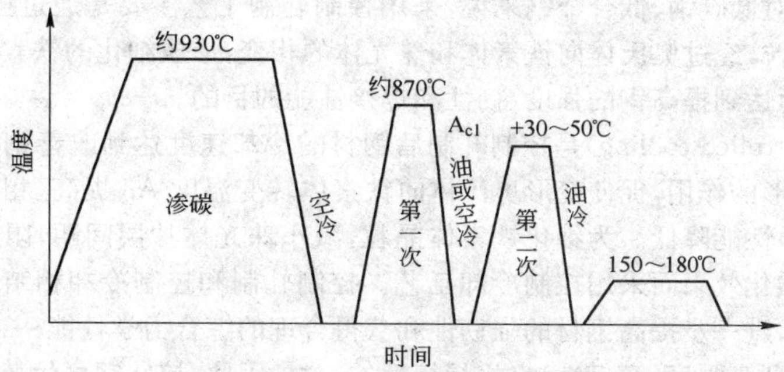

图 8-44 渗碳后双重淬火规范

双重淬火使渗碳层的表面和心部组织都细化，故不但表面具有高的硬度、耐磨性和疲劳极限，而且心部具有良好的强韧性和塑性。表面组织为回火马氏体、少量残余奥氏体和粒状碳化物，硬度可达到 58 ～64 HRC。心部组织则决定于钢的淬透性，碳钢一般为珠光体和铁素体；合金钢一般为低碳马氏体或低碳马氏体加铁素体，硬度为 30～45 HRC。

由于此法工艺周期长，氧化、脱碳严重，只有受重载荷零件才采用。

(4) 渗碳零件的工艺路线。渗碳零件的一般工艺路线为：

锻造→正火→机械加工→渗碳→淬火＋低温回火→精加工(磨削等)

（机械加工↓局部镀铜↑渗碳）

8.5.2.2 渗氮

渗氮是向钢的表面渗氮以提高表面层氮浓度的热处理过程。常用的氮化方法是把氨气通入一定温度(一般温度为 500～560 ℃)密封炉中，氨气分解产生活性氮原子渗入工件表面。氮化以后工件硬度高(可达 1000～1200 HV)，耐磨性高，氧化变形小，并能耐热、耐腐蚀、耐疲劳等。例如，38CrMoAl 是常用的氮化钢。氮化后不需要进行淬火处理，氮化的最大缺点是工艺时间较长。

8.6 控制轧制、控制冷却技术

8.6.1 概述

控制轧制和控制冷却工艺是一项节约合金、简化工序、节约能源消耗的先进轧钢技术。它能通过工艺手段充分挖掘钢材潜力，大幅度提高钢材综合性能，给冶金企业和社会带来巨大的经济效益。由于它具有形变强化和相变强化的综合作用，所以既能提高钢材强度又能改善钢材的韧性和塑性。

长期以来作为热轧钢材的强化手段，或是添加合金元素，或是热轧后进行热处理。这些措施既增加了成本又延长了生产周期；在性能上，多数情况下是在提高了强度的同时降低了韧性及焊接性能。控制轧制与普通热轧不同，其主要区别在于它打破了普通热轧只求钢材成形的传统观念，不仅通过热加工使钢材得到所规定的形状和尺寸，而且要通过钢的高温变形充分细化钢材的晶粒和改善其组织,以便获得通常需要经常化处理后才能达到的综合性能。因此,从工艺效果上看,控制轧制既保留了普通热轧的功能,又发挥出常化处理的作用,使热轧与热处理有机结合,从而发展成为一项科学的形变热处理技术和节省能源的重要措施。

控制轧制(Controlled rolling)是在热轧过程中通过对金属加热制度、变形制度和温度制度的合理控制,使热塑性变形与固态相变相结合,以获得细小晶粒组织,使钢材具有优异综合力学性能的轧制新工艺。对低碳钢、低合金钢来说,采用控制轧制工艺主要是通过控制轧制工艺参数,细化变形奥氏体晶粒,经过奥氏体向铁素体和珠光体的相变,形成细化的铁素体晶粒和较为细小的珠光体球团,从而达到提高钢的强度、韧性和焊接性能的目的。

控制冷却(Controlled cooling)是控制轧制后钢材的冷却速度达到改善钢材组织和性能的新工艺。由于热轧变形的作用,促使变形奥氏体向铁素体转变温度 A_{r3} 提高,相变后的铁素体晶粒容易长大,造成力学性能降低。为细化铁素体晶粒,减小珠光体片层间距,阻止碳化物在高温下析出,以提高析出强化效果而采用控制冷却工艺。控制轧制和控制冷却相结合能将热轧钢材的两种强化效果相加,进一步提高钢材的强韧性和获得合理的综合力学性能。

由于控轧可得到高强度、高韧性、良好焊接性的钢材,因此,控轧钢可代替低合金常化钢和热处理常化钢做造船、建桥的焊接构件,运输、机械制造、化工机械中的焊接构件。目前控轧钢广泛用于生产建筑构件和输送天然气和石油的大口径钢管。

Nb、V、Ti 元素的微合金钢采用控制轧制和控制冷却工艺将充分发挥这些元素的强韧化作用,获得高的屈服强度、抗拉强度、很好的韧性、低的脆性转变温度、优良的成形性能和较好的焊接性能。

根据控制轧制和控制冷却理论和实践,目前,已将这一新工艺应用到中、高碳钢和合金钢的轧制生产中,取得了明显的经济效益。

但控轧也有一些缺点,对有些钢种,要求低温变形量较大。因此加大轧机负荷,对中厚板轧机单位辊身长度的压力由 0.01 MN/mm 现加大到 0.02 MN/mm。由于要严格控制变形温度、变形量等参数,因此,要有齐全的测温、测压、测厚等仪表;为了有效地控制轧制温度,缩短冷却时间,必须有较强的冷却设施,加速冷却速度。控轧并不能满足所有钢种、规格对性能的要求。

8.6.2 控制轧制的种类

钢在控制轧制变形过程中或变形之后,钢组织的再结晶对钢的控制轧制起决定性作用,尤其是控轧时变形温度更为重要。因此,根据钢在控轧时所处的温度范围或塑性变形是处在再结晶过程、非再结晶过程或者 $\gamma\rightarrow\alpha$ 相变的两相区过程中,将控轧分为三种类型:

8.6.2.1 高温控制轧制(再结晶型控制轧制,又称Ⅰ型控轧)

如图 8-45a 所示,高温控轧是将钢加热到奥氏体化温度后,在再结晶温度以上(即 γ 区间)变形与再结晶同时进行(称动态再结晶),经过变形和再结晶不断交替发生,使奥氏体晶粒随温度逐步细化,变形后急冷至室温,以固定变形时形成的组织,然后进行回火或时效。

为了不使再结晶后的奥氏体晶粒长大,要严格控制临近终轧的几个道次压下量、轧制温度和间隙时间,终轧温度应临近相变点。一般终轧温度控制在 900 ℃以下,终轧压下量达20%~30%。

8.6.2.2 低温控制轧制(非再结晶型控制轧制,又称Ⅱ型控轧)

低温控轧是将钢加热到奥氏体化温度,变形在未再结晶区或两相区($\gamma+\alpha$)进行,随着变形量的增加,晶粒被破碎或拉长,并在晶内形成变形带,在 $\gamma\rightarrow\alpha$ 相变时,增加了铁素体的形核率,使铁素体晶粒细化,变形后进行急冷,然后回火,如图 8-45b 所示。一般要求钢具有一定的化学成分,以阻止或延迟奥氏体再结晶,并提高再结晶温度。

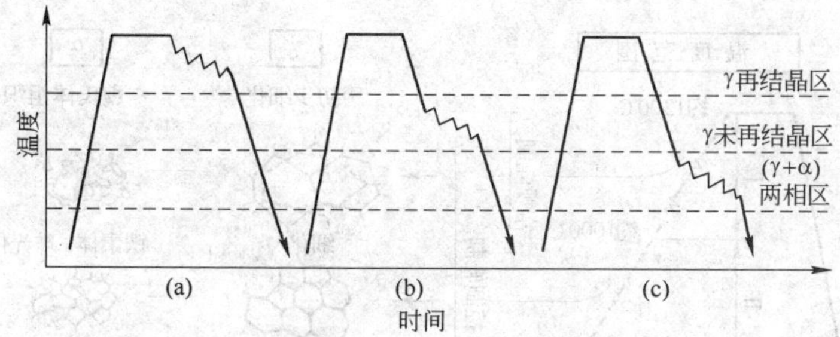

图 8-45 控制轧制分类示意图

a—高温控制轧制；b—低温控制轧制；c—(γ+α)两相区控制轧制

8.6.2.3 联合控制轧制

联合控轧是高温控制轧制与低温控制轧制同时采用，又称连续控制轧制，可兼有两种控轧的优点，如含锰钢加热至 1050 ℃，经高温控轧后，总变形量 $\varepsilon_{总}=45\%\sim50\%$，然后经铅浴冷却到 350～380 ℃进行低温轧制，其变形量为 10%，性能如表 8-4 所示。

表 8-4 控轧与热处理板带钢性能的比较

变形方式	σ_b/MPa	$\sigma_{0.2}$/MPa	δ/%	μ/%	HRC
一般热处理	1040	447	53.3	37.5	10
高温控轧	1155	430	53.3	36.5	17
联合控轧	1295	745	33.5	30.5	35

由表 8-4 可以看出，联合控轧后，钢的力学性能比一般热处理和高温控轧的强度有所提高，塑性指标稍有降低，但冲击载荷下仍满足需要。目前，板带生产，当钢由精轧机轧出后，由于增设水冷装置(具有层流和自动喷水冷却)使钢急冷至再结晶温度以下(450 ℃左右)再进行低温控轧，即采用联合控轧法。对低碳深冲板，可代替双轧程的二次冷轧法，省去中间退火工序。联合控轧比冷轧变形抗力低，能量消耗少，省去酸洗，去氧化铁皮等工序。

高温控轧，由于与现行轧制工艺接近，变形抗力较低，在现有的轧制设备上易于实现，因此，目前发展较快，应用较广。

8.6.3 轧制工艺参数的控制

控制轧制的核心是对轧制过程工艺参数进行严格而适宜的控制，以获得钢材良好强韧性能。

8.6.3.1 加热温度的控制

温度参数包括加热温度、轧制温度、终轧温度和冷却终了温度(对板带钢即卷取温度)等。控轧时温度参数，对轧制过程再结晶速度、晶粒尺寸大小、力能参数，特别对钢材的力学性能等有重大影响。轧制时温度与奥氏体及铁素体组织变化有密切关系，从图 8-46 可知：在高温区(Ⅰ区)，奥氏体晶粒得到初步细化，相变后得到魏氏体组织，在中温区(Ⅱ区)，奥氏体得到细化，相变后为铁素体和珠光体组织，低温区(Ⅲ区)是在再结晶温度以下，奥氏体在变形中产生加工硬化，相变后得到细小的铁素体和珠光体组织。

变形温度的控制首先要注意对加热温度的控制，加热温度主要是通过影响原始奥氏体晶粒和碳氮化物的溶解度，亦即其后的沉淀硬化效果来起作用的。

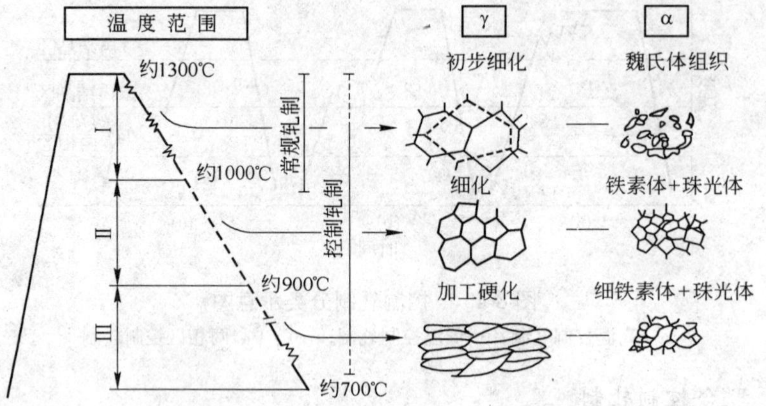

图 8-46　轧制时奥氏体及铁素体组织变化

降低加热温度可使原始奥氏体晶粒细化及沉淀硬化作用减小，可使轧制温度相应降低。因此，能使脆性转化温度降低，也就是使韧性得到提高。

晶粒长大使单位体积的晶界面积减小，系统自由能降低，这是晶粒长大的内因。而一定的温度条件则是其外因。只要具备一定的温度条件，原有的原子有足够的活动能力，晶粒长大就会自发进行。奥氏体化温度越高，奥氏体晶粒长大越明显。奥氏体晶粒一旦长大。在随后冷却时就不会再变细，只能通过奥氏体变形及随后的再结晶才能细化。所以，只有细小的奥氏体晶粒才能转变成细小的铁素体晶粒，因此，细化晶粒必须从高温下的奥氏体晶粒度控制开始。

对一般轧制，加热的最高温度不能超过奥氏体晶粒急剧长大的温度，如轧制低碳中厚板一般不超过 1250℃。但对控轧Ⅰ型或Ⅱ型都应降低加热温度（Ⅰ型控轧比一般轧制低 100～300 ℃），尤其要避免高温保温时间过长，不使变形前晶粒过分长大，为轧制前提供尽可能小的原始晶粒，以便最终得到细小晶粒和防止出现魏氏体组织。

控轧对加热含铌钢时，加热温度以 1150 ℃为宜。因为，温度达到 1050 ℃则铌的碳氮化合物开始分解固溶，使奥氏体晶粒开始长大，至 1150 ℃晶粒长大比较均匀，温度提高到 1200 ℃时晶粒进一步长大，即所谓二次再结晶发生。因此，为了轧制后的钢材具有均匀细小的晶粒，加热温度一般以 1150 ℃为宜。若加热至 1050 ℃，则奥氏体晶粒大小不均，使轧后钢材易产生混晶，若加热至 1200 ℃或更高，则晶粒过分长大，使轧后钢材晶粒难以细化。

低的加热温度不仅细化了原始的奥氏体晶粒促进轧后组织细化，更重要的是减少固溶的铌的碳氮化合物，减少了在铁素体的沉淀相，因而提高了低温脆性转变温度。

由于 Nb 在控轧中的作用与其在奥氏体化状态下的存在形式有关，因此，可根据对 Nb 钢的性能要求的不同而采用不同的加热温度。

(1) 对 Nb 钢的控轧，以要求提高强度为主，而又可略降低脆性转化温度，此时加热必须使足够的 Nb 固溶于奥氏体中，因而采用较高的加热温度 1250～1350 ℃。

(2) 对 Nb 钢的控轧，以要求提高低温韧性为主，则不需要更多的 Nb 固溶于 γ 体中，需要利用未溶的铌的碳氮化物阻碍 γ 晶粒长大达到细化作用。因而采用较低的奥氏体化温度 1150 ℃甚至 950 ℃加热，以避免轧制前原始晶粒粗化和铌的碳氮化物再次固溶析出增加析出强化。

8.6.3.2　终轧温度及卷取温度的控制

从图 8-47 可知，随着终轧温度的降低，钢的屈服极限都升高。这是因为获得了比较细小的铁素体晶粒的结果，随着终轧温度由 950 ℃下降至 800 ℃左右时，脆性转变温度也下降。但当降至 700 ℃时，有的钢脆性转变温度反而升高。很明显，在轧制过程中所形成的铁素体本身也产生了变形，而且再结晶不完全。

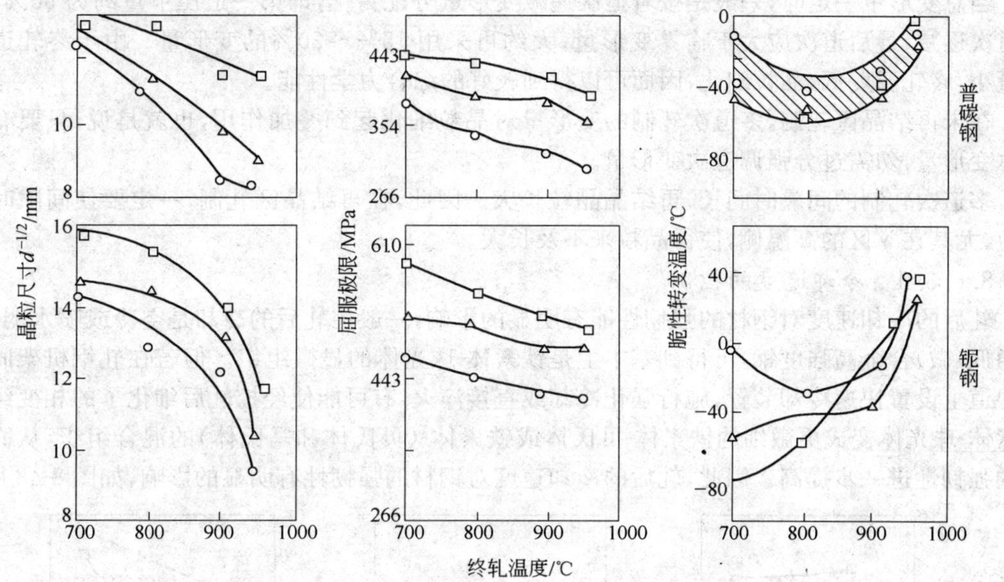

图 8-47 终轧温度对力学性能及铁素体晶粒度的影响

○—w_{Mn}＝0.5％；△—w_{Mn}＝1.0％；□—w_{Mn}＝1.5％

为了得到细小均匀的铁素体晶粒，希望终轧温度稍高于 A_{r3}。因此，若低于此温度，铁素体将受至加工变形，经过缓冷回复和再结晶退火而粗化，得到混晶，使强韧性变坏，若终轧温度过低还会产生残余应力，使钢板过硬，影响厚度和性能。但终轧温度过高，又会导致晶粒粗大并呈带状，容易产生方向性，恶化力学性能，对热连轧带钢来说还影响冷轧钢板的晶粒度，使冷轧塑性变坏和降低深冲性能。实践表明，轧制低碳钢板，终轧温度应在 A_{r3} 以上。

由精轧机轧出的带钢在进入卷取机之前，由于对带钢组织、性能的要求，必须使其迅速冷却到所需的温度。带钢的卷取温度一般控制在 600～650 ℃，以使带钢获得良好的综合力学性能。

8.6.3.3 变形程度的控制

变形程度与 γ 晶粒大小的关系：(1)1000 ℃以上轧制，晶粒大小主要决定于变形程度，温度是次要的。实践证明，碳钢与铌钢的再结晶晶粒随变形量增加很快细化。当变形量 ε＞50％～60％后，细化作用减弱。铌钢在同样轧制条件下，再结晶后的晶粒总比碳钢细小些，增大变形量能减小原始奥氏体晶粒大小对再结晶后晶粒尺寸的影响。(2)在 1000 ℃到再结晶温度的下限阶段，碳钢由 1000 ℃到 830 ℃，铌钢是 1000 ℃到 950 ℃以上，再结晶晶粒仍主要受变形量与变形温度影响。这阶段是再结晶细化晶粒的主要阶段，对碳钢，当变形量在 15％～20％范围内，对晶粒大小的作用突出，变形量 75％，对细化作用减弱。(3)在未再结晶轧制到 A_{r3} 阶段，γ 晶粒不发生再结晶，不被细化。但随着变形量增大 γ 晶粒被拉长，且在晶粒内形成形变带，即增大铁素体形核率。总变形量达到 50％后，细化铁素体作用基本不再增加。(4)多道次轧制，在奥氏体再结晶区，多道次连续降温轧制，将不断细化奥氏体晶粒。前一道轧制后的奥氏体晶粒细化，又为下一道准备了细的原始奥氏体晶粒，下一道轧制后，又能再被细化，因此，多道连续降温轧制对细化奥氏体晶粒是有利的。

多道次轧制中，若道次间再结晶不完全，则剩余的加工硬化对下道次有累积作用。

多道次轧制后，γ 晶粒大小，既决定于总变形量，也决定于道次变形量。总变形量大，则最后的奥氏体晶粒细，而总变形量一定，道次变形量大，则可得到更细的奥氏体晶粒。

当总变形量一定时，一般是按着道次递减变形量分配为佳，即第一道压下量约为 50%，以后各道次逐减，最后道次应大于临界变形量，大约可采用 15%～20%的变形量。由于终轧道次变形量小，终轧温度低，晶粒细化，因而可以得到较好的综合力学性能。

在未再结晶区轧制，多道次轧制的变形量对晶粒细化起到叠加作用，也就是说，只要有足够的总变形量，勿需过分强调道次变形量。

多道次轧制的间隔时间长，再结晶晶粒长大。因此，在再结晶区轧制，一定要使间隙时间尽量短，尤其在 γ 区的高温侧，使得晶粒来不及长大。

8.6.3.4　*冷却速度的控制*

轧后的冷却速度对钢材的强韧性能有明显的影响，一般控轧后的冷却是空冷或喷水弱冷，对普通低(微)合金高强度钢，可得到基本上是铁素体-珠光体的显微组织。但若在轧钢机架间或输出辊道上设置快速冷却装置，施行强化冷却或直接淬火，有可能使经控轧后细化了的相变组织从铁素体-珠光体变成更微细的铁素体-贝氏体或铁素体-(贝氏体和马氏体)的混合组织，从而使钢材的强韧性进一步提高。因此，轧后的冷却速度对钢材的强韧性有明显的影响，如图 8-48 所示。

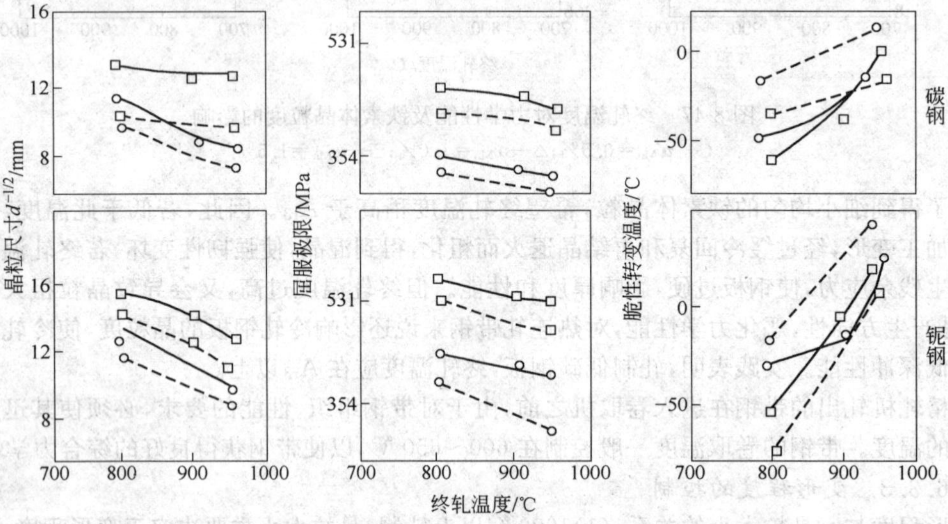

图 8-48　冷却速度对力学性能和铁素体晶粒度的影响

○—w_{Mn}＝0.5%；□—1.5%

——ϕ19.05 mm 棒材空冷；- - - - ϕ101.6～127 mm 棒材空冷

在不同终轧温度下，冷却速度对钢的力学性能和晶粒大小的影响是较大的。当冷却速度较低时，铁素体晶粒粗大，一般具有较高的脆性转变温度。

对某些钢种线材，实行轧后急冷，对钢材强度和韧性也有良好作用，例如，对 45MnSiV 的 ϕ8 螺纹钢筋轧后预冷至 900～970 ℃进行淬水，终淬温度为 250～350 ℃，然后空冷，则钢材可得到 σ_s 为 145～175 MPa，σ_b 为 151～190 MPa，δ 为 5.0%～9.0%的良好性能。

目前板带钢控轧的冷却方式有：层流冷却、喷流冷却、喷雾冷却、浸水冷却、强制风冷等。当前多采用层流冷却，即采用循环使用的低压大水量方法冷却，使钢板几乎全部浸泡在水中，并通过辊道两侧喷嘴，不断地将带钢表面水汽层吹开，使新的水流不断地接触钢带。因此，冷却效率比高压喷射方式提高约 30%～40%左右。一般带钢冷却效果与冷却水量、冷却段长度等因素有关。现代化轧机均用计算机控制，以达到较理想的效果。

8.6.3.5 变形速度的控制

在高于再结晶温度轧制时，如果变形速度小于再结晶速度，则轧后钢材可得到完全再结晶组织，使钢材强度降低。当变形速度增加，促使加工硬化作用增大，如果变形速度超过再结晶速度，则由于晶粒的细化和位错密度增加，而使强度增高。但是，当变形速度过大时，由于热效应的作用，使钢材变形温度升高，此时再结晶速度可能超过加工硬化速度，由此得到完全再结晶组织，使位错密度降低，强度降低。

思考题

8-1 解释下列名词：

淬透性、淬硬性、过热、过烧、临界冷却速度、退火、正火、淬火、完全退火、球化退火、回火、渗碳、冷处理、时效。

8-2 什么是热处理，常见的热处理方法有几种，其目的是为了什么？从相图上看怎样的合金才能进行热处理？

8-3 填满下表所列各项内容：

共析钢的等温转变产物	符号	形成条件	相组成物	显微组织形态	性 能
珠光体					
索氏体					
托氏体					
上贝氏体					
下贝氏体					
马氏体					

8-4 热处理使钢奥氏体化时，原始组织以粗粒状珠光体好还是以细片状珠光体好，为什么？

8-5 亚共析钢热处理时，快速加热可显著提高屈服点和冲击韧度，为什么？

8-6 热轧空冷的45号钢在正常加热超过临界点 A_{c3} 后再冷下来，组织为什么能细化？

8-7 共析钢加热到奥氏体后，以各种速度连续冷却，能否得到贝氏体组织，采取什么方法才能获得贝氏体组织（用等温曲线说明）？

8-8 马氏体组织形态分哪两种，马氏体的本质是什么，这两种形态的性能特点如何，为什么高碳马氏体硬而脆？

8-9 分析图8-49中的曲线说明硬度变化的原因。曲线1为亚共析钢加热到 A_{c3} 以上，过共析钢加热 A_{ccm} 以上淬火的硬度曲线；曲线2为亚共析钢加热到 A_{c3}，过共析钢加热到 A_{c1} 淬火后的硬度曲线；曲线3为马氏体的硬度曲线。

8-10 淬火内应力是怎样产生的，它与哪些因素有关，退火和回火都可以消除内应力，在生产中能否通用，原因何在？

8-11 以下的几种说法是否正确，为什么？

(1) 过冷奥氏体的冷却速度越快，钢冷却后的硬度越高；

(2) 钢经淬火后处于硬、脆状态；

(3) 钢中合金元素越多，则淬火后钢的硬度就越高；

(4) 本质细晶粒钢加热后实际晶粒一定比本质粗晶粒钢细；

(5) 同一钢材在相同加热条件下水淬比油淬的淬透性好。

8-12 画出示意图，表示回火索氏体、回火托氏体和回火马氏体显微组织形态特征，说明它们与索氏体、托氏体和马氏体在组织性能上的不同。

8-13　T12 钢加热到 770 ℃后用图 8-50 所示各种方法冷却，分析其所得的组织。

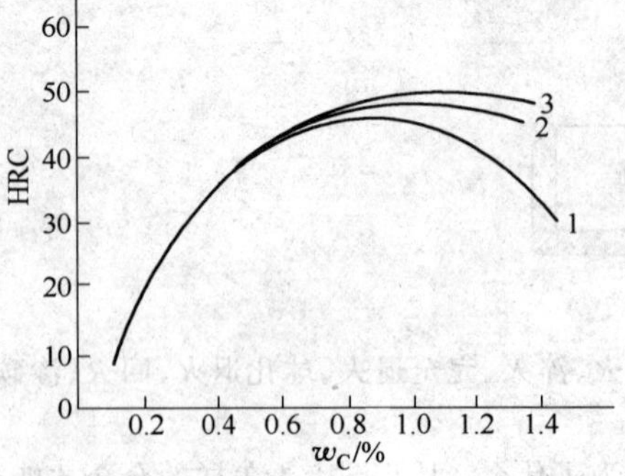

图 8-49

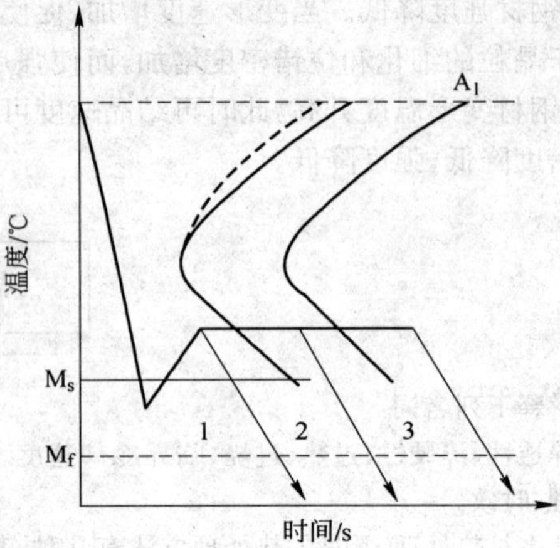

图 8-50

8-14　为了改善碳素工具钢的切削加工性，应采用何种预备热处理？(1)完全退火；(2)球化退火；(3)再结晶退火。

8-15　指出哪些是影响钢淬透性的因素：(1)钢的临界冷却速度；(2)工件尺寸的大小；(3)冷却介质的冷却能力。

8-16　现需制造一汽车传动齿轮，要求表面具有高的硬度、耐磨性和高的接触疲劳极限，心部具有良好韧性，应采用如下哪种工艺及材料：(1) T10 钢经淬火＋低温回火；(2) 45 号钢经调质处理；(3)用低碳合金结构钢 20CrMnTi 经渗碳＋淬火＋低温回火。

8-17　将 45 号钢和 T12A 钢加热至 700 ℃、770 ℃、840 ℃淬火，说明淬火温度是否正确，为什么 45 号钢在 770 ℃淬火后的硬度较 T12A 钢为低？

8-18　45 号钢和 T10 钢试样，直径为 10mm，经 850 ℃水淬，850 ℃油冷，850 ℃空冷，850 ℃炉冷，850 ℃水冷＋560 ℃空冷，760 ℃水冷＋200 ℃空冷，得到的组织是什么？

8-19　确定下列钢件的退火方法，并指出退火目的及退火后的组织：

(1) 经冷轧后的薄钢板要求降低硬度；

(2) ZG270～500 铸造齿轮；

(3) 锻造过热的 60 号钢锻坯。

9 合金钢

在碳钢的基础上，为了提高钢的力学性能，改善钢的工艺性能和得到某些特殊的物理化学性能，在冶炼过程中有目的地加入一些合金元素的钢，叫做合金钢。

常见的合金元素有：Cr、Mn、Si、Ni、Mo、W、Ti、Nb、Zr、Co、Al、Cu、N、B等。

在钢的总产量中，合金钢所占的比例约10%～15%，它已成为发展现代科学技术极为重要的金属材料。随着我国钢铁工业的发展，合金钢的产量、品种、质量也将逐年增加和提高。

9.1 合金钢的分类及编号

9.1.1 合金钢的分类

A 按用途分类

(1) 合金结构钢。用来制造各种机器零件及金属结构件。

(2) 合金工具钢。用来制造各种工具，如刃具、模具、量具等。

(3) 特殊性能钢。是指有各种特殊的物理、化学性能的钢，如不锈钢、耐热钢、磁钢等，分别有其特殊用途。

B 按化学成分分类

(1) 按所含合金元素的总含量可分为：

1) 低合金钢。合金元素总含量小于5%；

2) 中合金钢。合金元素总含量为5%～10%；

3) 高合金钢。合金元素总含量大于10%。

(2) 按所含主要合金元素种类可分为：锰钢、铬钢、镍铬钢、硅钢等。

C 按金相组织分类

这种分类方法主要是按正火处理后的显微组织分类。小尺寸的合金钢试样在正火后可得到以下四种组织：珠光体＋铁素体、马氏体、贝氏体、奥氏体。这种钢分别称为珠光体钢、马氏体钢、贝氏体钢和奥氏体钢。这种分类方法可以从名称直接了解合金钢的主要特征，如马氏体钢是一种淬透性极好的合金钢，在空气中冷却就可以达到淬火效果。

此外，有些高合金钢在铸态下，其显微组织中存在莱氏体，称莱氏体钢，如高速钢及高铬工具钢，又有些高合金钢则因其在固态下只具有铁素体组织，故称为铁素体钢，如Cr28高铬不锈钢。

9.1.2 合金钢的编号

我国的合金钢是按钢材的含碳量及所含主要合金元素的种类和数量来编号的，这种编号方法可以从钢号上直接看出钢材的大概的化学成分及质量等级，比较简明。

合金结构钢牌号的基本形式是“二位数字、元素符号、数字…”。打头的两位数字表示钢的平均含碳量的万分之几，元素符号和其后面的数字表示所含主要合金元素及其含量的百分之几。凡合金元素的含量少于1.5%时，只标明元素，一般不标明其含量。如60Si2Mn是含C量约为

0.6%、含 Si 量约为 2%、含 Mn 量少于 1.5%的合金结构钢。

含硫、磷较低的高级优质钢，则在钢号末尾加符号“A”，如 20Cr2Ni4A。

合金工具钢的编号与合金结构钢编号的区别仅在于平均含碳量大于 1%时不予标出，小于 1%时标出表示含碳量的千分之几的一位数字，即其基本形式为“一位数字(或没有)、元素符号、数字…”，如 9Mn2V、CrW5 等。

特殊合金钢的编号方法基本上与合金工具钢相同。如 2Cr13 钢是含有 0.20%碳、13%Cr 的不锈钢。但也有些高合金特殊钢不在钢号中表示含碳量，如 Cr17 钢是含有 17%Cr 的不锈钢，其含碳量不大于 0.12%，但在钢号中未表示。

除此之外，还有一些特殊用途的专用钢，它们有自己独特的牌号。例如，滚动轴承钢 GCr15，在钢号前面的 G 表示用途，所含主要合金元素为 Cr，但其含量不是 15%，而是 1.5%。

9.2　合金元素在钢中的作用

合金元素加入钢中，不仅与 Fe、C 这两种基本元素发生作用，而且合金元素之间也相互作用，从而对钢的基本相、Fe-Fe_3C 相图、钢加热和冷却时的转变，以及淬火钢回火转变都有影响。

9.2.1　合金元素对钢中基本相的影响

(1) 镍、硅、铝、钴、铜等与碳的亲和力很弱的元素在钢中不与碳化合，但能溶入铁素体，称为合金铁素体(也能溶入奥氏体)。

合金元素溶入后，引起固溶体晶格畸变，产生固溶强化。因此，这些元素溶入铁素体后，铁素体的强度、塑性、冲击韧度等都发生变化，如图 9-1 所示。从图中可以看出，$w_{Si}<1\%$、$w_{Mn}<1.5\%$时，其韧性不降低。Cr、Ni 在适当范围内($w_{Cr}<2\%$，$w_{Ni}<5\%$)尚能提高铁素体的韧性，因此，Cr 和 Ni 是优良的合金化元素。研究证明，Ni 的溶入，使位错的交叉滑移容易进行，因而可使塑性、韧性改善。

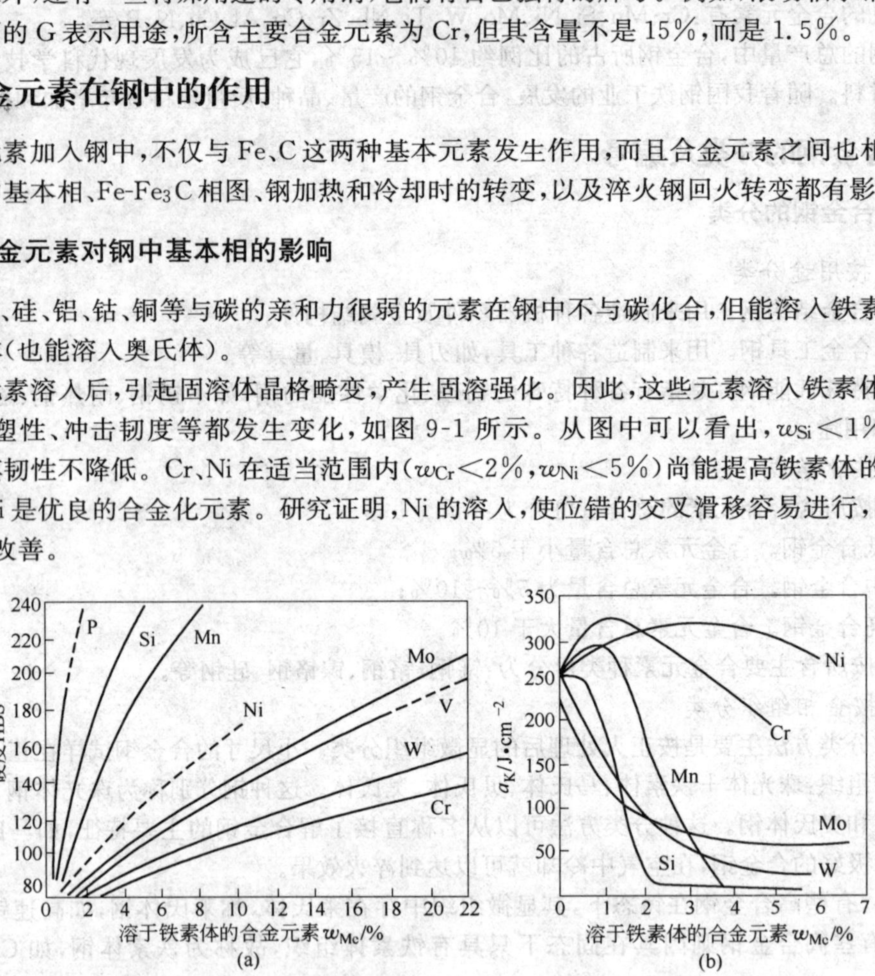

图 9-1　合金元素对铁素体力学性能的影响

a—硬度；b—冲击韧度

(2) 锰、铬、钼、钨、钒、铌、锆、钛等与碳亲和力较强(依次增加元素)在钢中形成碳化物。通常称锰为弱碳化物形成元素；铬、钼、钨为中强碳化物形成元素；钒、铌、锆、钛为强碳化物形成元素。它们在钢中形成的碳化物可分为两类：

1) 合金渗碳体。锰、铬、钼、钨等弱和中强碳化物形成元素，一般倾向于形成合金渗碳体，如 $(Fe,Cr)_3C$、$(Fe,W)_3C$ 等。合金渗碳体较渗碳体略为稳定，硬度也较高，是一般低合金钢中存在的主要碳化物。

2）特殊碳化物。钒、铌、锆、钛等强碳化物形成元素与碳的亲和力强，首先形成碳化物，而当其含量太多时，也可溶于铁素体；中强碳化物形成元素（铬、钼、钨等），只有当含量较高时（$w_{Me}>5\%$）才倾向于形成特殊碳化物。

特殊碳化物，特别是间隙相碳化物，比合金渗碳体具有更高的熔点、硬度与耐磨性，而且更稳定。

9.2.2 合金元素对 Fe-Fe$_3$C 相图的影响

合金元素加入钢中使 Fe-Fe$_3$C 相图发生变化。概括来说，一类元素，如铬、钒、钨、钼、钛、硅等是缩小 γ 相区，如图 9-2a 所示，而另一类元素，如镍、锰等是扩大 γ 区，如图 9-2b 所示。

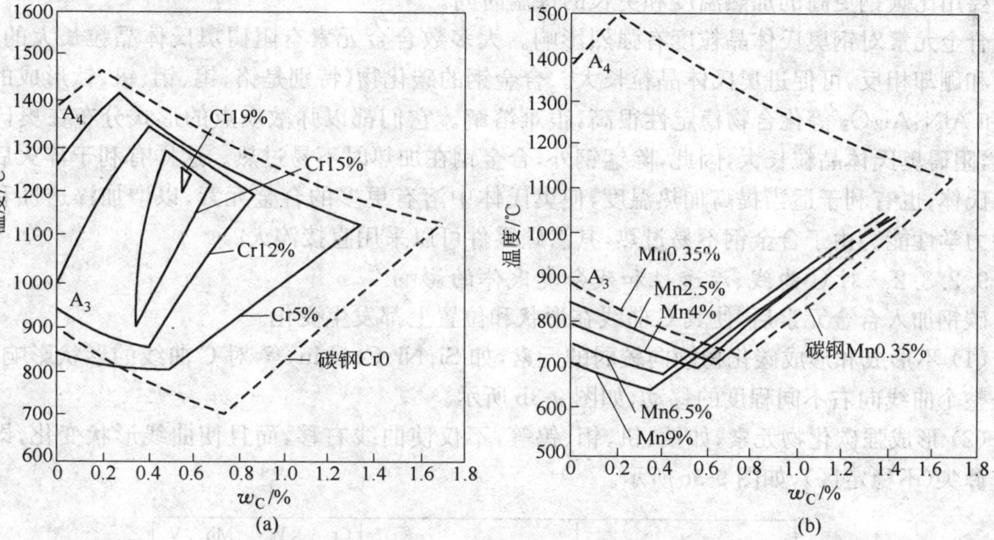

图 9-2 合金元素对 Fe-Fe$_3$C 相图 γ 相区的影响

a—铬的影响；b—锰的影响

γ 区扩大或缩小的结果，使相图各特性点的位置发生变动，同时钢的显微组织相应发生变化。

(1) 对 S、E 点位置的影响。加入合金元素后，如果 S 点、E 点左移，则含碳量相同的碳素钢和合金钢的显微组织不同。例如，$w_C<0.4\%$ 的碳钢应具有亚共析组织，但加入 $w_{Cr}=14\%$ 的铬后，由于 S 点左移到 $w_C<0.4\%$，此钢已是过共析组织了。

E 点的左移，说明出现莱氏体的含碳量降低。因此某些合金钢中虽然含碳量远低于 2.11%，但也可能出现莱氏体，称这类钢为莱氏体钢。例如，高速钢中含有大量钨、铬等元素，虽其 $w_C=0.8\%$，但也属莱氏体钢。

一般合金钢中，合金元素虽然不多，但 S 和 E 点还是不同程度左移。因此，在退火状态下，其组织中珠光体数量较含碳量相同的碳钢为多，所以强度也较碳钢高。

(2) 对相区的影响。在钢中加入锰、镍、氮等元素后，相图的 γ 区可以扩大到室温以下，因此，它在室温下的平衡组织是单相奥氏体，称这类钢为奥氏体钢。当钢中加入铬、硅、铝等元素后，则 γ 区可能完全消失，此时钢在室温下的平衡组织是单相的铁素体，称这类钢为铁素体钢。这些单相组织的合金，一般都是不锈钢或耐热钢。

从图 9-2 可以看出，由于 γ 区的扩大或缩小，临界点 A_1 和 A_3 发生变化。缩小 γ 区的元素，如铬、硅等升高临界点 A_3（见图 9-2a）；扩大 γ 区的元素，如锰、镍等则降低临界点 A_3（见图 9-2b）。因而合金钢的热处理温度与碳钢有所不同，不能直接用 $Fe\text{-}Fe_3C$ 相图来确定。除镍和锰钢外，大多数合金钢的热处理温度均高于同一含碳量的碳钢。

9.2.3　合金元素对钢热处理的影响

9.2.3.1　对奥氏体化和其晶粒长大的影响

除镍和钴外，大多数合金元素均减缓奥氏体的形成过程。此外，钢中含有合金元素后，若形成合金渗碳体或化合物，它们都比一般的渗碳体难溶入奥氏体，即使溶解了也难以均匀扩散。为了得到比较均匀的含有足够数量合金元素的奥氏体，充分发挥合金元素的有益作用，在热处理时就需要用比碳钢更高的加热温度和更长的保温时间。

合金元素对钢奥氏体晶粒度有强烈影响。大多数合金元素有阻碍奥氏体晶粒长大的作用，但锰和硼却相反，可促进奥氏体晶粒长大。合金钢的碳化物（特别是铬、钨、钼、钒、钛形成的碳化物）和 AlN、Al_2O_3 等化合物稳定性很高，很难溶解。它们都以弥散质点的形式分布在奥氏体晶界上，阻碍奥氏体晶粒长大，因此，除锰钢外，合金钢在加热时不易过热。这样有利于淬火后获得细马氏体；也有利于适当提高加热温度，使奥氏体中溶有更多的合金元素，以增加淬透性和提高钢的力学性能。由于合金钢不易过热，其渗碳零件可以采用直接淬火。

9.2.3.2　对 C 曲线、淬透性和残余奥氏体的影响

碳钢加入合金元素后，使其 C 曲线在形状和位置上都发生变化。

(1) 不形成和形成碳化物倾向较弱的元素，如 Si、Ni、Cu、Mn 等，对 C 曲线的形状影响不大，只是整个曲线向右不同程度的移动，如图 9-3b 所示。

(2) 形成强碳化物元素，如钛、钒、钼、钨等，不仅使曲线右移，而且使曲线形状变化，即出现两个鼻尖（不稳定区），如图 9-3c 所示。

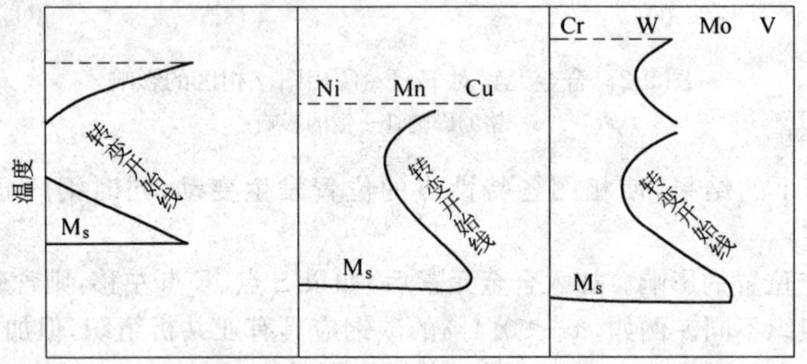

图 9-3　合金元素对 C 曲线的影响示意图

a—碳钢的 C 曲线；b—加入不形成碳化物元素后的 C 曲线；c—加入形成碳化物元素后的 C 曲线

（图中省略了转变终了曲线）

C 曲线右移使淬火临界冷却速度减小，一方面增大淬透性，能使大尺寸的零件淬透；另一方面淬火可以采取缓慢冷却的介质，从而减小了零件的变形与开裂危险性。除钴外，所有合金元素都不同程度增大了钢的淬透性。按合金元素对淬透性影响的大小，可以将它们由强到弱排列成下列次序：锰、铬、钨、钼、钛、锆、铌、钒。同时加入多种元素，对钢淬透性的影响远比各元素单独加入时大。

还必须注意，碳化物形成元素仅有在溶入奥氏体后才使 C 曲线右移，使淬透性增加。若有未溶解碳化物存在，则反而减小淬透性。这是由于未溶碳化物在冷却过程中可以成为奥氏体分解产物的核心，反而促进过冷奥氏体分解，加速珠光体的相变。

C 曲线右移会使钢的退火变得困难，因为必须冷得很慢，或者采用等温退火获得退火组织，使钢软化。含有大量增高淬透性合金元素的钢，过冷奥氏体非常稳定，甚至空冷也能形成马氏体，称这类钢为马氏体钢。

Mn、V、Cr、Ni 等元素还强烈降低 M_s 点，使钢在淬火后残余奥氏体量增多。残余奥氏体量的多少，对钢的硬度、零件淬火变形、尺寸稳定都有较大的影响。

9.2.3.3　对钢回火转变的影响

合金元素能使淬火钢在回火过程中的组织分解和转变速度减慢。

(1) 增大回火抗力(回火稳定性)。淬火钢在回火时抵抗软化的能力称为回火抗力。这是由于合金元素溶于马氏体后，使原子扩散速度减慢，因而在回火过程中马氏体不易分解，碳化物不易析出，析出后也难聚集长大。这就使合金钢较碳钢在相同的回火温度下，强度和硬度下降较少，即比碳钢具有较高的回火抗力。也就是说，回火温度升高时，合金钢的硬度、强度下降得比碳钢缓慢。如在保持相同硬度的条件下，则合金钢的回火温度比碳钢高些。回火温度高，内应力就消除得充分一些，韧性也就更高一些。因此，合金钢回火后，较之碳钢具有高的综合性能。

(2) 产生“二次硬化”现象。一般是回火温度升高，硬度下降。但强碳化物形成元素(如钒、钼、钨等)加入后，在 500～600 ℃回火时，从马氏体中析出特殊碳化物(Mo_2C、W_2C、VC 等)。析出的碳化物高度弥散分布在马氏体基体上，并与马氏体保持共格关系，阻碍位错运动，使硬度反而上升，这种现象称为“二次硬化”。此外，某些高合金钢淬火组织中，残余奥氏体较多，且十分稳定，当加热到 500～600 ℃时仍不分解，仅析出一些特殊碳化物，使其中的碳和金属元素含量降低，提高了 M_s 点的温度。因此，在随后冷却时部分残余奥氏体转变为马氏体，产生二次淬火，也可产生二次硬化。二次硬化现象对工具钢具有十分重要的意义。

(3) 出现第Ⅱ类回火脆性。加入合金元素，特别是铬、镍、锰、硅等元素后，合金钢的冲击韧度与回火温度的关系如图 9-4 所示。

在 250～400 ℃范围内与碳钢相似，冲击韧度猛烈下降，称为第Ⅰ类回火脆性，或不可逆回火脆性。合金钢，特别是铬镍钢、铬锰钢、铬硅钢，在 450～650 ℃范围回火时，又出现冲击韧度猛烈下降，称为第Ⅱ类回火脆性或可逆回火脆性。

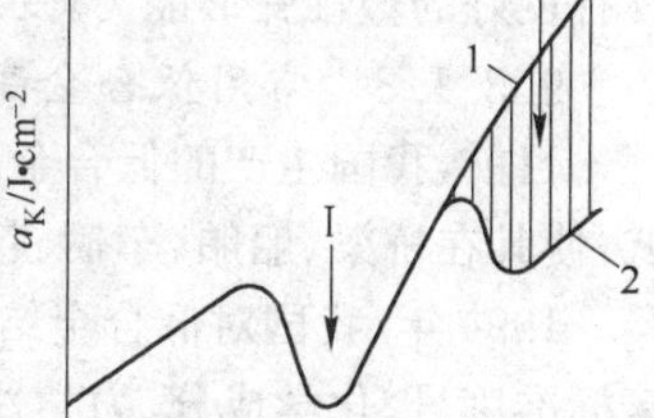

图 9-4　回火脆性
1—快冷；2—慢冷

目前较多人认为，第Ⅰ类回火脆性是由于在马氏体晶界上析出碳化物薄片，使晶界的脆断强度降低。现在还没有消除第Ⅰ类回火脆性的方法，因此应避免在这一温度范围回火，或者采用等温淬火获得下贝氏体组织。如果等温淬火也满足不了要求，则应更换材料。

第Ⅱ类回火脆性的原因还有待进一步研究。不过经电子探针的分析发现，第Ⅱ类回火脆性与晶界的偏析有关。锑、磷、锡、砷等杂质在晶界的偏析，是这种回火脆性的重要原因。这类回火脆性是可逆的，回火后有这类回火脆性的钢，在 600 ℃以上重新进行回火并迅速冷却，即可恢复其韧性。提高钢的纯洁度，减少杂质元素含量，加入钼(w_{Mo}≈0.5%)、钨(w_W≈1%)，也可避免绝大多数合金钢的第Ⅱ类回火脆性。

不难看出，要使用合金钢，就必须采用正确的热处理规范，没有正确的热处理工艺配合，不但发挥不了合金钢的作用，反而会引起坏的效果。

9.3 合金结构钢

合金结构钢是在碳素结构钢的基础上加入一些合金元素而制成的，按其用途可分为普通低合金结构钢、调质钢、渗碳钢、弹簧钢、滚动轴承钢等。

9.3.1 低合金高强度结构钢

低合金高强度结构钢主要合金元素有锰、钒、钛、钼、铝、铬、镍等。锰有固溶强化铁素体、增加并细化珠光体的作用；钒、钛、铌等主要作用是细化晶粒；铬、镍可提高钢的冲击韧度，改善钢的热处理性能，提高钢的强度；并且铝、铬、镍均可提高对大气的抗蚀能力。为改善钢的性能，高性能级别钢中可加入铝、稀土等元素。

9.3.1.1 化学成分特点

低合金结构钢的含碳量较低，一般为 $w_C=0.1\%\sim0.25\%$，并以锰为主加元素 $w_{Mn}=0.8\%\sim1.8\%$，硅含量较普通碳素钢高 $w_{Si}=0.2\%\sim0.6\%$，常辅加 Cu、Ti、V、Nb、P 等合金元素，有时也加入微量稀土元素，以进一步改善钢的性能。

9.3.1.2 性能特点

(1) 高的屈服强度与良好的塑性和韧性。低合金结构钢的屈服强度比碳素结构钢要高25%～50%，特别是屈强比(σ_s/σ_b)明显提高；它的塑性和韧性也较好，伸长率 $\delta=15\%\sim23\%$，室温冲击韧度 $a_K>60\sim80\text{J/cm}^2$，且冷脆转变温度较低(约－30 ℃)。

(2) 有良好的焊接性能。低合金结构钢的含碳量低，合金元素含量少，塑性好，不易在焊缝区产生淬火组织及裂纹，且钢中的 Ti、Nb、V 还可抑制焊缝区的晶粒长大，使其焊接性能大大提高。

(3) 具有一定的耐蚀性。在低合金钢中加入合金元素 $w_{Cr}=0.2\%\sim0.5\%$，$w_P=0.05\%\sim0.10\%$以及 Al、Cr、Mo 等，及某些元素的复合作用，可以使之比碳素钢具有更高的耐大气、海水、土壤腐蚀的能力，是发展低合金耐蚀钢的重要系列之一。

(4) 热加工性能与低碳钢相近。低合金结构钢具有良好的导热性能，在800～1250 ℃范围内具有良好的塑性变形能力，变形抗力低，热轧后不会因冷却而产生裂纹。

9.3.1.3 常用低合金高强度结构钢

目前，我国生产的低合金高强度结构钢品种较多，由于产品质量的不断提高和生产成本的降低，使其在桥梁、船舶、车辆、起重运输和农机等领域得到了广泛的应用。

1994 年，我国对低合金结构钢标准进行了一次修订，并对其牌号、质量等级作了新的规定。新标准牌号、化学成分、力学性能以及新、旧标准对比等，见表 9-1。

表 9-1 新旧低合金高强度结构钢牌号、化学成分、性能及用途

新标准	旧标准	质量标准	化学成分/%			σ_b/MPa	δ/%	用途
			C(≤)	Mn	Si(≤)			
Q295	09MnV 09Mn2 12Mn	A B	0.16 0.16	0.80～1.50 0.80～1.50	0.55 0.55	390～570 390～570	23 23	车辆的冲压件、冷弯型钢、螺旋焊管、输油管道、储油罐等
Q345	12MnV 14MnNb 16Mn 16Nb	A B C D E	0.20 0.20 0.20 0.18 0.18	1.00～1.60 1.00～1.60 1.00～1.60 1.00～1.60 1.00～1.60	0.55 0.55 0.55 0.55 0.55	470～630 470～630 470～630 470～630 470～630	21 21 22 22 22	轮船、铁路车辆、桥梁、压力容器、石油及矿山机械、管道、锅炉等

续表 9-1

新标准	旧标准	质量标准	化学成分/%			σ_b/MPa	δ/%	用 途
			C(≤)	Mn	Si(≤)			
Q390	15MnTi 16 MnNb 15 MnV	A	0.20	1.00～1.60	0.55	490～650	19	中高压锅炉汽包、中高压石油化工容器、桥梁、车辆、起重及其他高载荷的焊接结构件等
		B	0.20	1.00～1.60	0.55	490～650	19	
		C	0.20	1.00～1.60	0.55	490～650	20	
		D	0.20	1.00～1.60	0.55	490～650	20	
		E	0.20	1.00～1.60	0.55	490～650	20	
Q420	15MnVN2	A	0.20	1.00～1.70	0.55	520～680	18	大型船舶、桥梁、电站设备、起重机械、机车车辆、中压或高压锅炉、容器及其他大型焊接件等
		B	0.20	1.00～1.70	0.55	520～680	18	
		C	0.20	1.00～1.70	0.55	520～680	19	
		D	0.20	1.00～1.70	0.55	520～680	19	
		E	0.20	1.00～1.70	0.55	520～680	19	
Q460	—	C	0.20	1.00～1.70	0.55	550～720	17	可淬火加回火后用于大型挖掘机、起重运输机械、钻井平台等
		D	0.20	1.00～1.70	0.55	550～720	17	
		E	0.20	1.00～1.70	0.55	550～720	17	

9.3.2 合金渗碳钢

用于制造渗碳零件的钢称为渗碳钢。由于许多机器零件的工作条件比较复杂，一方面承受强烈磨损和交变应力的作用，另一方面又经常承受较强冲击载荷，例如汽车齿轮，内燃机凸轮、活塞销等。对这些要求较高的渗碳零件，应采用合金渗碳钢制造；而对不太重要的渗碳件则采用低碳钢制造。

9.3.2.1 合金渗碳钢的成分与性能

渗碳钢的含碳量一般都很低，一般在 0.10%～0.25%之间，它们均属低碳钢范畴。这样低的碳含量可保证渗碳零件心部具有足够的韧性和塑性。碳素渗碳钢的淬透性很低，在热处理前后零件心部的硬度和强度差别不大，也就是热处理不能使碳钢渗碳零件的心部达到明显的强化效果。合金渗碳钢则不然，因其淬透性高，零件心部的强度和硬度在热处理前后差别较大，也就是热处理能使合金钢渗碳零件的心部达到较显著的强化效果。

合金渗碳钢中所含的主要元素是铬（$w_{Cr}<2\%$）、镍（$w_{Ni}<4\%$）、锰（$w_{Mn}<2\%$）和硼（$w_B<0.005\%$）。这些元素除了能提高钢的淬透性，改善渗碳零件心部组织和性能之外，还能提高渗碳层的性能（如强度、韧性及塑性），其中尤以镍的作用为最好。除上述元素外，在合金渗碳钢中，还加入少量的钒（$w_V<0.2\%$）、钨（$w_W<1.2\%$）、钼（$w_{Mo}<0.6\%$）、钛（w_{Ti}约 0.1%）等碳化物形成元素，这些元素有细化晶粒、抑制钢件在渗碳时发生过热的作用。

必须指出，合金渗碳钢中含有的碳化物形成元素数量过多时，会使渗碳层表面含碳量增高，并出现块状碳化物，从而降低渗碳层的性能。

9.3.2.2 合金渗碳钢的热处理

（1）预先热处理。珠光体型渗碳钢在锻压空冷后，其组织一般为珠光体与铁素体，采用正火可以改善切削加工性能。而马氏体型渗碳钢则因退火困难，一般在锻压后进行一次空冷淬火，之后再于 650 ℃左右高温回火，形成回火索氏体组织，以利于切削加工。

（2）最终热处理。渗碳钢的最终热处理一般是渗碳后淬火及低温回火。渗碳件表层组织为高硬度、高耐磨性的高碳回火马氏体和合金碳化物，表面硬度一般为 HRC58～64，心部组织则取决于钢是否淬透，全部淬透时是低碳回火马氏体，未淬透时可能是屈氏体与低碳马氏体或铁素体与低碳马氏体的混合组织。

9.3.2.3 常用渗碳钢的牌号、成分、热处理及用途

常用渗碳钢的牌号、成分、热处理及用途见表 9-2。其中典型钢种有 20Cr、20MnV、24CrMnTi、20Cr2Ni4A 等。

表 9-2 常用合金渗碳钢的性能和用途

牌 号	热处理工艺			力学性能			用 途
	第一次淬火/℃	第二次淬火/℃	回火/℃	σ_b/MPa	σ_s/MPa	δ/%	
20Cr	880 水、油	800 水、油	200 水、空	835	540	10	截面在 30mm 以下载荷不大的零件，如机床及小汽车齿轮、活塞销等
20Cr MnTi	880 油	870 油	200 水、空	1080	835	10	汽车、拖拉机截面在 30mm 以下，承受高速、中或重载荷以及受冲击、摩擦的重要渗碳件，如齿轮、轴、齿轮轴等
20MnVB	860 油		200 水、空	1080	885	10	载荷较重的中小渗碳件，如重型机床齿轮、轴、汽车后桥主动、被动齿轮等淬透性件
12Cr2Ni4	860 水、油	780 油	200 水、空	1080	835	10	大截面载荷较高缺口敏感性低的重要零件，如重型载重车、坦克的齿轮等
28Cr2Ni4WA	950 空	850 空	200 水、空	1175	835	10	截面更大，性能要求更高的零件，如大截面的齿轮、传动轴、精密机床上控制进刀的蜗轮等

表中低淬透性渗碳钢指水淬临界淬透直径为 20～35 mm 的钢；中淬透性渗碳钢指油淬临界淬透直径为 25～60 mm，高淬透性渗碳钢指油淬临界淬透直径约为 100 mm 以上，甚至空冷也能淬成马氏体的钢。

由于低碳马氏体具有高强度的同时，还具有良好的韧性与塑性，因而近年来，我国有些工厂生产中采用渗碳钢直接进行淬火和低温回火，以获得马氏体组织，制造某些要求综合力学性能较高的零件(如传递动力的轴、重要的螺栓等)。在某些场合下，它还可以代替中碳钢的调质处理。

合金渗碳钢是指依次经过渗碳(或氰化)、淬火和低温回火后使用的合金结构钢。用于对表面要求具有高的硬度和耐磨性，而对心部则要求具有较高的强度和韧性的机器零件上，如在较强烈的冲击载荷和较大摩擦条件下工作的高、中速齿轮、凸轮、十字头等。

合金渗碳钢也属于低碳合金钢，平均含碳量一般为 0.20%左右，加入的合金元素有铬、镍、锰、钛、硼等。渗碳钢中铬、锰、硼等元素主要起增加钢的淬透性的作用。钒、钛、铝等起细化晶粒的作用。所以合金渗碳钢具有淬透性高、加热时晶粒长大倾向小、渗碳速度快而过渡层均匀、淬火变形小等特点。

渗碳零件的最终热处理是淬火＋低温回火。低温回火后，合金钢渗碳零件表面层和碳钢相似，是高碳回火马氏体和渗碳体或碳化物。如淬透则心部回火后是低碳回火马氏体；如未淬透时为托氏体加少量低碳回火马氏体及铁素体混合组织。这样，高碳马氏体保证高硬度和耐磨性，心部组织则具有足够的强度和韧性。

9.3.3 合金调质钢

调质钢通常是指经调质处理后使用的结构钢。对于不太重要的调质件一般采用碳素调质钢(如 40、45 钢)制造。而制造承受很大循环载荷与冲击载荷或各种复合应力的零件，例如机器中传递动力的轴、连杆、齿轮等，要求具有较高的综合力学性能，即强度、硬度、塑性、韧性有良好的

配合,应选用合金调质钢制造。

9.3.3.1 合金调质钢的化学成分与性能

(1) 大多数调质钢的含碳量为0.25%~0.5%。含碳量过低,不易淬硬,回火后强度不足,过高则韧性不足。以强度、硬度为主的零件,含碳量应偏上限,要求较高塑性、韧性的零件,含碳量应偏下限。常用钢的含碳量为0.40%左右。

(2) 钢中加入Mn($w_{Mn}<2\%$)、Cr($w_{Cr}<2\%$)、Ni($w_{Ni}<4.5\%$)、B($w_{B}<0.035\%$)等元素。主要目的是增加钢的淬透性,尤其是几种元素配合加入,能更好地提高淬透性。如Cr-Mn钢、Cr-Ni-Mo钢等。此外,Mn、Cr、Si、Ni等元素还固溶于铁素体,从而强化铁素体。

(3) 钢中加入V、Ti等元素形成特殊碳化物,在调质温度下,这些碳化物极少溶入奥氏体,它能阻止奥氏体晶粒长大,起细化晶粒的作用。

(4) 碳化物形成元素W、Mo、Cr等溶入奥氏体后,能显著提高回火稳定性,Si也能提高回火稳定性。

(5) 钢中含有Mn、Cr、Ni等元素有增加第二类回火脆性的倾向。为此除了要求回火后快冷外,可向钢中加入W或Mo以防止第二类回火脆性。

9.3.3.2 调质钢与渗碳钢的热加工特性

从碳含量和合金元素含量看,合金调质钢与合金渗碳钢均属亚共析钢,加热到A_{c_3}以上呈现均匀的奥氏体组织。其变形抗力比相应的碳素钢要高些,但高温下仍具有良好的塑性,能经受大变形量的塑性变形。

这类钢的热加工加热温度依据钢的成分可达1100~1240 ℃,加热温度范围较宽。较高的加热温度,除降低变形抗力、减小动力消耗外,还有助于减轻或消除由合金元素和杂质元素造成的枝晶偏析,以及由此造成的带状组织和钢材的各向异性。成材的终轧温度应控制在850~900 ℃。温度过高会引起晶粒粗大,过低除引起铁素体顺加工方向伸长,造成带状组织外,还能引起开裂等缺陷。

钢坯和大断面钢材的冷却,是合金结构钢热加工工艺的一个极为重要的问题,因为冷却方式不当会引起钢的一种严重缺陷——白点。

钢中的白点是一种显微裂纹,它的存在会极大地降低钢的力学性能,特别是塑性。具有白点的锻轧件在淬火过程中,裂纹将逐渐扩大,甚至有使工件完全开裂的危险。白点的存在造成应力集中,是发生脆性断裂的根源之一。因此,白点是钢中不允许存在的缺陷。

产生白点的主要原因是钢中含有过量的氢,在较快的冷却条件下,在钢的局部区域(如位错、亚晶界等)发生氢原子的偏聚,使这些区域完全脆化。当这些脆化区中的氢原子转变为氢分子时产生的压力以及由于相变时而引起的组织应力,超过金属原子之间的结合力时,就在钢中产生裂纹——白点。

为了防止白点的产生,可采用降低钢中含氢量和减少组织应力的方法。如在冶炼时,采用干燥的原材料,并使钢锭缓冷。在热加工方面,锻轧后采用适宜的缓冷制度,使溶解于钢中的氢在缓冷过程中逐渐逸出钢外,并阻止奥氏体向马氏体转变以降低或消除组织应力。

对已产生白点的钢坯或钢材,可经过大压下量热轧成小规格产品,使白点在热轧过程中焊合。

9.3.3.3 合金调质钢的热处理

(1) 预先热处理。为了改善调质钢的切削加工性能及热变形加工后的不良组织,一般可进行一次正火或退火。

(2) 最终热处理。将钢加热到A_{c3}以上进行淬火,获得马氏体组织,再配以适当的回火以获得所需的性能。通常调质件的回火是在500～650 ℃温度范围内的高温回火，获得回火索氏体组织，使零件具有高的韧性、塑性和适当的强度，另外也可在300～450 ℃范围内进行中温回火，使零件获得高的强度和适当的韧性与塑性。

零件经调质处理后，还可进行表面淬火及低温回火，或氮化处理，以提高工件表面硬度及耐磨性。

9.3.3.4　常用的钢种

常用合金调质钢的牌号、成分、热处理、力学性能及用途见表9-3，其中典型钢种有40Cr、40CrMn，35CrMo、40CrNiMo等。

表9-3　常用合金调质钢的牌号、热处理、力学性能及用途

牌　号	热处理		力学性能					用途举例
	淬火	回火	σ_b	σ_s	δ	ψ	A_K	
	℃		MPa		%		J	
40Cr	850油	520水、油	980	785	9	45	47	汽车后半轴、机床齿轮、轴、花键轴、顶尖套等
40MnB	850油	500水、油	980	785	10	45	47	代替40Cr钢制造中、小截面重要调质件等
35CrMo	850油	550水、油	980	835	12	45	63	受冲击、振动、弯曲、扭转载荷的机件，如主轴、曲轴、连杆
38CrMnAl	940油	640水、油	980	835	14	50	71	高级渗碳钢，制作磨床主轴、精密丝杆、精密齿轮、高压阀门、压缩机活塞杆等
40CrNiMoA	850油	600水、油	980	835	12	55	78	韧性好、强度高及大尺寸重要调质件，如重型机械中高载荷轴类，叶片等

9.3.4　合金弹簧钢

弹簧钢是指用来制造各种弹簧的钢。

弹簧是机器和仪表中的重要零件之一，主要在冲击、振动或周期性弯曲、扭转等交变应力下工作，被用于吸收冲击能，缓和振动和冲击，或储存能量，以驱动机件。例如，汽阀弹簧，油泵柱塞弹簧等。

9.3.4.1　性能要求

根据工作条件，弹簧钢必须具备下列性能：

(1) 高的弹性极限和屈服强度，尤其是高的屈强比(σ_s/σ_b)，以保证弹簧有足够的弹性变形能力和较大的承载能力。

(2) 高的疲劳强度，以免在振动或交变、循环应力作用下疲劳断裂。

(3) 有足够的韧性，以免冲击时脆断。此外，弹簧钢还要求有良好的淬透性，不易脱碳和过热的工艺性能。一些特殊弹簧还要求弹簧钢有耐热性、耐蚀性等。

9.3.4.2　成分特点

(1) 中、高碳含量。碳素弹簧钢的含碳量一般是0.6%～0.9%之间。合金弹簧钢的含碳量一般在0.45%～0.70%之间。含碳量过高时，韧性、塑性降低，疲劳抗力也会下降。

(2) 加入Mn、Si、Cr、W、Mo、V等元素。Si可显著提高钢的弹性极限、屈服强度和回火稳定性。但Si的加入能促使钢在加热时表面脱碳。Mn、Cr可提高钢的淬透性和强度，但Mn会增加钢的过热敏感性和回火脆性。重要用途和在特殊情况下使用的弹簧钢，还常加入W、Mo、V等元素以减少硅锰弹簧钢的脱碳和过热倾向，进一步提高钢的淬透性和回火稳定性，同时也可进一步提高弹性极限、屈强比与耐热性。V还能细化晶粒，提高强韧性。

9.3.4.3 热加工特点

弹簧钢在高温奥氏体状态具有良好的塑性,能承受大变形量的塑性变形。但是,由于合金元素的作用,在热加工时,这类钢的变形抗力比碳素钢要大。

由于这类钢的含碳量较高,尤其是非碳化物形成元素 Si 的存在,加热时易脱碳,由此降低弹簧的疲劳强度,缩短使用寿命。因此,热加工时要求严格控制炉内气氛、加热温度和加热时间。

9.3.4.4 热处理特点

为了提高弹簧的力学性能,对热轧后大截面(厚度或直径 5～50 mm)的钢料(圆钢、扁钢等)在热状态下经卷制成形后,再进行淬火加中温回火处理;对热轧后截面较小的钢料,经退火软化后,在冷状态下卷制成形,再进行淬火与回火处理。

根据钢的含碳量和合金元素种类及含量,弹簧钢的淬火温度一般在 820～880 ℃,用油作冷却剂,回火温度约在 420～550 ℃之间,获得回火屈氏体组织,以保证足够的韧性和高的弹性极限与疲劳强度。

此外,为了提高弹簧的疲劳强度,在热处理后往往需要采用喷丸处理,以消除或减轻弹簧表面缺陷的有害影响,并可使表面产生硬化层,形成残余压应力,从而使弹簧的疲劳强度和使用寿命显著提高。例如,用 60Si2Mn 钢制造的汽车板簧,经喷丸处理后,使用寿命提高 5～6 倍。

9.3.4.5 常用钢种

常用弹簧钢的牌号、成分、热处理、性能及主要用途见表 9-4。其中典型钢种有 60Si2Mn、50CrVA 等。

表 9-4 常用弹簧钢牌号、成分、热处理、性能及主要用途

牌号	热处理规范		力学性能				用途
	淬火温度	回火温度	σ_b	σ_s	δ	ψ	
	℃		MPa		%		
65	840	480	1000	800	9	35	截面小于 15mm 的小弹簧和弹簧圈
65Mn	830	480	1050	850	8	30	截面小于 20mm 的冷卷弹簧、阀簧
60Si2Mn	870	460	1300	1200	5	25	机车板簧、拖车弹簧、测力弹簧
50CrVA	860	520	1300	1150	10	45	汽车板簧及小于 400 ℃的耐热弹簧

9.3.5 滚动轴承钢

滚动轴承钢是指用来制造各种滚动轴承的滚珠、滚柱、滚针和内外套圈的专用钢种。

滚动轴承运转时,套圈与滚动体之间为点或线接触,接触面要承受极高的交变载荷及剧烈的滚动和滑动摩擦,因此,轴承的报废主要是接触疲劳破坏和磨损。

9.3.5.1 性能要求

滚动轴承的苛刻工作条件,要求轴承钢应有如下性能。

(1) 高而均匀的硬度、耐磨性。

(2) 高的接触疲劳抗力以避免表面出现麻点或剥落。

(3) 足够的韧性和淬透性,同时在空气或润滑剂中具有一定的抗蚀能力。

9.3.5.2 成分特点

(1) 为了保证滚动轴承钢高的硬度、高的耐磨性和高的强度,钢的含碳量要高(0.95%～1.15%),以便获得高硬度的马氏体基体,并形成一定数量的合金碳化物,提高抗磨损能力。

(2) 钢中加入0.5%～1.65%的Cr，以增加钢的淬透性，并使钢中合金碳化物$(Fe, Cr)_3C$均匀细密分布，保证高硬度和耐磨性，提高钢的强度和接触疲劳抗力。Cr还有利于提高钢的耐蚀性。但含Cr量过高(高于1.65%)会增加淬火后残余奥氏体量，并使碳化物分布不均匀，其结果降低钢的硬度和轴承使用寿命。

(3) 用于制造大型轴承的钢可以加入Si、Mn以进一步提高钢的淬透性，提高钢的强度和弹性极限。

(4) 为了节约Cr的用量，在Si、Mn含量的基础上加入Mo，提高钢的淬透性，加入V形成碳化物，提高硬度并细化晶粒。

此外，Cr轴承钢对P、S含量限制极严($w_S<0.02\%$、$w_P<0.027\%$)，非金属夹杂物的数量要求很低，否则将降低钢的接触疲劳抗力。

9.3.5.3　滚动轴承钢的热加工特点

由于滚动轴承钢的含碳量较高，其主加元素是碳化物形成元素Cr，在浇注凝固和热加工过程中会出现液析碳化物、带状碳化物和网状碳化物等三种不均匀碳化物。这些碳化物能严重影响轴承件的使用性能。

液析碳化物是指钢液凝固时直接形成的不正常的碳化物组织。它是由于碳和合金元素的偏析，在最后凝固的部位从富集碳与合金元素的熔点较低的液相中结晶形成。在铸造状态下，液析碳化物呈块状、尺寸较大，经热加工后，碳化物沿钢件伸长方向延伸，呈连续或断续的条状排列，如图9-5所示。由于液析碳化物的存在，使零件经淬火时易产生裂纹。液析碳化物与基体的结合力较弱，容易剥落，它若暴露在轴承件表面，是导致早期疲劳破坏的原因之一。

带状碳化物是指碳化物呈颗粒状沿钢的热加工方向延伸成密集的带状排列，如图9-6所示。当钢液按树枝状方式结晶时，由于枝晶偏析而使晶轴之间的合金碳化物较多。热加工时，如果溶于奥氏体的碳与合金元素未扩散均匀，枝晶沿加工方向伸长后，碳化物就呈现带状排列。具有带状碳化物的钢，其纵向和横向性能差别较大，且淬火后硬度不均，也是导致轴承件使用时产生疲劳破坏的原因。

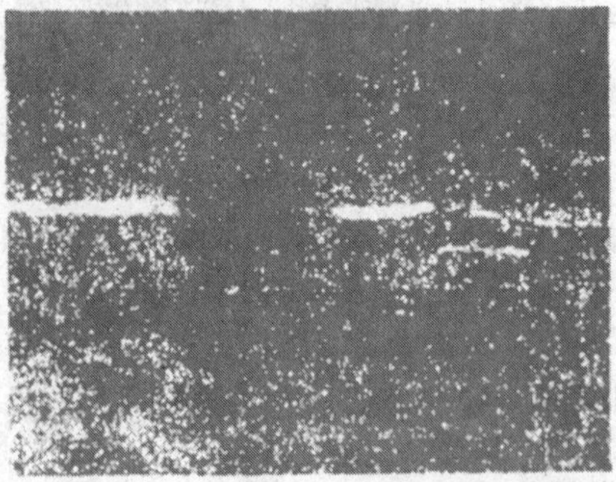

图9-5　轴承钢中液析碳化物100×

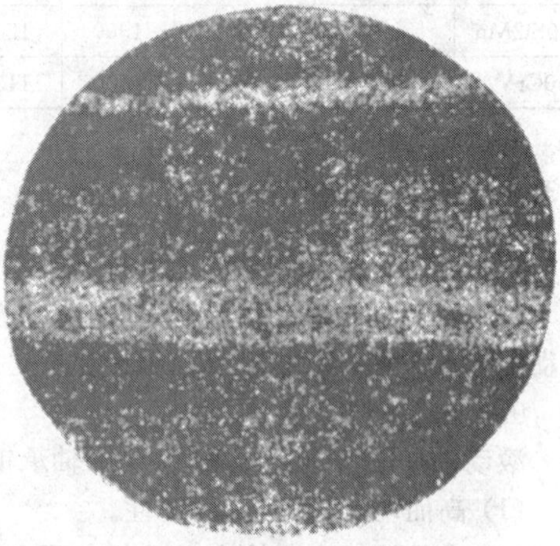

图9-6　轴承钢中带状碳化物100×

网状碳化物是铬轴承钢在热加工后冷却过程中，碳化物沿晶界呈连续或断续网状分布。一般来说，热加工终了温度越高，随后冷却越缓慢时，网状碳化物越严重。网状碳化物削弱了金属间的结合力，使钢的冲击韧性下降，脆性增加。

为了减轻或消除滚动轴承钢中碳化物不均匀性，除在浇注时选用较小锭型和控制较低的浇注温度外，钢的热加工是重要的一环。钢锭或钢坯在热轧或热锻前，其加热温度约为 1200 ℃（以不引起液析碳化物熔化为限），并适当延长均热时间，使碳化物充分溶解，将碳与合金元素扩散均匀，可以有效地减轻或消除液析碳化物和带状碳化物。在成材的锻轧过程中，控制较低的终锻、终轧温度，以及锻轧后在 700 ℃左右加快成材的冷却速度，可以减轻网状碳化物生成。对已形成网状碳化物的坯料，可通过正火来消除。

由于滚动轴承钢的含碳量较高，所以不论是成材的热加工亦或随后的热处理过程，都应注意脱碳问题，因为脱碳会降低表面硬度和耐磨性，使轴承件的使用寿命降低。

9.3.5.4 热处理特点

轴承钢的热处理主要是球化退火、淬火和低温回火。

球化退火主要是获得球状珠光体组织，以达到降低坯料硬度，改善切削加工性能，并为零件的淬火做好组织准备。

淬火加低温回火是最终决定轴承钢性能的重要工序。目的是提高钢件的硬度、强度及耐磨性，并获得必要的韧性。热处理的显微组织为回火马氏体基体，细小而均匀分布的球状碳化物和少量残余奥氏体，硬度为 61～65HRC。

对于精密轴承零件，为了稳定尺寸，可在淬火后进行冷处理（－60～－80 ℃），以减少残余奥氏体量并在低温回火和精磨后，再进行 120～130 ℃保温 5～10 h 的时效处理。

9.3.5.5 常用钢种

常用滚动轴承钢的牌号、成分、热处理及用途见表 9-5，其中 GCr15、GCr15SiMn 等用量最大。

表 9-5 常用滚动轴承钢牌号、成分、热处理、性能及主要用途

新标准	化学成分/%				热处理		回火后硬度 HRC	用 途
	C	Cr	Si	Mn	淬火温度/℃	回火温度/℃		
GCr9	1.00～1.10	0.90～1.20	0.15～0.35	0.25～0.45	810～830 水、油	150～170	62～64	直径小于 20mm 的滚珠、滚柱及滚针
GCr9SiMn	1.00～1.10	0.90～1.20	0.45～0.75	0.95～1.25	810～830 水、油	150～160	62～64	壁厚小于 12mm、外径小于 250mm 的套圈。直径为 25～50mm 的钢球。直径小于 22mm 的滚子
GCr15	0.95～1.05	1.40～1.65	0.15～0.35	0.25～0.45	810～830 油	150～160	62～64	与 GCr9SiMn 相同
GCr15SiMn	0.95～1.05	1.40～1.65	0.45～0.75	0.95～1.25	810～830 油	150～170	62～64	壁厚大于 12mm、外径大于 250mm 的套圈。直径大于 50mm 的钢球。直径大于 22mm 的滚子

9.4 合金工具钢

合金工具钢与碳素工具钢相比，具有较高的淬透性、耐磨性、红硬性等，按用途可分刃具钢、模具钢、量具钢。

9.4.1 刃具钢

刃具在工作中都承受较大的外力和摩擦，因此需具有高的硬度和耐磨性、足够的强度和韧性，并且在工作中因强烈摩擦往往使其温度升高，因此需要具有在高温下仍能保持高的硬度能力——红硬性。红硬性往往取决于马氏体的回火稳定性，故提高钢的回火稳定性的合金元素能提高钢的红硬性。

刃具钢又可分为低合金刃具钢和高速钢两类。

9.4.1.1 低合金刃具钢

低合金刃具钢是在碳素工具钢的基础上，加入少量合金元素而制成的。低合金刃具钢中含碳量一般在 0.80%～1.50%之间，加入的合金元素有铬、锰、硅、钨、钒等，合金元素总含量不超过3%～5%。钢中的铬、硅、锰等的主要作用是提高淬透性，增加强度；钨、钒形成稳定碳化物，提高钢的硬度、耐磨性及红硬性。合金刃具钢与碳素工具钢相比，具有较高的淬透性，所以可在较缓和的冷却剂中淬火，热处理时变形小。

常用的低合金刃具钢的牌号、热处理规范、性能及用途见表 9-6。

表 9-6 常用低合金刃具钢的牌号、热处理规范、性能及用途

牌号	化学成分/%					淬火			回火		用途举例
	C	Mn	Si	Cr	其他	温度/℃	介质	HRC(不低于)	温度/℃	HRC	
9SiCr	0.85～0.95	0.3～0.6	1.2～1.6	0.95～1.25		850～870	油	62	190～200	60～65	板牙、丝锥、绞刀、冷冲模等
CrWMn	0.9～1.05	0.8～1.1	0.15～0.85	0.9～1.2	1.2～1.6W	820～840	油	62	140～160	62～65	长丝锥、长绞刀、板牙、拉刀、量具、冷冲模
CrMn	1.3～1.5	0.45～0.75	≤0.40	1.3～1.6		840～860	油	62	130～140	62～65	长丝锥、拉刀、量具
9Mn2V	0.85～0.95	1.7～2.0	≤0.40		0.01～0.25V	780～820	油	62	150～200	58～61	丝锥、板牙、样板、量规、中小型模具、磨床主轴、精密丝杠等

9.4.1.2 高速钢

高速切削时刃具的工作温度通常可达 500～600 ℃，高速钢的热硬性和耐磨性均优于碳素刃具钢和低合金刃具钢，因此高速钢得到了广泛的应用。

A 高速钢的成分特点

(1) 含碳量高。一般 w_C=0.7%～1.65%。高的含碳量一方面是保证钢在淬得马氏体后有高的硬度；另一方面与强碳化物形成元素生成极硬的合金碳化物，大大地增大钢的耐磨性和热硬性。含碳量也不宜过高，含碳量过高，易产生严重的碳化物偏析，会降低钢的塑性和韧性。因此，高速钢的含碳量应与合金元素的含量相适应。

(2) 加入铬提高钢的淬透性。高速钢的含铬量一般约为 4%。铬的碳化物在淬火加热时容易溶解，铬几乎全部溶入奥氏体中，增加奥氏体的稳定性，使钢的淬透性大大提高。

(3) 加入钨或钼造成二次硬化，以保证高的热硬性。钨或钼的碳化物在淬火加热时极难溶解，大约只有一半的量溶入奥氏体中，而其余部分作为残余碳化物留下来，起到阻止奥氏体晶粒长大的作用，并能提高耐磨性。溶入的部分则在 560 ℃左右回火时以 W_2C 或 Mo_2C 形式析出，使钢的硬度增高。这种碳化物在 500～600 ℃温度下非常稳定，不易聚集长大，因而使钢在此温度下仍能保持高的硬度，表现出高的热硬性。

(4) 加入钒提高钢的耐磨性和热硬性。钒在高速钢中形成硬度极高的碳化物，这种碳化物非常稳定，很难溶于奥氏体中，大部分以残余碳化物形式保留下来，钒的碳化物不但硬度极高，而且颗粒细小，分布均匀，对提高钢的耐磨性起很大作用。溶入奥氏体的钒在回火时以 VC 的形式析出，也可造成二次硬化，提高钢的热硬性。但因其总的含量不高，提高热硬性的作用不如钨、钼大,所以在高速钢中钒的主要作用是提高耐磨性。

(5) 在高速钢中加入钴能显著提高钢的热硬性(645~650 ℃)和二次硬度(67~70HRC),加入钴后还可提高钢的耐磨性、导热性,并能改善其磨削加工性。

B 常用高速钢的类型和应用

常用高速钢的牌号、成分、热处理和用途见表 9-7,可分为通用型高速钢和高性能高速钢两大类。

(1) 通用型高速钢。通用型高速钢的含碳量 w_C=0.7%~0.9%这类高速钢具有较高的硬度和耐磨性,高的强度,良好的塑性和磨削性,因此广泛用于制造各种形状复杂的刃具。按组成高速钢的主要成分,通用型高速钢又可分为钨系高速钢和钼系高速钢两种。

1) 钨系高速钢。典型的牌号是 W18Cr4V,它具有良好的综合性能,在我国应用较为广泛。这种钢通用性强,可用于制造各种复杂刃具,如拉刀、螺纹铣刀、齿轮刀具、各种铣刀等。由于这种钢含钒量少,故磨削性好,所以常用于制造各种精加工刃具,如螺纹车刀、宽刃精刨刀、精车刀、成形车刀等。这种钢由于含碳化物较多,淬火时过热倾向小,塑性变形抗力也较大;但其碳化物分布不均匀、颗粒大,这将影响薄刃刀具和小截面刃具的耐用度。此外钨的价格较贵,使得钨高速钢的使用量已逐渐减少。

2) 钼系高速钢。钼系高速钢是用钼代替一部分钨,典型牌号是 W6Mo5Cr4V2。加入钼后使结晶温度间隔变窄,铸态共晶莱氏体细小,因而它的碳化物比钨系高速钢均匀细小,使钢在950~1100 ℃有良好的塑性,便于压力加工,并且在热处理后也有较好的韧性。由于这种钢的含钒量较多,故耐磨性要优于 W18Cr4V。但热处理时脱碳倾向较大,热硬性略低于 W18Cr4V。因此,这种钢适应于制造要求耐磨性和韧性较好的刃具,如铣刀、插齿刀、锥齿轮刨刀等。这种钢还特别适于在轧制或扭制钻头等热成形工艺中使用。

表 9-7 高速钢的牌号、成分、热处理和用途

牌号	化学成分/%					热处理			硬度		红硬性
	C	Cr	W	Mo	V	预热温度/℃	淬火温度/℃	回火温度/℃	退火 HBS	淬火+回火 HRC	
W18Cr4V	0.70~0.80	3.80~4.40	17.50~19.00	≤0.30	1.00~1.40	820~870	1270~1285	550~570	≤255	≥63	61.5~62
CW6Mo5Cr4V2	0.95~1.05	3.80~4.40	5.50~6.75	4.50~5.50	1.75~2.20	730~840	1190~1210	540~560	≤255	≥65	—
W6Mo5Cr4V2	0.80~0.90	3.80~4.40	5.50~6.75	4.50~5.50	1.75~2.20	730~840	1210~1230	540~560	≤255	≥64	60~61
W6Mo5Cr4V3	1.10~1.20	3.80~4.40	6.00~7.00	4.50~5.50	2.80~3.30	840~885	1200~1240	540~560	≤255	≥64	64

(2) 高性能高速钢。高性能高速钢是在通用型高速钢成分中再增加一些含碳量,含钒量,有时添加钴、铝等合金元素,以提高耐磨性和热硬性的新钢种。这类钢适合于加工奥氏体不锈钢、高温合金、钛合金、超高强度钢等难加工材料。

高性能高速钢包括高碳高速钢、钴高速钢、铝高速钢等。高碳高速钢典型牌号是 9W18Cr4V,含碳量 w_C=0.9%~1.0%,硬度 66~68HRC,硬度和热硬性均高于 W18Cr4V。钴高速钢典型牌号是 W6Mo5Cr4V2Co8,硬度可达 64 ~ 66HRC,在 600 ℃时硬度为 54HRC。此外还有铝高速钢 W6Mo5Cr4V2Al,氮高速钢 W12Mo3Cr4V3N 等。

C 高速钢的加工和热处理特点

高速钢的加工和热处理工艺较复杂,其要点如下。

(1) 高速钢的锻造。高速钢的含碳量一般为 $w_C \leqslant 1.0\%$，但因其含有大量的合金元素，属莱氏体钢，在钢的铸态组织中含有共晶碳化物，这种碳化物呈鱼骨状分布，使钢的脆性增大。它的分布不能依靠热处理改变，只能由锻造的变形来打碎。因此高速钢的锻造，不仅是为了成形，而主要是为了将粗大的莱氏体中的碳化物破碎为比较细小和均匀分布的粒状碳化物。碳化物越粗大，分布越不均匀，则刃具的使用性能越差。大部分刃具的过早失效都与碳化物的粗大和分布不均匀有关。因此要求必须对高速钢反复锻造，或反复镦粗、拔长，直到碳化物合格为止。高速钢的淬透性很高，锻后必须缓慢冷却，以免开裂。

(2) 高速钢的热处理。高速钢的热处理包括锻造后的退火，加工后的淬火及回火。高速钢在锻造后应进行退火，目的是改善切削加工性、消除锻后残余应力，并为淬火做好组织准备。退火后的组织为索氏体及粒状碳化物，硬度为 207～267HBS。

高速钢的淬火工艺比较特殊。第一，高速钢含有大量难溶合金碳化物，淬火时必须使其充分溶入奥氏体中，以便淬火后得到高硬度的马氏体，而回火后得到高的热硬性。因此高速钢的加热温度都非常高，一般在 1200～1300 ℃。第二，高速钢合金元素含量高，导热性较差，同时淬火加热温度高，若淬火加热速度太快，容易引起开裂，所以淬火时应进行一次或二次预热。高速钢淬火后的组织由淬火马氏体、残余合金碳化物和大量残余奥氏体组成。

为了保证得到高的硬度及热硬性，高速钢一般都在二次硬化峰值温度或稍高一些的温度(通常 550～570 ℃)下回火。并且进行多次(一般是三次)回火。回火的主要目的是消除大量的残余奥氏体。在回火过程中，从残余奥氏体中析出合金碳化物，使奥氏体中的合金元素含量减少，而使其马氏体转变点 M_s 上升，并在回火后的冷却过程中，一部分残余奥氏体转变为马氏体。每回火一次，残余奥氏体含量降低一次。高速钢回火后的组织为回火马氏体＋碳化物＋少量残余奥氏体。

高速钢 W18Cr4V 热处理工艺如图 9-7 所示。采用二次预热，1280 ℃淬火加热，560 ℃三次回火。

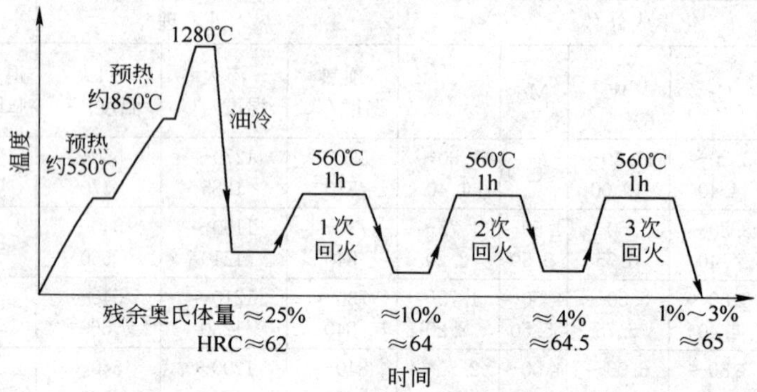

图 9-7　W18Cr4V 高速钢的淬火、回火工艺

9.4.2　量具钢

广泛使用的卡尺、千分尺、塞规、样板等统称为量具。量具必须具有精确而稳定的尺寸，要求工作端面有高的硬度和耐磨性。

精确度要求较差、形状简单的量具，可采用 T10A、T12A 等碳素工具钢。

板形量规(样板、卡尺)等可采用 60Mn、65Mn。

高精度的量规、环规等，采用热处理变形小的低合金钢，如 CrMn、CrWMn、GCr15、SiMn 等。

9.4.3 模具钢

模具钢是用于制造冲压模、锻模、压铸模等模具的钢，按使用条件可分为冷变形模具钢和热变形模具钢两大类。

9.4.3.1 冷变形模具钢

冷变形模具钢是用来制造使金属在冷状态下变形的模具，如冷冲模、冷镦模、冷拔模等。冷变形模具在工作中承受很大的压力、弯曲力、冲击力和摩擦力。因此要求这类钢应具有高的硬度、耐磨性和足够的强度和韧性。对模具的精度要求高，因此要求热处理变形小。

冷变形模具钢也应有较高的含碳量，以保证获得高硬度和高耐磨性，其中合金元素的作用与合金刃具钢相似，加入一定量的铬、锰、硅等元素，主要目的是提高淬透性，加入钨、钒等元素是提高耐磨性。

根据工作条件，冷变形模具钢的选材，可分为四种情况：

(1) 工作时受力不大，形状简单，尺寸较小的冷变形模具，可采用碳素工具钢制造，如 T8A、T10A、T12A 等。

(2) 工作时受力较轻，但形状复杂或尺寸较大的冷变形模具，可采用高碳低合金钢制造，如 9Mn2V、CrWMn 和 GCr15 等。

(3) 对于重负荷的，要求具有高耐磨性、高淬透性和变形小的冷变形模具，如螺丝滚模、拉伸模等，则采用 Cr12、Cr12MoV 等高碳高铬钢。

(4) 在冲击条件下工作，刃口单薄的冷变形模具，如切边模等，采用中碳的 6SiCr、4CrW、2Si 等。

9.4.3.2 热变形模具钢

热变形模具钢如热锻模、热挤压模等，工作时除了受复杂的应力作用外，还要与炽热的工件接触，随后又与空气、重油等冷却剂接触，受到激冷、激热的交替作用，所以应满足如下性能要求：

(1) 高温力学性能好，以保证在高温下具有足够的强度、硬度和耐磨性。

(2) 具有高的淬透性，以保证模具截面各处具有相同的力学性能。

(3) 导热性能好，以保证模具的热量迅速散发，避免模具工作表面温度过高。

(4) 具有优良的耐热疲劳性。热变形模具工作时，由于反复受热受冷而引起表面裂纹的发展而报废的，这种现象称为热疲劳。良好的耐热疲劳性可以防止模具出现龟裂。

为了满足上述性能要求，热变形模具钢的含碳量不宜太高，一般在 0.3%～0.6%之间。为了提高模具的强度和韧性，一般加入铬、镍、硅、锰等元素，同时铬、镍、锰还能显著提高钢的淬透性。为了细化晶粒、提高回火稳定性及减少回火脆性，钢中还加入钼、钨、钒等元素。

常用热变形模具钢热处理规范、性能及用途见表 9-8。

表 9-8 常用热变形模具钢

牌 号	退火硬度 HB	淬 火			用 途
		加热温度/℃	冷却剂	硬度 HRC	
8Cr3	255～207	850～880	油	55	热镦粗模、刀片
5SiMnMoV	≤217	840～900	水	61	锻压工具、剪刀、重负荷冲头
6SiMnV	≤209	830～860	油	56	中小型锻模
5CrMnMo	241～197	820～850	油	50	中型锤锻模、热压模、小型压铸模
5CrNiMo	241～197	830～860	油	47	大型锤锻模、热压模、小型压铸模
3Cr2W8V	255～207	1075～1125	油	46	热压模、压铸模、热切剪刀
4W2CrSiV	≤234	880～920	油	56	大中型热锻模、热切刀、压铸模

9.5 特殊性能钢

常见的特殊性能钢有不锈耐酸钢、耐热钢、耐磨钢、电工硅钢等。

9.5.1 不锈耐酸钢

不锈耐酸钢是不锈钢和耐酸钢的总称。所谓不锈钢是指在大气和水蒸气等弱腐蚀介质中能抵抗腐蚀的钢。所谓耐酸钢是指在酸、碱、盐溶液等强腐蚀介质中能抵抗腐蚀的钢。

钢中铬是提高钢的耐蚀性的主要元素，它能在钢表面形成一层富铬的氧化膜，这层氧化膜很致密，并且与金属基体结合很牢固，能保护钢免受外界介质进一步氧化浸蚀。钢中含铬量越高，钢的耐蚀性越好，不锈耐酸钢中含铬量都超过12%。

镍、钼、锰也能提高钢的耐蚀性，特别是镍的含量较高时，钢的耐蚀性大为提高，并能提高钢的塑性和焊接性能。

碳是钢中降低耐蚀性的元素，因为碳与铬化合，形成铬的碳化物，降低了金属基体中的含铬量，从而降低钢的耐蚀性。但是不锈钢的强度则随含碳量的增加而提高，所以对强度、硬度要求较高的耐蚀材料应提高钢中的含碳量。此时，为了保证其耐蚀性，必须相应地提高钢的含铬量。

钢中加入钛、铌，由于它们与碳的亲和力比铬大，能优先与碳形成碳化物，从而保证钢基体中的含铬量，所以能减轻碳对于耐蚀性的不利影响。

常用不锈耐酸钢，主要是铬钢和铬镍钢。

(1) 铬不锈钢。要达到不锈耐蚀的目的，铬不锈钢中含铬量必须高于13%。最常用的是Cr13型不锈钢，即1Cr13、2Cr13、3Cr13和4Cr13。它们具有良好的抵抗大气、海水、蒸气等弱腐蚀介质腐蚀的性能，所以用于在这些介质中工作的设备上。

含碳量较低的1Cr13、2Cr13，耐蚀性能较好，韧性较大，一般作为结构钢使用，如在上述介质中工作的汽轮机叶片、结构架、螺栓等。含碳量较高的3Cr13、4Cr13，其强度、硬度较高，用于要求较高强度、硬度的耐蚀零件，如热油泵轴、弹簧、医疗器械等。

在1Cr13的基础上进一步增加含铬量就得到Cr17、Cr25、Cr28等不锈耐酸钢，由于含铬量增加，抗蚀性能显著提高。所以它们适于制造在硝酸、磷酸等弱酸介质中工作的设备，也多用于石油工业及食品工业中。

(2) 铬镍不锈耐酸钢。在铬不锈钢的基础上加入一定量的镍和其他一些元素，便形成了铬镍不锈耐酸钢，如1Cr18Ni9、1Cr18Ni9Ti等。这类钢经热处理，呈单相奥氏体组织，能获得良好的耐蚀性，并具有良好的焊接性、冷加工性及低温韧性。用于在硝酸及大部分有机酸和无机酸的水溶液等腐蚀介质中工作的设备，如氮肥工业吸收塔、耐酸容器、管道等。

9.5.2 耐热钢

用在高压锅炉、内燃机、汽轮机等上的构件在高温下承受一定的载荷，要求在高温下不致氧化，并且有一定的强度，这种钢称为热强钢。此外，加热炉底板、热处理用罐等一些部件，在高温下长期工作，要求具有高的抗氧化和抗高温气体腐蚀的能力，但对其强度要求不高，这种钢称为不起皮钢。热强钢和不起皮钢，统称为耐热钢。

耐热钢之所以具有高的高温抗氧化性和高温强度，是因为在钢中加入一定量的铬、硅、铝等元素，使钢在高温下与氧接触时，在表面能生成致密牢固的高熔点氧化保护膜，使钢不受高温气体的继续腐蚀。而钢中加入镍、铝、钨等元素，能起提高再结晶温度、形成弥散分布的第二相等作用，从而提高钢的高温强度。常用耐热钢如下：

15CrMo是典型的锅炉用钢，可制造在350 ℃以下工作的零件。4Cr9Si2、4Cr10Si2Mo钢制造在600 ℃以下工作的汽轮机叶片、大功率发动机排气阀等。15Al3MoWTi钢在550～650 ℃的重油中有较好的抗氧化性，可用作炼油厂热炉管。

9.5.3　耐磨钢

有些零件，如拖拉机履带、破碎机牙板、球磨机衬板、铁道道叉等，工作时都受到严重磨损和强烈冲击，因此要求具有很高的耐磨性和韧性。含锰量约为13%、含碳量为1.0%～1.3%的高碳高锰钢Mn13能很好地满足上述要求。

Mn13钢属于奥氏体钢，铸态组织为奥氏体和碳化物，有脆性。将这种钢加热至1000～1100 ℃，保温一段时间，使钢中的碳化物全部溶解到奥氏体中，然后在水中冷却，由于冷却迅速，碳化物来不及从奥氏体中析出，能得到单一的奥氏体组织，此法即称为水韧处理。

Mn13钢经水韧处理后，韧性、塑性特别高，而硬度仅180～200HB。但它在工作中经受很大压力冲击时，表面产生塑性变形而能迅速被加工硬化，并在组织中析出碳化物，从而使硬度提高到450～550HB，耐磨性变得极好。如果所受压力很小，它的高耐磨的特点表现不出来，此时不能选用高锰钢，应采用65SiMnRe、18MnPRe等。

高锰钢不易切削加工，但有良好的铸造性能，可铸造成形状复杂的铸件，故高锰钢一般铸造成型后经热处理才能使用。

9.5.4　电工硅钢

电工硅钢是工业上广泛使用的软磁材料，一般加工成薄片，用来制造电机和变压器的铁芯，也有一部分用于制造仪表、电讯器材等方面的电感元件。

用于电机和变压器铁芯的硅钢片，是在交变磁场中反复磁化的条件下工作，这就要求它具有低的矫顽力和大的磁导率，从而尽量降低磁滞损耗和涡流损耗。此外，还要求具有良好的冷冲剪加工性，减少冲片毛刺，缩小片间隙。

电工硅钢的化学成分要纯净，尤其是碳、氧和硫的含量要低，因为它们所形成碳化物会损伤钢中的导磁性能。硅是钢中主要合金元素，硅能提高钢的导磁性，并能消除或减轻碳和氧的有害作用，并溶于α-Fe中增加电阻，减少铁芯的涡流损耗。但含硅量过高，会增加钢的硬度和脆性，造成加工工艺上的困难。工业用电工硅钢的含硅量一般不超过4.5%，其中电机用钢含硅量为1.0%～2.5%，变压器用钢含硅量为3%～4%。

常用电工硅钢的牌号有D21、D20、D310等，其中D为“电”字拼音的头一个字母，第一个数字为平均含硅量；第二个数字表示质量情况，数字越大，质量越好。冷轧硅钢片，在号末尾标以“0”，而热轧硅钢片不标。

思考题

9-1　在钢中的下列合金元素哪些优先与碳形成碳化物？

钒、锰、钛、钨、钼。

9-2　说明出现下列现象的原因。

(1) 含 $w_C=0.4\%$、$w_{Cr}=13\%$ 的4Cr13钢属于过共析钢；

(2) 含 $w_C=0.7\%$ 的W18Cr4V钢，铸态下组织中存在莱氏体；

(3) 含 $w_{Cr}=25\%$的 Cr25 钢，在高温下仍是单相铁素体组织。

9-3 说明某些合金钢会出现下列现象的原因。

(1) 高温锻轧后，经空气中冷却获得马氏体组织；

(2) 在相同调质处理后，比碳钢有较高的综合机械性能；

(3) 在室温下，能获得单一奥氏体组织；

(4) 与相同含碳量的碳素钢相比红硬性高；

(5) 合金钢的热加工加热温度应高于碳钢。

9-4 解释下列名词：

回火稳定性、红硬性、二次硬化、二次淬火、合金铁素体，合金奥氏体，合金渗碳体。

9-5 说明合金元素在钢中引起下列效果的原因及意义：细化钢的晶粒、增加钢的淬透性、提高钢的红硬性。

9-6 低合金钢、马氏体钢、奥氏体钢、滚动轴承钢是根据什么命名的？

9-7 合金结构钢可分哪几种？每种举一常用钢号的例子，并说明它们之间含碳量的区别。

9-8 高速钢含哪些合金元素，它们在钢中都起什么作用？

9-9 高速钢经铸造后为什么要经过反复锻造，锻造后切削前为什么要进行退火，为什么要预热，淬火温度选用高温(1200～1300 ℃)的目的是什么，淬火后为什么需进行三次回火？

9-10 Mn13 钢为什么耐磨？

10 铸铁

10.1 概述

铸铁是工业上广泛应用的铸造金属材料。在铁-碳相图中，含碳量 $w_C>2.11\%$ 的铁碳合金称为铸铁。工业上实际应用的铸铁是一种以铁、碳、硅为基础的多元合金，从成分上看，铸铁与钢的主要区别在于铸铁比钢含有较高的碳和硅，并且硫、磷杂质含量较高。一般铸铁中 $w_C=2.3\%\sim4.0\%$、$w_{Si}=1.0\%\sim3.0\%$、$w_{Mn}=0.3\%\sim1.2\%$、$w_S<0.05\%\sim0.15\%$、$w_P<0.05\%\sim1.0\%$。

由于铸铁中的碳能以石墨或渗碳体两种独立相的形式存在，因而使得铁碳合金系统存在着Fe-C(石墨)和 $Fe-Fe_3C$(渗碳体)双重相图，如图 10-1 所示。图上虚线表示 Fe-C(石墨)稳定态相图，实线表示 $Fe-Fe_3C$(渗碳体)亚稳定态相图，虚线与实线重合的线用实线画出。

铸铁从高温至低温的整个冷却过程中，碳可以分别按两个相图形成产物，即按铁-渗碳体相图形成渗碳体或按铁-石墨相图形成石墨。

10.1.1 铸铁的石墨化及影响因素

渗碳体相与石墨相比较而言，渗碳体为不稳定相，而石墨是相对稳定的相，因此，在熔融状态下的铁液中的碳有形成石墨的趋势。铸铁中的碳以石墨的形式析出的过程称为石墨化。由图10-1 可以看出，铁液从高温冷却到低温的整个过程，铸铁的石墨化过程可分为三个阶段。第一阶段：从铸铁液相中结晶析出一次石墨(对于过共晶成分合金而言)和在 1154 ℃($E'C'F'$线)通过共晶反应形成共晶石墨；第二阶段：在 1154～738 ℃温度范围内，从铸铁奥氏体中沿 $E'S'$线析出二次石墨；第三阶段：在 738 ℃($P'S'K'$线)发生共析转变析出石墨。

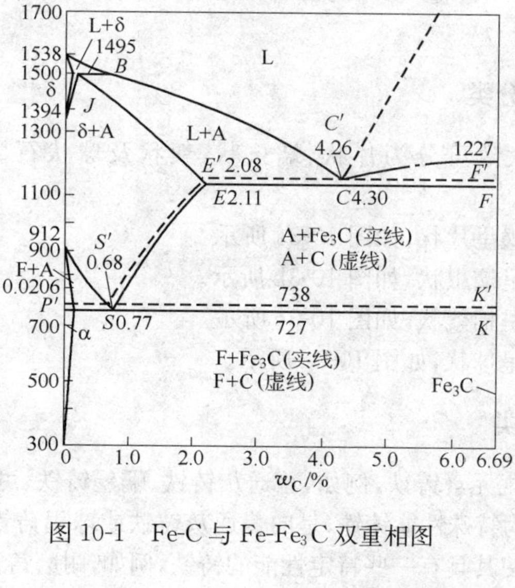

图 10-1 Fe-C 与 $Fe-Fe_3C$ 双重相图

铸铁的石墨化主要与铁液的冷却速度和其含硅量有关，当具有相同成分（铁、碳、硅三种元素）的铁液冷却时，冷却速度越慢，析出石墨的可能性越大，而硅的存在有利于铁液的石墨化进程。所以，对于铸铁来说，要求含硅量较高。

10.1.2　铸铁的组织与性能

铸铁的性能取决于铸铁的组织，而铸铁的组织可以认为是由钢的基体与不同形状、数量、大小及分布的石墨组成的。石墨具有简单的六方晶格，其晶格形式如图10-2所示。石墨晶格基面中的原子间距为0.142 nm，结合力较弱，而两基面间间距为0.340 nm，是依靠较弱的金属键结合的，因此，石墨的力学性能较低，硬度仅为3～5HBS，σ_b 约为20 MPa，伸长率 δ 近于零。

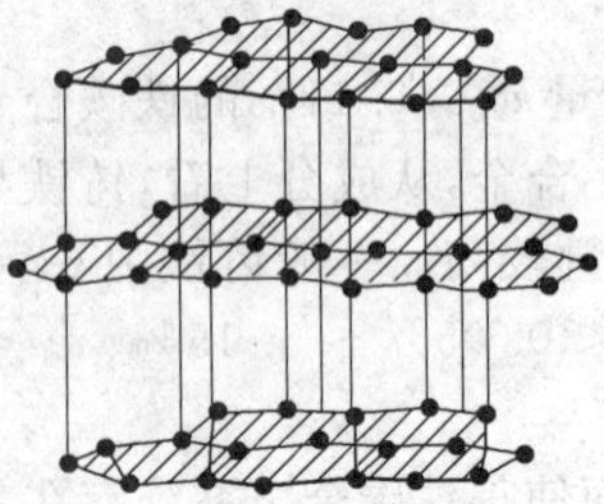

图10-2　石墨晶体结构

石墨基面层间较弱的结合力，使两基面间容易产生滑移，因而使铸铁的力学性能不如钢。但是，也正是由于石墨的存在，赋予铸铁许多钢所不及的性能，如优良的铸造性、较好的切削加工性和耐磨及减振性。另外，铸铁生产设备及工艺简单，使其具有较低的生产成本，因此，铸铁在机器制造、冶金、矿山、石油化工、交通运输和国防工业等部门得到较为广泛的应用。

10.2　铸铁的分类

铸铁的分类归结起来主要包括下列几种方法。

10.2.1　按碳存在的形式分类

（1）灰铸铁，碳以石墨的形式存在，断口呈黑灰色，是工业上应用最为广泛的铸铁。

（2）白口铸铁，碳完全以渗碳体的形式存在，断口呈亮白色。这种铸铁组织中的渗碳体一部分以共晶莱氏体的形式存在，使其很难切削加工，因此主要作炼钢原料使用。但是，由于它的硬度和耐磨性高，也可以铸成表面为白口组织的铸件，如轧辊、球磨机的磨球、犁铧等要求耐磨性好的零件。

（3）麻口铸铁，碳以石墨和渗碳体的混合形态存在，断口呈灰白色。这种铸铁有较大的脆性，工业上很少使用。

10.2.2　按石墨的形态分类

铸铁中石墨的形状大致可分为片状、蠕虫状、絮状及球状石墨四大类。因此，可将铸铁分为：

（1）普通灰铸铁，石墨呈片状，如图10-3a所示。

（2）蠕墨铸铁，石墨呈蠕虫状，如图10-3b所示。

（3）可锻铸铁，石墨呈棉絮状，如图10-3c所示。

（4）球墨铸铁，石墨呈球状，如图10-3d所示。

10.2.3　按化学成分分类

（1）普通铸铁，即常规元素铸铁，例如，普通灰铸铁、蠕墨铸铁、可锻铸铁、球墨铸铁。

（2）合金铸铁，又称为特殊性能铸铁，是向普通灰铸铁或球墨铸铁中加入一定量的合金元素，例如，铬、镍、铜、钒、铅等使其具有一些特定性能的铸铁，例如，耐磨铸铁、耐热铸铁、耐蚀铸铁等。

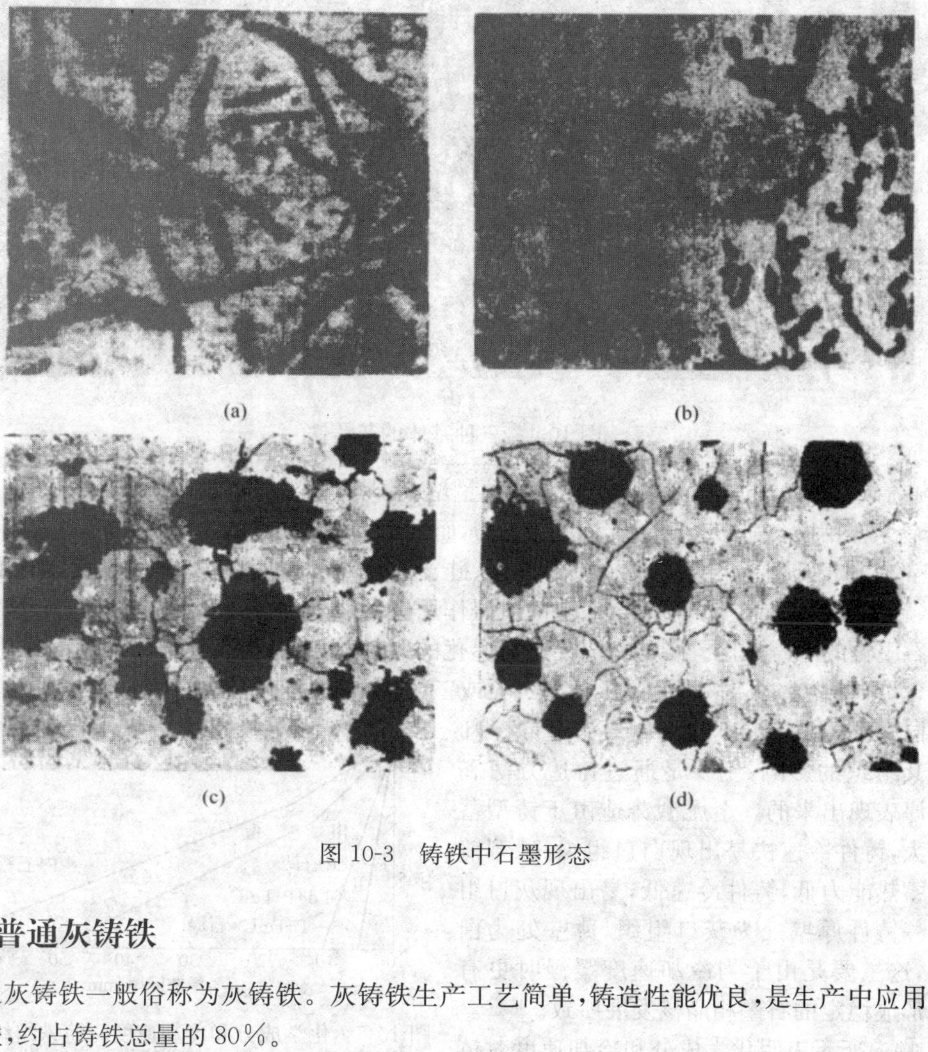

(a) (b) (c) (d)

图 10-3 铸铁中石墨形态

10.3 普通灰铸铁

普通灰铸铁一般俗称为灰铸铁。灰铸铁生产工艺简单，铸造性能优良，是生产中应用最多的一种铸铁，约占铸铁总量的 80%。

10.3.1 灰铸铁的化学成分、组织、性能及用途

10.3.1.1 灰铸铁的化学成分与组织

灰铸铁的化学成分一般为，$w_C=2.7\%\sim3.6\%$、$w_{Si}=1.0\%\sim2.2\%$、$w_{Mn}=0.5\%\sim1.3\%$、$w_P<0.3\%$、$w_S<0.15\%$。其组织根据石墨化程度可以分为下列三种基体的灰铸铁：

(1) 铁素体灰铸铁，石墨化过程充分进行，则最终将获得在铁素体基体上分布片状石墨的灰铸铁，如图 10-4a 所示。

(2) 珠光体＋铁素体灰铸铁，第一和第二阶段石墨化过程能充分进行，但第三阶段石墨化过程仅部分进行，最终将获得在珠光体＋铁素体基体上分布片状石墨的灰铸铁，如图 10-4b 所示。

(3) 珠光体灰铸铁，第一、第二阶段石墨化过程能充分进行，但第三阶段石墨化过程完全没有进行，最终将获得珠光体基体上分布片状石墨的珠光体灰铸铁，如图 10-4c 所示。

各阶段石墨化能否进行以及进行的程度主要取决于铸铁的化学成分和冷却速度。

铸铁是一种以铁、碳、硅为主的多元合金，在众多合金元素中碳和硅是强烈促进石墨化的元素，这

(a)　　(b)　　(c)

图 10-4　三种基体的灰铸铁

是因为随着碳含量的增加，铁液中的石墨晶核数量增多，促进石墨的生成；而硅与铁原子的结合力较强，溶于铁素体不仅会削弱铁、碳原子间的结合力，而且还会使共晶点的含碳量降低，共晶转变温度提高，这些都有利于石墨的析出。所以当铁液中碳、硅含量增加时，将使基体组织中铁素体增加。

锰、硫都是阻止石墨化的元素，而硫的阻碍作用更为强烈，但锰能与硫形成 MnS，这样可以削弱硫对石墨化的阻碍作用。磷是微弱促进石墨化的元素，同时有提高铁液流动性的作用，但当铁液中磷含量 $w_P > 0.3\%$ 时，将沿晶界析出二元或三元磷共晶而使铸铁脆性增大。

在同一化学成分的铸铁中，结晶时的冷却速度对其组织的影响，主要是通过铸造方法和铸件壁厚表现出来的。金属型铸造由于铸型蓄热能力大，铸件冷速快易出现白口组织；砂型铸造铸型蓄热能力低，铸件冷速低，易出现灰口组织。同一铸件厚壁处为灰口组织，薄壁处为白口组织，这主要是由于当冷却速度缓慢时更有利于向形成稳定的石墨相晶核发展所致。

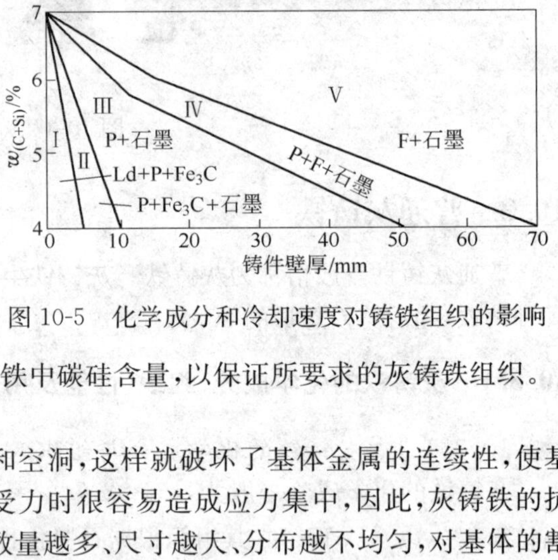

图 10-5　化学成分和冷却速度对铸铁组织的影响

图 10-5 所示表明化学成分和冷却速度对铸件组织的影响。在生产中可根据铸件壁厚调整铸铁中碳硅含量，以保证所要求的灰铸铁组织。

10.3.1.2　灰铸铁的性能特点和应用

由于石墨的强度极低，在铸铁中相当于裂缝和空洞，这样就破坏了基体金属的连续性，使基体的有效承载面积减小，并且片状石墨的端部在受力时很容易造成应力集中，因此，灰铸铁的抗拉强度、塑性及韧性都明显低于碳钢。石墨片的数量越多、尺寸越大、分布越不均匀，对基体的割裂作用越严重，所以在铸铁件生产时，要尽可能获得细石墨片。

然而，灰铸铁的硬度和抗压强度主要取决于基体组织，而与石墨的存在基本无关，因此，灰铸铁的抗压强度明显高于其抗拉强度（约为抗拉强度的 3～4 倍），所以灰铸铁比较适合作耐压零件，如机床底座、床身、支柱等。

表 10-1 为我国常用的灰铸铁的牌号、力学性能及用途。牌号中的 HT 是“灰铁”两字汉语拼音第一个字母大写，后面的数字表示其最低抗拉强度。灰铸铁的强度与铸件的壁厚有关，从表中可以看出，铸件壁厚增加则强度降低，这主要是由于壁厚增加使冷却速度降低，造成基体组织中铁素体增多而珠光体减少的缘故。因此，在根据性能选择铸铁牌号时，必须注意到铸件的壁厚。

若铸件的壁厚超出表中给出尺寸时，应根据实际情况适当提高或降低铸铁的牌号。

表 10-1 灰铸铁的牌号、抗拉强度及用途（参照 GB 9439—88）

牌号	铸铁壁厚/mm		抗拉强度 σ_b/MPa	用途
	大于	至	不小于	
HT100	2.5	10	130	适用于载荷小，对摩擦、磨损无特殊要求的零件，如盖、外罩、油盘、手轮、支架、底座等
	10	20	100	
	20	30	90	
	30	50	80	
HT120	2.5	10	175	适用于承受中等载荷的零件，如卧式机床上的支柱、底座、齿轮箱、刀架、床身、轴承座、工作台、带轮等
	10	20	145	
	20	30	130	
	30	50	120	
HT200	2.5	10	200	适用于承受大载荷的重要零件，如汽车、拖拉机的汽缸体、汽缸盖、刹车轮等
	10	20	195	
	20	30	170	
	30	50	160	
HT250	4	10	270	适用于承受大载荷的重要零件，如联轴器盘、液压缸、阀体、泵体、圆周转速 12～20m/s 的带轮、化工容器、泵壳、活塞等
	10	20	240	
	20	30	200	
	30	50	200	
HT300	10	20	290	适用于承受高载荷、要求耐磨和高气密性的重要零件，如剪床、液压缸、泵体、阀体等
	20	30	250	
	30	50	230	
HT350	10	20	340	
	20	30	290	
	30	50	260	

10.3.2 灰铸铁的孕育处理及孕育铸铁

为提高灰铸铁的力学性能，生产上常对其进行孕育处理，即在浇铸前向铁液中加入少量的孕育剂，从而在铁液中形成大量的、高度弥散的难熔质点，成为石墨的人工晶核，形成细小、均匀分布的石墨，减小石墨片对基体组织的割裂作用而使灰铸铁的强度、塑性得到提高。这种经过孕育处理的灰铸铁，称为孕育铸铁。表 10-1 中 HT250、HT300、HT350 即属于孕育铸铁。

孕育剂的种类很多，但以含硅量 $w_{Si}=75\%$的硅铁最为常用，其原因是除价格便宜外，主要是它在孕育后的短时间内（约 5 ～6min）有良好的孕育效果。进行孕育处理时，一般加入量为铁液质量的 0.4%左右。

10.3.3 灰铸铁的热处理

对灰铸铁来说，热处理仅能改变其基体组织，改变不了石墨形态，因此，热处理不能明显改善灰铸铁的力学性能，并且灰铸铁的低塑性又使快速冷却的热处理方法难以实施，所以灰铸铁的热处理受到一定的局限性。灰铸铁常用的热处理方法主要有以下三种。

10.3.3.1　时效退火

铸件在冷却过程中，由于各部位冷速不同造成其收缩不一致，形成内应力。这种内应力能通过铸件的变形得到缓解，但这一过程一般是较缓慢的，因此，铸件在形成后都需要进行时效处理，尤其对一些大型、复杂或加工精度较高的铸件（如床身、机架等）。时效处理一般有两种方法，即自然时效和人工时效。自然时效是将成形铸件长期放置在室温下以消除其内应力的方法。这种方法时间较长（半年甚至一年以上）。为缩短时效时间，现在大多数情况下采用时效退火（即人工时效）的方法来减缓铸件内应力。其原理是将铸件重新加热到 277～620 ℃，经长时间保温（2～6h），利用塑性变形降低应力，然后在炉内缓慢冷却至 200 ℃以下出炉空冷。经时效退火后可消除 90%以上的内应力。典型时效退火工艺曲线如图 10-6 所示。

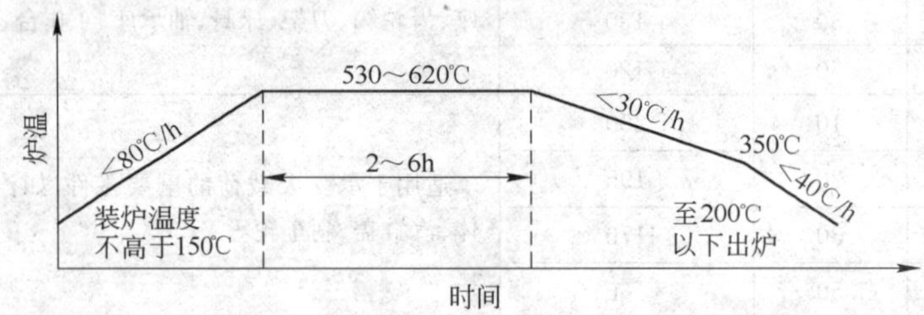

图 10-6　时效退火工艺

时效退火温度越高，铸件残余应力消除越显著，铸件尺寸稳定性越好；但随着时效温度的提高，时效后铸件力学性能会有所下降，因此，要合理制定铸件时效退火的最高加热温度。一般可按下式选择：

$$T=480+0.4\sigma_b$$

保温时间一般按每小时热透铸件 25mm 计算。加热速度一般控制在 80 ℃/h 以下，复杂零件控制在 20 ℃/h 以下。冷却速度应控制在 30 ℃/h 以下，200 ℃后空冷。

铸件表面被切削加工后破坏了原有应力场，会导致铸件应力的重新分布，所以时效退火最好在粗加工后进行。对于要求特别高的精密零件，可在铸件成形和粗加工后进行两次时效退火。

10.3.3.2　石墨化退火

铸件在冷却过程中，表面及薄壁部位有时会产生白口，在后续成分控制不当、孕育处理不足时会使整个铸件形成白口、麻口，使切削加工难以进行。石墨化退火是一种有效的补救措施，在高温下使白口部分的渗碳体分解，达到石墨化。

石墨化退火是将铸件以 70～100 ℃ /h 的速度加热至 850～ 900 ℃，保温 2～5 h（取决于铸件壁厚），然后炉冷至 400～500 ℃后空冷。

若需要得到铁素体基体，则可在 720～760 ℃保温一段时间，炉冷至 250 ℃以下空冷。

另外，也可以在 950 ℃进行正火，得到珠光体基体，使铸铁保持一定的强度和硬度，提高铸铁的耐磨性。

应当指出的是，在实际生产中，应从化学成分、孕育技术上进行严格控制，尽量减少白口的产生，而不应该依靠石墨化热处理去消除，以简化生产工艺，降低零件成本。

10.3.3.3　表面热处理

要求耐磨的铸件，如缸套，机床导轨等可以用火焰或中、高频感应加热淬火方法进行表面强化处理，但淬火前铸件需进行正火处理，保证其获得大于 65%以上的珠光体。淬火后表面能获得马氏体+石墨组织，硬度可达 55HRC。

近年来,机床导轨表面还经常采用电接触表面加热自冷淬火法。其基本原理是采用低压(2～5V)、大电流(400～700A)进行表面接触加热,使零件表面迅速被加热至900～950 ℃,利用零件自身的散热以达到快速冷却的效果。其特点是加热时间短、变形小(导轨下凹仅0.01 mm),用油石稍加打磨即可使用,并且容易进行再修复。

10.4 球墨铸铁

球墨铸铁是指铁液经过球化剂处理而不是经过热处理,使石墨全部或大部分呈球状的铸铁。球墨铸铁最早是由德国人在1935～1936年间发现的,但当时并未用于工业生产。后来经过英国人和美国人的不断研究发现,当铁液中加入一定量的镁,并以硅铁孕育时可得到球状石墨,从此,球墨铸铁进入了大规模生产时期,并迅速发展。我国于1950年开始镁球墨铸铁的研究,于1964年底成功地研制生产出稀土镁球墨铸铁,广泛应用于农业机械、汽车、机床、冶金及化工等部门。

10.4.1 球墨铸铁的化学成分

球墨铸铁是在铁液中加入球化剂(稀土镁合金)使铸铁中的石墨呈球状,然后在出铁液时加入孕育剂(SiFe75)促进石墨化而获得的。

由于球化剂有阻止石墨化的作用,因此,要求球墨铸铁比普通灰铸铁的含碳、硅量高,硫、磷杂质含量严格控制。一般含 $w_C=3.6\%\sim4.0\%$,含 $w_{Si}=2.0\%\sim3.2\%$,这样既能保证碳的石墨化进程,同时又可避免由于碳当量过高而造成石墨飘浮于铸件表面,使铸件力学性能下降;锰有去硫脱氧作用,并可稳定和细化珠光体;有害杂质含量应控制在 $w_S<0.05\%$,$w_P<0.06\%$。

10.4.2 球墨铸铁的组织和性能

球墨铸铁在铸态下,其基体往往是由不同数量的铁素体、珠光体、甚至自由渗碳体组成的混合组织。通过热处理可以获得以下几种不同基体组织的球墨铸铁:(1)铁素体球墨铸铁。(2)珠光体球墨铸铁。(3)铁素体+珠光体球墨铸铁。(4)贝氏体球墨铸铁。

铸态中的石墨呈球状,不仅造成的应力集中较小,而且在相同的石墨体积下球状石墨的表面积最小,因而对基体的割裂作用也较小,能充分发挥基体组织的作用。球墨铸铁的金属基体强度的利用率可以高达70%～90%,而普通灰铸铁仅为30%～50%。因此,球墨铸铁的强度、塑性、韧性均高于其他铸铁,可以与相应组织的铸钢相媲美,疲劳强度可接近一般中碳钢。特别应该指出的是,球墨铸铁的屈强比几乎是一般结构钢的两倍(球墨铸铁为0.7～0.8,普通钢为0.35～0.5),因此,对于承受静载荷的零件,用球墨铸铁代替铸钢可以减轻机器重量。

近年来由于断裂力学的发展,发现含有10%～15%铁素体的球墨铸铁的 K_{IC} 值并不像它的 a_K 值那样低。如强度相近的球墨铸铁与45号钢比较,前者的冲击韧度不到后者的1/6,但前者的断裂韧度 K_{IC} 却可达到后者的1/3以上,而 K_{IC} 比 a_K 更能准确的反映材料的韧性指标。因此许多重要的零件可以安全地使用球墨铸铁,如大型柴油机、内燃机曲轴等。球墨铸铁的减震作用比钢好,但不如普通灰铸铁,球化率越高,其减震性越不好。

球墨铸铁的缺点是铸造性能低于普通灰铸铁,凝固时收缩较大。另外,对铁液的成分要求较严。

10.4.3 球墨铸铁的牌号和用途

球墨铸铁的牌号及用途列于表10-2中。其中牌号中“QT”是“球铁”汉语拼音字首字母大写,后面两组数字分别表示最低抗拉强度和最小延伸率。由于球墨铸铁可以通过热处理获得不同的基体组织，所以其性能可以在较大范围内变化，因而扩大了球墨铸铁的应用范围，使球墨铸铁在一定程度上代替了不少碳钢、合金钢等，用来制造一些受力复杂，强度、韧性和耐磨性要求较高的零件，如曲轴、连杆、机床主轴等。

表 10-2　球墨铸铁的牌号、性能及用途（参照 GB 1348—88）

牌　号	σ_b/MPa	$\sigma_{0.2}$/MPa	δ/%	基体组织	用　途
	不小于				
QT400-18	400	250	18	铁素体	汽车、拖拉机的牵引框、轮毂、离合器及减速器的壳体；农机具的犁铧；大气压阀门阀体、阀盖支架、高低压汽缸输气管；铁路垫板等
QT400-15	400	250	15	铁素体	液压泵齿轮、阀门体、轴瓦、机器底座、支架、传动轴、链轮、飞轮、电动机机架等
QT450-10	450	310	10	铁素体	连杆、曲轴、凸轮轴、汽缸体、进排气门座、脱粒机齿条、轻载荷齿轮、部分机床主轴、球磨机齿轮轴、矿车轮、小型水轮机主轴、缸套等
QT500-7	500	320	7	铁素体＋珠光体	
QT600-3	600	370	3	铁素体＋珠光体	
QT700-2	700	420	2	珠光体	
QT800-2	800	480	2	铁素体或回火组织	
QT900-2	900	600	2	贝氏体或回火组织	汽车螺旋锥齿轮、减速器齿轮、凸轮轴、传动轴、犁铧等

10.4.4　球墨铸铁的热处理

10.4.4.1　球墨铸铁的热处理特点

由于球墨铸铁中含硅量较高，因此其共析转变发生在一个较宽的温度范围，并且共析转变温度升高，图 10-7 所示为稀土镁球墨铸铁中硅含量对共析转变温度的影响。

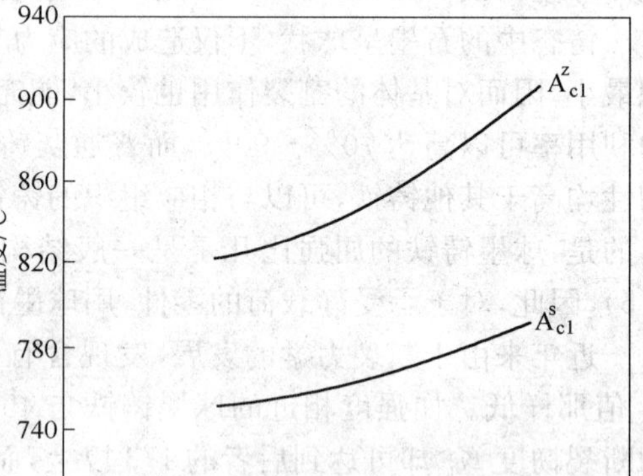

图 10-7　稀土镁球墨铸铁中硅含量对共析转变温度的影响

A^s_{c1}—共析转变开始；A^z_{c1}—共析转变终了

球墨铸铁的 C 曲线显著右移，使临界冷却速度明显降低，淬透性增大，很容易实现油淬和等温淬火。

10.4.4.2　常用的热处理方法

根据热处理目的的不同，球墨铸铁常用的热处理方法有以下几种：

(1) 高温退火和低温退火。退火的目的是为了获得铁素体基体球墨铸铁。浇铸后铸件组织中常会出现不同数量的珠光体和渗碳体使切削加工变得较难进行。为了改善其加工性，同时消除铸造应力需进行退火处理。

当铸态组织为 F＋P＋Fe_3C＋G(石墨)时，则进行高温退火，即将铸件加热至共析温度以上(约 900～950 ℃)，保温 2～5 h，然后随炉冷至 600 ℃出炉空冷。

当铸态组织为F+P+G(石墨)时,则进行低温退火,即将铸件加热至共析温度附近(约700～760 ℃),保温3～6 h,然后随炉冷至600 ℃出炉空冷。

(2) 正火。正火可分为高温和低温正火两种。高温正火是将铸件加热至共析温度以上,一般为880～920 ℃,保温1～3 h,然后空冷,使其在共析温度范围内快速冷却,以获得珠光体球墨铸铁。对厚壁铸件,应采用风冷,甚至喷雾冷却,以保证获得珠光体基体。若铸态组织中有自由渗碳体存在,正火温度应提高至950～980 ℃,使自由渗碳体在高温下全部溶入奥氏体。

低温正火是将铸件加热至840～860 ℃,保温1～4 h,出炉空冷。低温正火获得珠光体+铁素体基体的球墨铸铁。

球墨铸铁的导热性较差,正火后铸件内应力较大,因此正火后应进行一次消除应力退火,即加热到550～600 ℃,保温3～4 h出炉空冷。

(3) 等温淬火。等温淬火适用于形状复杂易变形,同时要求综合力学性能高的球墨铸铁件。其方法是将铸件加热至860～920 ℃,适当保温(热透)迅速放入250～350 ℃的盐浴炉中进行0.5～1.5 h的等温处理,然后取出空冷。等温淬火后得到下贝氏体+少量残余奥氏体+球状石墨。由于等温淬火内应力不大,可不进行回火。等温淬火后其抗拉强度 σ_b 可达1100～1600 MPa,硬度38～50HRC;冲击韧度 a_K 为30～100 J/cm²。可见,等温淬火是提高球墨铸铁综合力学性能的有效途径,但仅适用结构尺寸不大的零件,例如,尺寸不大的齿轮、滚动轴承套圈、凸轮轴等。

(4) 调质处理。对于受力复杂、截面尺寸较大的铸件,一般采用调质处理来满足高综合力学性能的要求。调质处理时将铸件加热至860～920 ℃,保温后油冷,而后在550～620 ℃高温回火2～6 h,获得回火索氏体和球状石墨组织,硬度为250 ～ 300 HBS,具有良好的综合力学性能,常用来处理柴油机曲轴、连杆等零件。

球墨铸铁除了能采用上述热处理工艺外,还可以采用表面强化处理,如渗氮、离子渗氮、渗硼等。

10.5 可锻铸铁及蠕墨铸铁

10.5.1 可锻铸铁

可锻铸铁是由一定化学成分的铁液浇铸成白口坯料,再经过石墨化退火而成。可锻铸铁中石墨为团絮状,对基体的割裂和引起应力集中作用比灰铸铁小。因此,与灰铸铁相比,可锻铸铁有较好的强度和塑性,特别是低温冲击性能较好,耐磨性和减震性优于普通碳素钢,铸造性能较灰铸铁差,切削性能则优于钢和球墨铸铁而与灰铸铁接近。可锻铸铁广泛应用于管类零件和农机具、汽车、拖拉机及建筑扣件等大批量生产的薄壁中小型零件。

10.5.1.1 可锻铸铁的化学成分和组织

为了保证浇注后获得白口铸铁,可锻铸铁的含碳和硅量较低。目前,生产中可锻铸铁的化学成分范围为:w_C=2.2%～2.8%、w_{Si}=1.2%～2.0%、w_{Mn}=0.4%～1.2%,一般要求 $w_{S,P}$<0.2%。

为了缩短退火周期,常在浇铸前加入少量孕育剂,如Al-Bi孕育剂。加入量一般为铁液质量0.01% ～0.015 %的Al,0.006%～0.02%的Bi。孕育剂中Al有细化晶粒的作用,同时可形成 Al_2O_3,起到脱氧去气作用,并且可成为石墨核心,从而增加了石墨晶核数量,缩短退火时间;Bi可抑制铸铁石墨的生成,Al与Bi同时加入,有增强白口倾向的作用,这样能够保证在铸铁下获得白口组织。但在石墨化退火过程中又有促进固态石墨化的效果。

由于白口铸件的退火工艺不同，可出现铁素体基体可锻铸铁和珠光体基体可锻铸铁，铁素体可锻铸铁有时又称为黑心可锻铸铁。

10.5.1.2　可锻铸铁的生产（白口铸铁石墨化退火）

白口铸件经过石墨化退火才能获得可锻铸铁。其工艺是将白口铸件装箱密封，入炉加热至 920～960 ℃，在高温下经过 15 h 保温，如图 10-8 所示按两种不同的冷却方式进行冷却，将分别获得铁素体基体可锻铸铁和珠光体基体可锻铸铁。

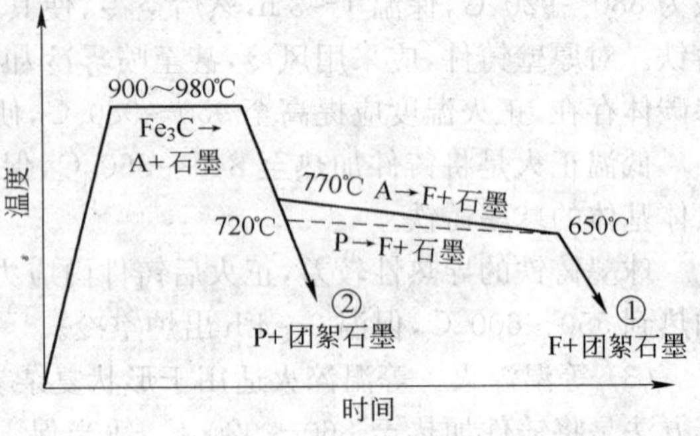

图 10-8　可锻铸铁的石墨化退火工艺

10.5.1.3　可锻铸铁牌号、性能及应用

可锻铸铁的牌号是由“KTH”或“KTZ”及后面的两组数据组成的，其中，“KT”是“可铁”汉语拼音字首大写，“H”，表示“黑心”（即铁素体基体），“Z”，表示珠光体基体，后面两组数字分别表示最低抗拉强度和最小伸长率。表 10-3 列出我国可锻铸铁牌号、主要性能及应用举例。

表 10-3　可锻铸铁牌号、性能及应用（试样尺寸 ϕ16mm）（参照 GB 9440—88）

牌　号	σ_b/MPa	$\sigma_{0.2}$/MPa	δ/%	基体组织	用　途
	不小于				
KTH300-06	300	—	6	铁素体	有一定强度和韧性，用于承受低动载荷、要求气密性好的零件，如管道配件、中低压阀门等
KTH330-08	330	—	8		用于承受中等动载荷和静载荷的零件，如犁刀、机床用扳手及钢丝绳扎头等
KTH350-10	350	200	10		有较高的强度和韧性，用于承受较大冲击、振动及扭转载荷零件，如汽车、拖拉机后轮壳、制动器壳等，铁道零件、冷暖器接头、船用电机壳、犁刀等
KTH370-12	370	—	12		
KTZ450-06	450	6	6	珠光体	强度、硬度及耐磨性好，用于承受较高应力与磨损的零件，如曲轴、连杆、凸轮轴、活塞环、摇臂、齿轮、轴套、万向接头、棘轮扳手、传动链条等
KTZ450-04	500	4	4		
KTZ450-02	600	2	2		
KTZ450-02	700	2	2		

目前，我国主要以生产铁素体可锻铸铁为主，同时也少量生产珠光体可锻铸铁。铁素体可锻铸铁具有一定的强度和较高的塑性和韧性，主要用于承受冲击载荷和振动的铸件。珠光体可锻铸铁具有较高的强度、硬度和耐磨性，但塑性和韧性较差，主要用于要求强度、硬度和耐磨性高的铸造零件。

近年来，随着稀土球墨铸铁的发展，不少可锻铸铁的零件已经逐步被球墨铸铁所代替。但可锻铸铁的一个重要特点是先制成白口，然后退火成灰口组织，非常适合生产形状复杂的薄壁细小铸件和壁厚仅 1.7 mm 的管件，这是其他铸铁不能相比的。

10.5.2　蠕墨铸铁

蠕墨铸铁是近 20 多年迅速发展起来的一种新型铸铁材料。由于其石墨大部分呈蠕虫状，间有少量球状，其组织和性能介于球墨铸铁和灰铸铁之间，具有良好的综合性能。另外，蠕墨铸铁的铸造性能比球墨铸铁好，接近灰铸铁，并且具有较好的耐热性，因此形状复杂的铸件或高温下工作的零件可以用蠕墨铸铁制造。

蠕墨铸铁是在铁液中加入一定的蠕化剂并经孕育处理生产出来的。蠕化剂的种类很多，我国广泛使用的是稀土硅铁合金，如SiFeRE21，SiFeRE27等。孕育处理可采用包底冲入法，操作简便，处理效果稳定，如图10-9所示。

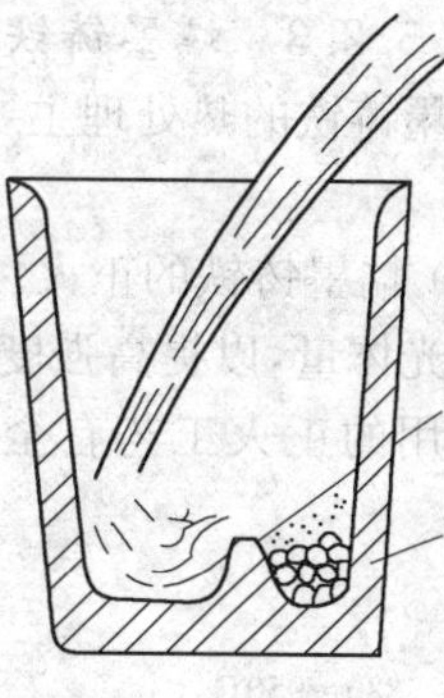

图10-9 包底冲入法

10.5.2.1 蠕墨铸铁的化学成分

蠕墨铸铁生产中采用共晶附近的成分以有利于改善制造性能，一般含 $w_C=3.0\%\sim4.0\%$，薄件取上限值，以免出现白口，厚件取下限值以免产生石墨漂浮。含 $w_{Si}=1.4\%\sim2.4\%$，主要用来防止白口，控制基体。随含硅量增加，基体中珠光体量相对减少，铁素体量增加，同时硅有强化铁素体的作用。锰在蠕墨铸铁中起稳定珠光体的作用，生产混合基体的蠕墨铸铁可对锰进行调整，如要求铸铁下获得韧性好的铁素体基体蠕墨铸铁，则 $w_{Mn}<0.4\%$；如希望获得强度、硬度较高的珠光体蠕墨铸铁，则需将锰提高至 $w_{Mn}=2.5\%$左右。磷一般控制在 $w_P=0.08\%$，对于耐磨零件可将磷提高到 $w_P=0.2\%\sim0.35\%$。硫和蠕化元素的亲和力较强，会削弱蠕化剂的作用，因此要求硫含量 $w_S<0.03\%$。

10.5.2.2 蠕墨铸铁的组织、性能、牌号及应用

根据成分、蠕化率及热处理的不同，可获得铁素体、珠光体和铁素体＋珠光体(混合基体)三种基体组织的蠕墨铸铁。

蠕墨铸铁中的石墨呈蠕虫状，是片状与球状之间的一种中间形态石墨。蠕虫状石墨片的长厚比小，端部圆钝，对基体的割裂作用较小，抗拉强度可达300～450 MPa。蠕墨铸铁不仅强度较好，而且具有一定的韧性和耐磨性，同时具有良好的铸造性和热导性，因此，较适合制造要求强度较高或承受冲击负荷及热疲劳的零件。

蠕墨铸铁的抗拉强度和塑性随基体的不同而不同，如在相同的蠕化率时，随基体中珠光体量增加，铁素体量减少，则强度增加而塑性降低。

蠕墨铸铁的牌号列于表10-4中。牌号中“RuT”表示“蠕铁”，后面的一组数字表示最低抗拉强度。

表10-4 蠕墨铸铁牌号、性能及应用举例(蠕化率VG不小于50%)

牌号	σ_b/MPa	δ/%	硬度HBS	基体组织	用途
	不小于				
RuT420	420	0.75	200～280	珠光体	活塞环、汽缸套、制动盘、刹车鼓、玻璃模具、泵体等
RuT380	380	0.75	190～274	珠光体	
RuT340	340	1.0	170～249	珠光体＋铁素体	龙门铣横梁、飞轮、起重机卷筒、液压阀体等
RuT300	300	1.5	140～217	珠光体＋铁素体	排气管、变速箱体、汽缸盖、液压件、小型烧结机箅条、纺织机零件
RuT260	260	3	121～197	铁素体	增压器废气进气壳体，汽车、拖拉机的某些底盘零件

蠕墨铸铁的选择，一般是要求强度、硬度和耐磨性较高的零件，选用珠光体基体蠕墨铸铁；要求塑性、韧性、导热率和耐热疲劳性能较高的零件，选用铁素体基体蠕墨铸铁；介于二者之间的零件，选用混合基体蠕墨铸铁。

10.5.2.3　蠕墨铸铁的热处理

蠕墨铸铁的热处理主要是为了调整其基体组织，以获得不同的力学性能要求。常用的热处理有：

(1) 蠕墨铸铁的正火。普通蠕墨铸铁在铸态时，其基体中含有大量的铁素体，通过正火可以增加珠光体量，以提高强度和耐磨性。

常用的正火工艺有全奥氏体化正火和两阶段低碳奥氏体正火，如图 10-10 和图 10-11 所示。

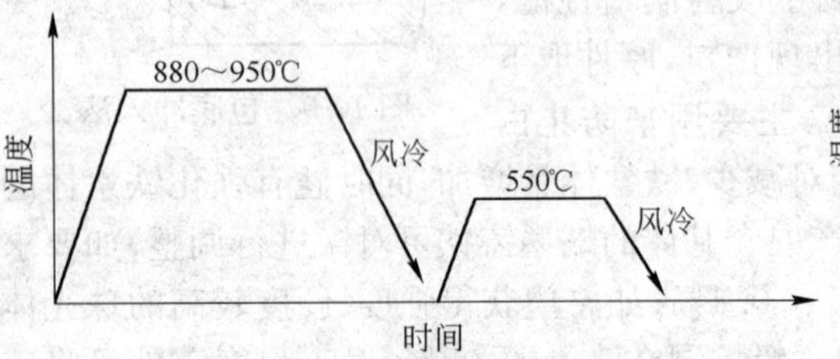

图 10-10　全奥氏体化正火

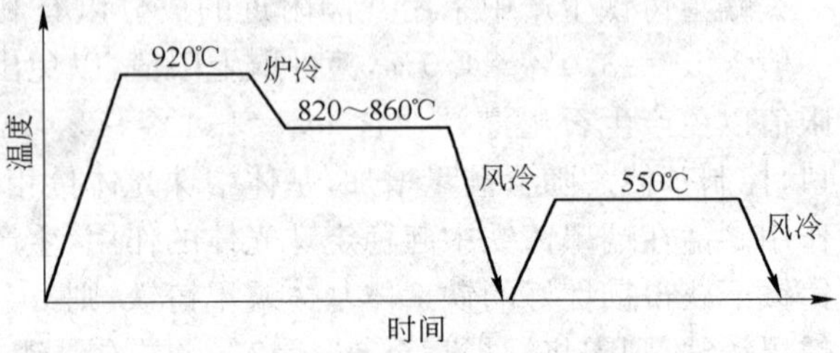

图 10-11　两阶段低碳奥氏体正火

两阶段低碳奥氏体正火后，在强度、塑性方面都较全奥氏体化正火高。

(2) 蠕墨铸铁的退火。蠕墨铸铁退火的目的是为了获得 85% 以上的铁素体基体，或消除薄壁处的游离渗碳体，退火工艺分别如图 10-12 及图 10-13 所示。

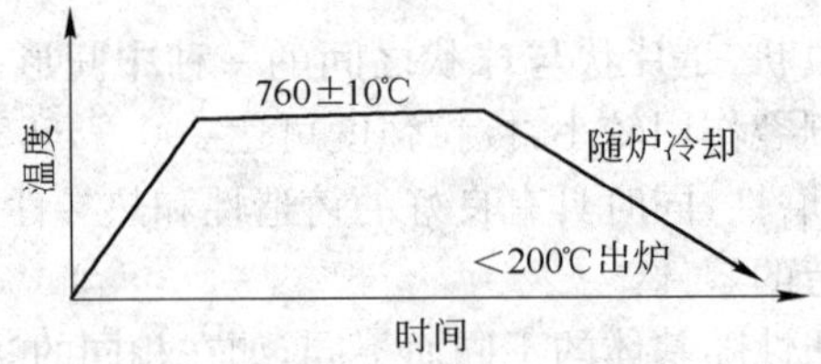

图 10-12　铁素体化退火

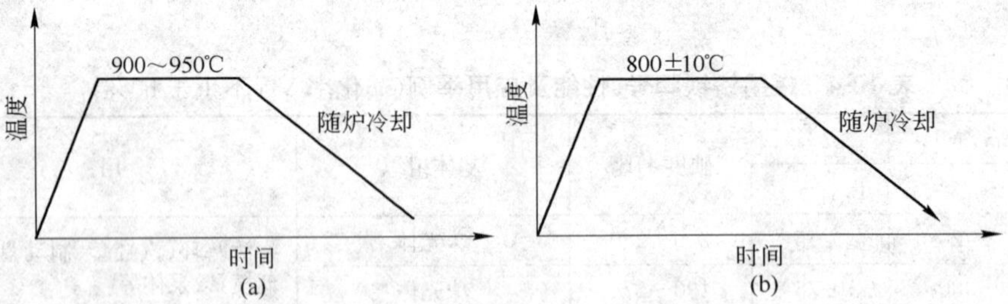

图 10-13　消除渗碳体退火

a—用于渗碳体较多时；b—用于渗碳体较少时

10.6　合金铸铁

随着铸铁在各部门中越来越广泛的应用，对铸铁便提出了各种各样的特殊性能要求，如耐热、耐磨、耐蚀及其他特殊性能。这些铸铁大都属于合金铸铁，与相似条件下使用合金钢相比，熔炼简便、成本低廉、有良好的使用性能；但其力学性能低于合金钢，且脆性较大。

10.6.1 耐热铸铁

耐热铸铁具有良好的耐热性，可以代替耐热钢制造加热炉底板、坩埚、废气道、热交换器及压铸模等。

铸铁的耐热性主要指它在高温下抗氧化和抗热生长的能力。普通铸铁在加热到450 ℃以上的高温下，除了会发生表面氧化外，还会出现“热生长”现象，即铸铁的体积产生不可逆的胀大，严重时可胀大10%左右。热生长现象主要是由于氧化性气体沿石墨的边界和裂纹渗入铸铁内部所造成的内部氧化，形成密度小而体积大的氧化物。此外，也由于渗碳体在高温下发生分解，析出密度小而体积大的石墨。热生长的结果会使铸件失去精度和产生显微裂纹。

提高铸铁的耐热性是向铸铁中加入硅、铝、铬等合金元素，使铸铁在高温下形成一层致密的氧化膜，保护内层不继续受氧化。此外，这些元素还会提高铸铁的临界点，使其在工作温度范围不发生固态转变，减少因相变体积变化产生的显微裂纹。石墨最好呈球状，独立分布，互不相连，不致构成氧化性气体渗入铸铁的通道。耐热铸铁的牌号用“RT”表示，如RTSi5，RTCr16等。如牌号中有“Q”，则表示球墨铸铁。表10-5中列出几种常用耐热铸铁的牌号、成分、使用温度和应用举例。

表10-5 几种常用耐热铸铁的牌号、成分、使用温度及应用(GB 9437—88)

牌号	化学成分/%						使用温度/℃	应用
	C	Si	Mn	P	S	其他		
RTSi15	2.4～3.2	4.5～5.5	＜1.0	＜0.2	＜0.12	Cr0.5～0.1	≤850	烟道挡板、换热器等
RQTSi5	2.4～3.2	4.5～5.5	＜0.7	＜0.1	＜0.03	RE0.015～0.035	900～950	加热炉底板、化铝电阻炉坩埚等
RQTAl22	1.6～2.2	1.0～2.0	＜0.7	＜0.1	＜0.03	Al21～24	1000～1100	加热炉底板、渗碳罐、炉子传送链构件等
RTAl5Si5	2.3～2.8	4.5～5.5	＜0.5	＜0.1	＜0.02	Al＞5.0～5.8	950～1050	
RTCr16	1.6～2.4	1.5～2.2	＜1.0	＜0.1	＜0.05	Cr15～18	900	退火罐、炉棒、化工机械零件等

10.6.2 耐磨铸铁

耐磨铸铁按其工作条件大致可分为两类：一种是在润滑条件下工作的，如机床导轨、气缸套、活塞环和轴承等；另一种是在无润滑条件下工作的，如犁铧、轧辊及球磨机零件等。

在干摩擦条件下工作的铸件，应有均匀高硬度组织，可用前述白口铸铁。但白口铸铁脆性较大，不能承受冲击载荷，因此生产中常用激冷的方法来获得冷硬铸铁，即用金属型制出铸件的耐磨表面，其他部位采用砂型。

在润滑条件下工作的铸件，要求在软的基体组织上牢固地嵌有硬的组织组成物。软基体磨损后形成沟槽，可以保持油膜，珠光体基体的灰铸铁可满足这种要求。组成珠光体的铁素体为软基体，渗碳体为硬组成物。同时石墨本身也是良好的润滑剂，且由于石墨的组织“松散”，能起一定的储油作用。为了进一步改善珠光体灰铸铁的耐磨性，常将铸铁的含磷量提高到$w_P = 0.4\% \sim 0.6\%$，形成磷共晶体以断续网状形式分布，形成坚硬的骨架，有利于铸铁的耐磨性。在此基础上还可以加入Cr、Mo、W、Cu等合金元素，以改善组织，使基体的强度进一步提高，从而使铸铁的耐磨性得到大大改善。

10.6.3 耐蚀铸铁

普通铸铁的耐蚀性较差，这是因为其组织中有石墨、渗碳体、铁素体等不同相，它们在电解质中的电极电位不同，易形成微电池，使作为阳极的铁素体不断溶解而被腐蚀。加入合金元素后，铸件表面形成致密的保护膜（如高硅耐蚀铸铁中形成的 SiO_2 保护膜），并提高铸铁基体的电极电位，从而增大铸铁的耐蚀能力。常用的主要元素有 Si、Cr、Al、Mo、Cu、Ni 等。

耐蚀铸铁广泛应用于化工部门，制作管道、阀门、泵类、反应锅及容器等。它分为高硅、高铝、高铬等耐蚀铸铁，其中最常用的是普通高硅耐蚀铸铁。这种铸铁含碳量 $w_C<0.8\%$，含硅量 $w_{Si}=14\%\sim18\%$，组织为含硅合金铁素体＋石墨＋硅铁碳化物。它在含氧酸（如硝酸、硫酸等）中的耐蚀性不亚于 1Cr18Ni9 钢；但在碱性介质和盐酸、氢氟酸中，由于表面层的 SiO_2 保护膜受到破坏，使耐蚀性下降。

在高硅耐蚀铸铁中加入 $w_{Cu}=6.5\%\sim8.5\%$，可以改善它在碱性介质中的耐蚀性；加入 $w_{Mo}=2.5\%\sim4.0\%$，可以改善它在沸腾盐酸中的耐蚀性。此外，还可以向高硅耐蚀铸铁中加入微量的硼或用稀土镁合金进行球化处理，以提高它的力学性能。

常用的高硅耐蚀铸铁的牌号有 STSi11Cu2CrR，STSi5R，STSi15Mo3R 等。牌号中“ST”表示耐蚀铸铁，R 是稀土代号，数字表示合金元素含量。

思考题

10-1　解释下列名词：

石墨化、孕育处理、白口铸铁、可锻铸铁、普通灰铸铁、球墨铸铁。

10-2　普通灰铸铁铸件薄壁处常有一高硬度层，机械加工困难，说明其原因及消除办法。

10-3　要求球墨铸铁分别获得珠光体、铁素体、贝氏体的基体组织，工艺上应如何控制？

10-4　灰铸铁为什么一般不进行淬火和回火，而球墨铸铁可以进行这类热处理？

10-5　为什么可锻铸铁适宜制造薄壁铸件，而球墨铸铁不适宜制造这种铸件？

10-6　说明下列铸铁牌号中各符号和数字表示的意义：

HT200、KTZ600-03、QT700-2、KTH350-10、QT400-15。

10-7　灰铸铁磨床床身铸造后进行切削加工，可采取什么方法防止和改善加工后的变形？

参 考 文 献

1 丁仁亮,周而康主编.金属材料及热处理.北京:机械工业出版社,2000
2 李方连主编.金属学及热处理.北京:冶金工业出版社,1995
3 宋维锡主编.金属学(第2版).北京:冶金工业出版社,1989
4 金钟振主编.金属材料与热处理.北京:冶金工业出版社,1985
5 章基农,陈宇主编.中厚板热处理.北京:冶金工业出版社,1985
6 孟延军主编.轧钢基础知识.北京:冶金工业出版社,2005
7 崔忠圻主编.金属学与热处理.北京:机械工业出版社,2003

冶金工业出版社部分图书推荐

书　　名	作　者	定价(元)
物理化学(第4版)(本科教材)	王淑兰　主编	45.00
理科物理实验教程(本科教材)	吴　平　主编	36.00
合金相与相变(第2版)(本科教材)	肖纪美　主编	37.00
金属学原理(第2版)(本科教材)	余永宁　编	160.00
金属学原理习题解答(本科教材)	余永宁　编著	19.00
金属学及热处理(本科教材)	陈惠芬　主编	39.00
材料科学基础教程(本科教材)	王亚男　等编	19.00
材料现代测试技术(本科教材)	廖晓玲　主编	45.00
相图分析及应用(本科教材)	陈树江　等编	20.00
热工实验原理和技术(本科教材)	邢桂菊　等编	25.00
传输原理(本科教材)	朱光俊　主编	42.00
无机非金属材料研究方法(本科教材)	张　颖　主编	35.00
材料研究与测试方法(本科教材)	张国栋　主编	20.00
金相实验技术(第2版)(本科教材)	王　岚　等编	32.00
金属材料学(第3版)(本科教材)	强文江　等编	66.00
金属材料工程专业实习实训教程(本科教材)	范培耕　主编	33.00
金属压力加工实习与实训教程(本科教材)	阳　辉　主编	26.00
特种冶炼与金属功能材料(本科教材)	崔雅茹　等编	20.00
耐火材料(第2版)(本科教材)	薛群虎　主编	35.00
机械工程材料(本科教材)	王廷和　主编	22.00
土木工程材料(本科教材)	廖国胜　主编	40.00
冶金工程实验技术(本科教材)	陈伟庆　主编	39.00
冶金热工基础(本科教材)	朱光俊　主编	36.00
金属塑性成形原理(本科教材)	徐　春　主编	28.00
金属材料及热处理(高职高专教材)	王悦祥　主编	35.00
工程材料基础(高职高专教材)	甄丽萍　主编	26.00
冶金原理(高职高专教材)	卢宇飞　主编	36.00
稀土永磁材料制备技术(第2版)(高职高专教材)	石　富　编著	42.00
机械工程材料(高职高专教材)	于　均　主编	32.00
金属热处理生产技术(高职高专教材)	张文丽　主编	35.00